Michael Heiß
Antennenentwurf für Radio-Frequency Identification (RFID)-Sensor-Transponder

AF515042

TUD*press*

Michael Heiß

Antennenentwurf für Radio-Frequency Identification (RFID)-Sensor-Transponder

TUDpress
2015

Die vorliegende Arbeit wurde am 01. November 2013 an der Fakultät Elektrotechnik und Informationstechnik der Technischen Universität Dresden als Dissertation eingereicht und am 03. Juli 2014 verteidigt.

Vorsitzender der Promotionskommission:
Prof. Dr.-Ing. Dirk Plettemeier

Gutachter:
Prof. Dr.-Ing.habil. Wolf-Joachim Fischer
Prof. Dr.-Ing.habil. Peter Jung

Bibliografische Information der Deutschen Nationalbibliothek
Die Deutsche Nationalbibliothek verzeichnet diese Publikation in der Deutschen Nationalbibliografie; detaillierte bibliografische Daten sind im Internet über http://dnb.d-nb.de abrufbar.

Bibliographic information published by the Deutsche Nationalbibliothek
The Deutsche Nationalbibliothek lists this publication in the Deutsche Nationalbibliografie; detailed bibliographic data are available in the Internet at http://dnb.d-nb.de.

ISBN 978-3-95908-005-7

© 2015 TUDpress
Verlag der Wissenschaften GmbH
Bergstr. 70 | D-01069 Dresden
Tel.: 0351/47 96 97 20 | Fax: 0351/47 96 08 19
http://www.tudpress.de

Alle Rechte vorbehalten. All rights reserved.
Gesetzt vom Autor.
Printed in Germany.

Technische Universität Dresden

Antennenentwurf für Radio-Frequency Identification (RFID)-Sensor-Transponder

Michael Heiß

von der Fakultät Elektrotechnik und Informationstechnik
der Technischen Universität Dresden
zur Erlangung des akademischen Grades eines

Doktoringenieurs

(Dr.-Ing.)

genehmigte Dissertation

Vorsitzender:	Prof. Dr.-Ing. Dirk Plettemeier		
Gutachter:	Prof. Dr.-Ing.habil. Wolf-Joachim Fischer	Tag der Einreichung:	01.11.2013
	Prof. Dr.-Ing.habil. Peter Jung	Tag der Verteidigung:	03.07.2014

Ich widme diese Arbeit
meiner Familie und meinen Freunden

Abstract

The design of UHF RFID transponder antennas is a familiar subject, due to the widespread employment of UHF RFID. By combining UHF RFID transponders with sensors such as temperature or pressure sensor it is possible to instantaneously track environmental changes. This is especially desirable for applications in inaccessible areas like the temperature monitoring in switchgears. However, RFID chips in combination with sensors, known as UHF RFID sensor transponders are not widely used at the moment. The main reason is that the connections of the sensors to the RFID chip require special antenna designs, which are not well developed so far. The objective of this work is to investigate the requirements of antenna design for a sensor-transponder developed at Fraunhofer IPMS, and specify the final design. A method to integrate the chip and the sensors in a compact microstrip antenna is described. For the design of the antenna, the chip impedance must be known. To circumvent the challenges of measuring this impedance through contacting the chip, the impedance from the used chip is determined with a new contactless method.

The impedance of a RF-device is usually obtained with a calculation from the measured reflection coefficient. With RFID chips, this leads to a high reflection coefficient and to some measurement errors. This work shows, that the calculation of the impedance leads to large uncertainties under these conditions. Also, the antennas for RFID transponders likewise have a high reflection coefficient and thus the challenge of determining the impedance. This results in fundamental difficulty for RFID impedance measurements in the UHF range. With contactless measurement methods the contacting of the chip or the antenna can be avoided. However, for the contactless impedance determination of an RFID chip, a previous knowledge about the chip is necessary, that is not available for new chips. This work presents a new contactless impedance measurement technique for RIFD chips. The impedance is measured using an assembled chip and no prior knowledge of the chip is necessary.

To demonstrate the capabilities of sensor transponders a dipole antenna is used. The work treats the design of the antenna. The focus is on simple structures that allow timely implementation of different antenna substrate materials or chips. The impedance of the structure used and thus the impedance match to the chip can be determined with an analytical method without using a time-consuming electromagnetic simulation. However, this work shows, that the analytical methods cannot be applied for the model used here. Instead, a method is presented which combines the simulation with a curve-fitting, thereby reducing the required number of simulations.

RFID transponder located on metallic surfaces can be created with microstrip antennas. This work shows a new concept for a highly integrated and highly reduced RFID sensor transponder with a microstrip antenna. The RFID chip and the sensors, including their supplying circuit, are integrated in the antenna with an opening in the metallization of the patch. An underlying opening in the ground plane allows a two-layer routing between the sensors and the chip. As a result, the required area of the transponder is quartered by halving both side walls.

This work makes a significant contribution to the design of highly integrated UHF RFID sensor transponders. It deals with the determination of the chip impedance, the antenna design and the integration of sensors and an RFID chip into the antenna.

Zusammenfassung

Aufgrund der weiten Verbreitung von UHF-RFID ist das dafür verwendete Antennendesign ein umfassend betrachtetes Thema. Durch die Verbindung von Transpondern mit Sensoren, wie z. B. Temperatur- oder Drucksensoren, können Änderungen der Umgebung erfasst werden. Dies eignet sich besonders für Anwendungen in unzugänglichen Bereichen, beispielsweise der Temperaturüberwachung in Schaltschränken. Allerdings sind RFID-Chips in Kombination mit Sensoren, sogenannte RFID-Sensor-Transponder, momentan nicht weit verbreitet. Angesichts der notwendigen Verbindungen der Sensoren mit dem RFID-Chip sind hierbei besondere Antennendesigns erforderlich: Ein Aspekt, der bisher kaum behandelt wurde. Gegenstand dieser Arbeit ist die Untersuchung entsprechender Konzepte sowie das letztendliche Antennendesign für den am Fraunhofer IPMS entwickelten Sensor-Transponder. Die Arbeit zeigt eine kompakte Microstripantenne mit integriertem RFID-Chip und Sensoren. Für das Design dieser Antenne muss die Chipimpedanz bekannt sein, dazu wird die Impedanz des verwendeten Chips mit einer neuartigen kontaktlosen Methode bestimmt.

Die Impedanz wird in der HF-Technik gewöhnlich durch das Messen des Reflexionsfaktors und eine anschließende Berechnung ermittelt. Bei RFID-Chips entsteht dabei ein hoher Reflexionsfaktor und geringe Messfehler durch die Kontaktierung des Chips. Diese Arbeit zeigt, dass unter diesen Bedingungen die Berechnung der Impedanz zu großen Unsicherheiten führt. Auch bei Antennen für RFID-Transponder tritt ein hoher Reflexionsfaktor und somit die Herausforderung der Messung auf. Daher stellt dies eine fundamentale Problemstellung bei Impedanzmessungen im UHF-RFID-Bereich dar. Mit kontaktlosen Messverfahren kann eine Kontaktierung des Chips oder der Antenne umgangen werden. Bei der kontaktlosen Impedanzbestimmung von RFID-Chips sind allerdings Vorkenntnisse über den Chip nötig, die bei neuen, noch nicht charakterisierten, Chips nicht vorhanden sind. In dieser Arbeit wird ein neuartiges kontaktloses Verfahren für die Bestimmung der Impedanz von RFID-Chips vorgestellt. Es wird die Impedanz eines auf einem Substrat platzierten Chips gemessen wobei keine Vorkenntnisse über den Chip nötig sind.

Zur Demonstration von Sensor-Transpondern wird eine Dipolantenne verwendet. Beim dazu behandelten Antennendesign liegt der Fokus auf einfachen Strukturen die eine zeitnahe Anpassung an verschiedene Antennensubstrate oder Chips erlauben. Die Antennenimpedanz der betrachteten Struktur kann im Allgemeinen mit analytischen Verfahren ohne zeitaufwendige elektromagnetische Simulation ermittelt und damit eine Anpassung an den Chip erreicht werden. Allerdings zeigt sich, dass die analytischen Methoden für die hier verwendete Struktur nicht angewendet werden können. Stattdessen wird ein Verfahren vorgestellt, dass die Simulation mit einem Curv-Fitting verbindet und dadurch die nötige Anzahl an Simulationen reduziert.

RFID-Transponder für metallische Oberflächen lassen sich mit Microstripantennen erstellen. Diese Arbeit zeigt ein neuartiges Konzept eines hochintegrierten und stark verkleinerten RFID-Sensor-Transponders. Der RFID-Chip und die Sensoren inklusive ihrer Beschaltung werden mittels einer Öffnung in der Metallisierung des Patches in die Antenne integriert. Eine direkt darunter liegende Öffnung in der Groundplane ermöglicht ein Zweilagenrouting zwischen Sensoren und Chip. Die benötigte Fläche des Transponders wird durch Halbierung beider Seitenwände geviertelt.

Diese Arbeit leistet einen wesentlichen Beitrag zum Entwurf von hoch-integrierten UHF-RFID-Sensor-Transpondern. Sie behandelt die Impedanzbestimmung, das Antennendesign sowie die Integration von Sensoren und RIFD-Chip in die Antenne.

Inhaltsverzeichnis

Symbole und Konstanten

Lateinische Buchstaben

A	Betrag des magnetischen Vektorpotentials
A	Fläche
A_e	Effektive Antennenfläche
$\boldsymbol{A}$	Magnetisches Vektorpotential
a	Länge
B	Betrag der magnetischen Flussdichte
$\boldsymbol{B}$	Magnetische Flussdichte - vektoriell
b	Länge
C	Kapazität
c_0	Lichtgeschwindigkeit im Vakuum $c_0 = 299\,792\,458\,\mathrm{m/s}$
D	Direktivität
$\boldsymbol{D}$	Elektrische Flussdichte - vektoriell
d	Länge
E	Betrag der elektrischen Feldstärke
$\boldsymbol{E}$	Elektrische Feldstärke - vektoriell
e_p	Polarisationseffizienz einer Antenne
e_r	Anpassungseffizienz einer Antenne
e_s	Strahlungseffizienz einer Antenne
f	Frequenz
G	Antennengewinn, -verstärkung
G_g	Antennengewinn der Generatorantenne
G_r	Antennengewinn der Readerantenne
G_t	Antennengewinn der Transponderantenne
H	Betrag der magnetischen Feldstärke
$\boldsymbol{H}$	Magnetische Feldstärke - vektoriell
h	Höhe bzw. Länge einer Dipolantenne
I	Elektrischer Strom
$\boldsymbol{I}$	Elektrischer Strom - vektoriell
i	Elektrischer Strom, zeitabhängig
$\boldsymbol{J}$	Stromdichte - vektoriell
k_0	Freiraum-Kreiswellenzahl $k_0 = \omega\sqrt{\epsilon_0\mu_0} = \frac{\omega}{c_0} = \frac{2\pi}{\lambda_0}$
L	Eigeninduktivität
L	Länge
l	Länge
$\underline{\boldsymbol{l}}_e$	Komplexe vektorielle effektive Länge einer Antenne
P	Leistung
P_a	Leistung an der Antenne
P_c	Leistung am RFID-Chip

P_g	Leistung eines Generators
P_{in}	Aufgenommene Leistung
P_l	Leistung die im Lastwiderstand abfällt
P_q	Leistung einer Quelle
P_r	Leistung des RFID-Readers
P_{rad}	Abgestrahlte Leistung (z. B. einer Antenne)
P_{th}	Threshold-Leistung des RFID-Chips
R	Abstand
R	Elektrischer Widerstand
R_a	Realteil der Antennenimpedanz
R_c	Realteil der Chipimpedanz
R_l	Lastwiderstand
R_q	Quellenwiderstand
R_s	Strahlungswiderstand einer Antenne
R_v	Verlustwiderstand einer Antenne
$\boldsymbol{r}$	Abstand - vektoriell
r	Betrag des Abstandes
r	Betrag des Reflexionsfaktors
r	Radius
S	Leistungsdichte, Betrag des Poynting-Vektors
S_{11}	S-Parameter
$\boldsymbol{S}$	Poynting-Vektor - vektoriell
$\boldsymbol{s}$	Leiterelement, Wegelement - vektoriell
t	Substratdicke
t	Zeit
U	Strahlungsintensität
U	Elektrische Spannung
$\boldsymbol{U}$	Elektrische Spannung - vektoriell
U_c	Spannung am RFID-Chip
U_l	Spannung am Lastwiderstand
U_q	Spannung einer Quelle
U_{rect}	Gleichgerichtete Spannung
U_0	Leerlaufspannung einer Spannungsquelle
u	Elektrische Spannung, zeitabhängig
V	Volumen
W	Länge
w	Länge
X	Elektrischer Blindwiderstand
X_a	Antennenreaktanz
X_c	Chipreaktanz
X_l	Lastreaktanz
X_q	Quellenreaktanz
$\underline{Y}$	Komplexe elektrische Leitfähigkeit
$\underline{Z}$	Komplexer elektrischer Widerstand
$\underline{Z}_a$	Antennenimpedanz
$\underline{Z}_c$	Chipimpedanz

$\underline{Z}_{\text{in}}$ Eingangsimpedanz
$\underline{Z}_l$ Lastimpedanz
$\underline{Z}_q$ Quellenimpedanz
Z_0 Systemimpedanz von Messumgebungen, meistens $50\,\Omega$
Z_0 Impedanz von Transmission Lines

Griechische Buchstaben

α Dämpfungskonstante
β Phasenkonstante
Γ Reflexionsfaktor
γ Ausbreitungskonstante
δ Eindringtiefe
ϵ Permittivität
ϵ_r Relative Permittivität
ϵ_0 Elektrische Feldkonstante, $\epsilon_0 = 8{,}854\,187\,817\,6... \cdot 10^{-12}\,\mathrm{A\,s/V\,m}$
η Feldwellenwiderstand
η_0 Feldwellenwiderstand des Freiraums $\eta_0 = \epsilon_0/\mu_0 \approx 377\,\Omega$
ϑ Winkel
λ Wellenlänge
μ Permeabilität
μ_r Relative Permeabilität
μ_0 Magnetische Feldkonstante, $\mu_0 = 4\pi \cdot 10^{-7}\,\mathrm{V\,s/A\,m}$
π Kreiszahl, $\pi = 3{,}141\,592\,653\,5...$
ρ Elektrische Ladungsdichte
σ Elektrische Leitfähigkeit
σ Radarrückstreuquerschnitt
τ Leistungs-Transmissionsfaktor
ϕ Winkel
ϕ Winkel des Reflexionsfaktors
φ Elektrisches Potential
Ω Raumwinkel
ω Kreisfrequenz

Abkürzungen

ASK	Amplitude-Shift Keying, Amplitudenmodulation
CEPT	Conférence Européenne des Administrations des Postes et des Télécommunications (Europäische Konferenz der Verwaltungen für Post und Telekommunikation)
DUT	Device under test - Gerät oder Bauteil das getestet bzw. vermessen wird
EAS	Electronic-Article-Surveillance
EIRP	Equivalent isotropically radiated power
EPC	Electronic Product Code
ERP	Effective Radiated Power
FDTD	Finite Difference Time Domain
FDX	Full-duplex
FEM	Finite Elemente Method
FSK	Frequency Shift Keying
GID	General-Identifier
GLN	Global-Location-Number
GTIN	Global-Trade-Item-Number
HDX	Half-duplex
HF	High Frequency
HFSS	High Frequency Structural Simulator
IC	Integrierter Schaltkreis
ID	Identifikator bzw. Kennung
IEC	Internationale Elektrotechnische Kommission
IEEE	Institute of Electrical and Electronics Engineers
ISM	Industrial, Scientific und Medical Frequenzband
ISO	International Organization for Standardization
I^2C	Inter-Integrated Circuit
LASL	Los Alamos Scientific Laboratory
LF	Low Frequency
MF	Medium frequency
MIT	Massachusetts Institute of Technology
MoM	Method of Moments
NA	Netzwerkanalysator
NEC	Numerical Electromagnetics Code
OOK	On-Off Keying
PLF	Polarisationsverlustfaktor
PSK	Phase Shift Keying
RF	Radio Frequency

RFID	Radio Frequency Identification
SAW	Surface acoustic wave
SCC	Serial-Shipping-Container-Code
SEQ	Sequence
SHF	Super High Frequency
SMA	Sub-Miniature-A
SMD	Surface-Mounted Device
SOL	Short-Open-Load
SRD	Short range device
S-Parameter	Streuparameter
UHF	Ultra High Frequency
UID	Unique-Identifier
UTPV10	RFID-Transponder-Chip des Fraunhofer IPMS
VNA	Vektor-Netzwerkanalysator
elmag	elektromagnetisch

1. Einleitung

Der Begriff RFID (Radio-Frequency IDentification) beschreibt ein Verfahren zur kontaktlosen Objektidentifikation mittels der Transpondertechnik [Fin08]. Eine Basisstation und ein Transponder kommunizieren über das elektromagnetische Feld per Lastmodulation bzw. Backscattering. Des Weiteren liegt der Fokus von RFID auf der kontaktlosen Energieversorgung der Transponder über das Feld der Basisstation. Die RFID-Technik ermöglicht das Erstellen von einfach aufgebauten Transpondern, die unabhängig und wartungsfrei sind und daher sehr vielfältig eingesetzt werden können. [Fin08]

Heutzutage wird RFID hauptsächlich zur Identifikation und Verfolgung von Gütern z. B. in der Fertigung, der Logistik oder dem Handel genutzt. Dieser Markt soll die nächsten Jahre weltweit Zuwachsraten von über 20 Prozent und 2018 ein Marktvolumen von 12 Millionen Dollar erreichen [Fro12b]. Darüber hinaus gewinnen jedoch auch Marktnischen an Bedeutung, so ist z. B. die Verbindung von UHF-RFID mit Sensorik ein wachsender Markt [Fro12b]. Dabei wird der Transponder mit sensorischen Fähigkeiten ausgestattet, um verschiedene Umgebungsparameter zu erfassen. Diese werden neben seiner ID-Nummer an die Basisstation übermittelt, wobei das Grundprinzip der Energieversorgung und Kommunikation über das Feld der Basisstation erhalten bleibt [Fin08]. Dadurch benötigen die sogenannten RFID-Sensoren keine eigene Energieversorgung und sind schaltungstechnisch einfach zu realisieren. Somit werden kostengünstige, kontaktlose und wartungsfreie Sensorelemente ermöglicht, die für einen Einsatz in unzugänglichen Anwendungsbereichen geeignet sind [Fin08]. Dies stellt einen Vorteil gegenüber herkömmlichen Funksensoren (oftmals auch „Aktiv-RFID“ genannt) dar [Fro12a].

Es gibt mehrere Verfahren einen RFID-Sensor-Transponder aufzubauen. Eine Möglichkeit ist die Kopplung verschiedener Sensoren mit dem RFID-Chip, wodurch ein sehr flexibler RFID-Sensor geschaffen werden kann [HHG11a]. Die Basisstation kommuniziert mit dem RFID-Chip und erhält von ihm die Daten der Sensoren [HHG11a]. Diese haben meist einen hohen Energieverbrauch (verglichen mit dem sehr geringen Energiebedarf von RFID-Chips), daher wird das Verfahren oftmals bei Transpondern im HF- oder LF-Bereich angewendet, da dem Transponder hier viel Energie zur Verfügung steht. Bei UHF-RFID ist die verfügbare Energie hingegen stark begrenzt, somit stellt solch ein Konzept eine große Herausforderung an das Design des Transponders dar. Mit dem am Fraunhofer IPMS entwickelten UHF-RFID-Chip, dem UTPV10, werden RFID-Sensor-Transponder als Demonstratoren nach diesem Konzept aufgebaut. Der UTPV10 ermöglicht das Anschließen einer vielzahl verschiedener Sensoren (z. B. Temperatursensor) über eine serielle Schnittstelle (I^2C-Bus) oder einen A/D Wandler. Im Rahmen dieser Arbeit werden grundlegende Untersuchungen zur Impedanzmessung eines RFID-Chips und dem Antennendesign für einen Sensor-Transponder am Beispiel des UTPV10 durchgeführt. Dabei ist der Erfolg eines Sensor-Transponders unter anderem von einem hohen Integrationsgrad abhängig. Hierfür sollten der RFID-Chip, die Sensoren und die Antenne möglichst kompakt zu einem Gesamtsystem verbunden werden.

Ein wichtiger Aspekt des Transponderdesigns ist die Verbindung von Antenne und RFID-Chip. Für eine gute Energie- und Signalübertragung ist eine konjugiert komplexe Anpassung der beiden Elemente notwendig [Dob08]. Deshalb wird die Antenne mittels eines entsprechenden Designs oder einer Anpassschaltung an den Chip angepasst (die Impedanz des RFID-Chips ist üblicherweise nicht veränderbar) [Dob08]. Das Antennendesign inklusive der Anpassung erfordert folglich die Kenntnis der Chipimpedanz, welche somit bestimmt werden muss. Die Eingangsimpedanz von RFID-Chips ist stark kapazitiv und weicht aufgrund dessen von den in der Hochfrequenztechnik üblichen $50\,\Omega$ ab [Dob08]. Dadurch wird ein hoher Reflexionsfaktor erzeugt, wenn die Impedanz mittels einem Netzwerkanalysator gemessen wird. Anhand einer Fehlerbetrachtung wird in dieser Arbeit gezeigt, dass schon kleine, bei der Kontaktierung des Chips auftretende, Messfehler des Reflexionsfaktors zu einer großen Unsicherheit in der daraus bestimmten Impedanz führen. Da Antennen für RFID-Chips eine komplex konjugierte Impedanz haben, tritt auch dort ein hoher Reflexionsfaktor und somit die Problemstellung der Kontaktierung auf. Dies ist daher eine generelle Herausforderung von Impedanzmessungen bei UHF-RFID. Um die Schwierigkeiten der Kontaktierung zu umgehen, können kontaktlose Messverfahren verwendet werden. Allerdings benötigen diese Methoden verschiedene Vorkenntnisse über den RFID-Chip, die bei neuen Chips wie dem UTPV10 nicht vorhanden sind. Aufbauend auf den bisherigen Verfahren wird eine neuartige Methode zur Impedanzbestimmung von RFID-Chips und im Speziellen des UTPV10 entwickelt, das insbesondere ohne Vorkenntnisse über den RFID-Chip auskommt. Es bestimmt die Impedanz eines aufgebauten Chips und ist mit einfachen und kostengünstigen Mitteln realisierbar.

Aus der Anforderung die Fähigkeiten des UTPV10 anhand eines Demonstrators zu präsentieren, ergibt sich die Aufgabenstellung ein Konzept für einen Sensor-Transponder zu erstellen. Dabei soll eine Dipolantenne auf einer FR4-Leiterplatte in der Größe einer Kreditkarte verwendet werden. Die Anpassung an die Antenne soll ohne Nutzung anderer Bauteile erfolgen. Da sich der RFID-Chip in stetiger Weiterentwicklung befindet, werden regelmäßig neue Versionen hergestellt. In der Folge verändert sich auch die Impedanz des Chips, sodass jeweils ein neues Antennendesign erforderlich ist. Um die resultierende Komplexität gering zu halten, ist ein möglichst einfacher Aufbau der Antenne von Vorteil. Die beim Antennendesign nötige Anzahl elektromagnetischen Simulationen kann durch eine analytische Berechnung der Antenne reduziert werden. Es werden analytische Methoden für das gewählte Antennendesign unter Berücksichtigung der Anforderungen im RFID-Bereich betrachtet. Da sich diese als zu ungenau herausstellten, wird eine Abschätzung der Antennenimpedanz mittels eines Curve-Fitting erarbeitet, womit eine Reduktion der Anzahl der nötigen Simulationen stattfindet. Das Verfahren kann bei verschiedenen Antennenstrukturen oder bei Antennen in anderen Umgebungen verwendet werden. Anschließend wird die für den RFID-Chip und die Sensoren benötigte Beschaltung in die Antenne eingebracht sowie ihr Einfluss auf die Antenne untersucht.

Um RFID-Transponder für metallische Oberflächen zu erstellen, bieten sich Microstripantennen an. Diese strahlen nur in eine Hälfte des Raumes ab und erzielen dadurch einen höheren Antennengewinn als Dipolantennen [Bal08]. Ihre Antenneneigenschaften sind zudem (nahezu) unabhängig von den Materialien unterhalb der Antenne [Gar01]. Sie eignen sich daher für viele Anwendungsfälle, haben jedoch bisher bei UHF-RFID Transpondern keine weite Verbreitung gefunden. Allerdings existieren einige Forschungsarbeiten, die einen erfolgreichen Einsatz zeigen, z. B. [CM08]. Im Fokus dieser Veröffentlichungen stehen Verfahren, die Antenne an den RFID-Chip anzupassen und zu verkleinern. Die erweiterten Anforderungen des Designs eines RFID-Sensor-Transponders – eine optimale Integration von RFID-Chip und externen Sensoren in die Antenne – werden hingegen kaum behandelt. Daraus ergibt sich die Problemstellung, ein Konzept für einen kompakten RFID-Sensor-Transponder mit einer Microstripantenne zu erarbeiten. Als RFID-Chip kommt beispielhaft der UTPV10 mit einem daran angeschlossenen Sensor zum Einsatz. Der UTPV10 benötigt, wie auch der verwendete externe Sensor, eine weitere Beschaltung mit Bauelementen (Widerstände oder Kapazitäten). Zudem erfordern die Verbindungen zwischen den Bauteilen ein Zweilagenrouting. Der daraus aufgebaute Transponder soll letztlich einen hohen Integrationsgrad aufweisen, d. h. RFID-Chip, Sensor, Bauelemente und ihre Verbindungen sollen in die Antenne integriert werden, ohne die benötigte Fläche zu vergrößern. Um eine kostengünstige Fertigung zu ermöglichen, soll der Transponder mit den gewöhnlichen Mitteln einer Leiterplattenfertigung herstellbar sein.

Aus den Fragestellungen ergeben sich die Schwerpunkte Impedanzbestimmung, Demonstrator mit Dipolantenne und Sensor-Transponder mit Microstripantenne. Nach der Einleitung im ersten Kapitel wird im zweiten Kapitel ein Überblick der RFID-Technik mit Schwerpunkt des UHF-Bereiches und der dort angewendeten Sensorik gegeben. Da die Behandlung des Energietransfers und der nötigen Anpassung zwischen RFID-Chip und Antenne nicht den in der HF-Technik üblichen Methoden entspricht, wird auf diese Thematik im dritten Kapitel umfassender eingegangen. Im vierten Kapitel folgt eine Übersicht über den Antennenentwurf mit einer Beschreibung verschiedener, für diese Arbeit relevanter, Antenneneigenschaften. In der HF- und Antennentechnik haben sich verwendete Größen im Laufe der Zeit entwickelt, dabei hat sich die Definition einiger Größen verändert. Somit existieren nun mitunter mehrere Beschreibungen einer Größe (z. B. Antennengewinn). Deshalb werden die Antenneneigenschaften etwas ausführlicher dargestellt und die hier verwendeten Definitionen wiedergegeben. Die Kapitel nach Beschreibung der Grundlagen beinhalten die Lösung der Aufgabenstellungen. In Kapitel 5 wird eine neue Methode zur Impedanzbestimmung eines RFID-Chips vorgestellt. Nach Diskussion der Problematik der Impedanzbestimmung bei RFID-Chips und dafür bekannten Verfahren wird ein neues Messverfahren beschrieben. Die damit bestimmte Impedanz des UTPV10 wird im folgenden Kapitel 6 für das Antennendesign des Demonstrators mit Dipolantenne verwendet. Dabei werden übliche Verfahren zur Anpassung und Verkleinerung einer Dipolantenne diskutiert und nach ihrer Eignung beurteilt. Daraus wird ein Konzept des Demonstrators erstellt und die Möglichkeit der analytischen Modellierung der Antenne untersucht. Da sich die analytischen Verfahren als ungeeignet herausstellten, wird für das Antennendesign ein Hybridverfahren vorgestellt. Kapitel 7 zeigt das Konzept einer hochintegrierten Microstripantenne. Dabei ist der RFID-Chip inklusive der Sensoren in die Antenne eingebracht. Zur Reduzierung der Größe des Transponders wird ebenfalls ein neuartiges Verfahren dargestellt. Abgeschlossen wird die Arbeit mit einer Zusammenfassung.

2. RFID-Transpondersysteme mit Sensoren

2.1. RFID

RFID (Radio-Frequency IDentification) beschreibt eine Technik, mit der Objekte mittels Funkübertragung automatisch identifiziert werden können (Auto-ID) [Fin12]. Hinsichtlich seiner Funktionsweise ähnelt ein RFID-System somit einem Barcodesystem, die Identifikation erfolgt jedoch nicht mit einer optischen Erkennung, sondern durch eine Funkübertragung [Fin08]. RFID-Systeme arbeiten auf Basis der Transpondertechnik [Hin94]; ein Transponder[1] ist ein Gerät, das Nachrichten empfängt und selbstständig auf diese antwortet [Hal48]. Da die RFID-Technik ursprünglich für Auto-ID-Anwendungen entwickelt wurde, antwortet ein RFID-Transponder im Allgemeinen mit seiner Identifikationsnummer [Fin08]. Durch Fortschritte in der Halbleitertechnik können inzwischen auch zusätzliche Daten (neben der Identifikationsnummer) in RFID-Transpondern gespeichert werden [Dob08]. Des Weiteren ist es heutzutage möglich, Mikrocontroller in RFID-Transponder zu integrieren und damit z. B. Sensoren auszulesen und eine einfache Datenverarbeitung durchzuführen [HHG11b]. Ein minimales RFID-System ist in Abbildung 2.1 dargestellt: Ein solches setzt sich aus einer Basisstation und mindestens einem Transponder zusammen [Fin08]. Die Basisstation wird in Anlehnung an das Auslesen der Identifikationsnummer als „(RFID-) Reader“[2] bezeichnet [Fin08]. Der Reader selbst

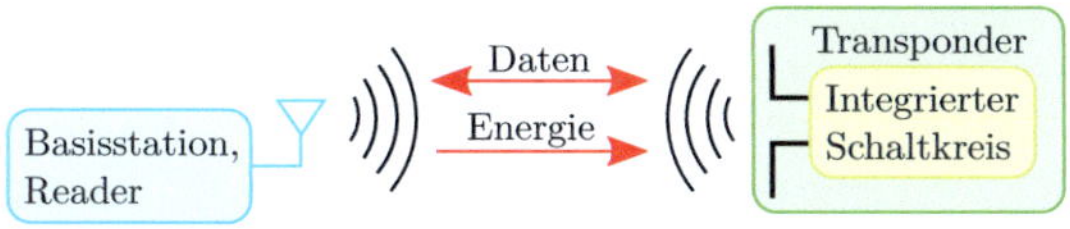

Abbildung 2.1.: Aufbau eines RFID-Transpondersystems, Grafik in Anlehnung an [Fin08]

wird meist über einen Rechner gesteuert, er kommuniziert mit den einzelnen RFID-Transpondern und übermittelt ihre Informationen an den steuernden Rechner [Fin08].

Die RFID-Technik beschreibt also ein System zur bidirektionalen kontaktlosen Datenübertragung per elektromagnetischer Kopplung von Reader und Transponder. Der Entwicklungsfokus liegt dabei auf möglichst einfach aufgebauten und kostengünstigen Transpondern. Diese zeichnen sich durch folgende Eigenschaften aus [Dob08]:

- Kein Funksender,
- keine Batterie und
- ein möglichst einfacher Schaltkreis.

[1] „Transponder“ setzt sich aus den Wörtern „Transmitter“ und „Responder“ zusammen.

[2] Der RFID-Reader kann auch Daten in den Transponder schreiben (sofern der Transponder dafür ausgelegt ist und dies zulässt).

Um Daten per Funkübertragung zu senden, wird üblicherweise ein Funksender benötigt. Dieser ist jedoch nicht nur schaltungstechnisch sehr aufwendig, sondern verbraucht auch viel Energie. Deshalb wird in RFID-Transpondern auf den Funksender verzichtet und die Übertragung zum Reader findet mittels anderer Verfahren statt (siehe Kapitel 2.1.2.2) [Fin08]. Da Batterien Platz benötigen, Kosten verursachen und gewechselt werden müssen, kommen sie in der RFID-Technik nicht zum Einsatz [Fin08]. Die Energie zum Betrieb der Transponder wird kontaktlos vom Reader bereitgestellt [Fin08]. Durch Verwendung einfacher Datenübertragungstechniken (beispielsweise eine Amplitudenmodulation) wird zudem ein sehr geringer Schaltungsaufwand im Transponder erreicht, was eine Voraussetzung für kostengünstige Transponder-Schaltkreise ist [Dob08].

Das heißt, mittels der RFID-Technik sind sehr kleine und preiswerte Transponder realisierbar, die über den Reader mit Daten und Energie versorgt werden [Fin08]. Die kontaktlose Energieversorgung ist dabei ein wesentlicher Unterschied zu anderen Datenübertragungssystemen.

2.1.1. Die Entstehung von RFID

Die RFID-Technik stammt aus dem Bereich der Radartechnik: verschiedene Objekte erzeugen unterschiedliche Reflexionen des Radarsignals [Dob08]. Daraus entstand die Idee, das reflektierte Signal zur Übermittlung von Informationen zu verwenden [Dob08]. Eine der ersten Arbeiten, die dieses Prinzip zur Kommunikation nutzt, ist der von H. Stockmann 1948 veröffentlichte Artikel *„Communication by Means of Reflected Power“* [Sto48]. Stockmann beschreibt darin die Punkt zu Punkt Kommunikation zwischen einer Art Radargerät und einem Transmitter, welcher aus einem veränderbaren Reflektor besteht. Das Radargerät erzeugt Impulse, die durch den Reflektor zum Radargerät zurück reflektiert werden. Durch Verändern des Reflektors wird das reflektierte Signal verändert. Diese Veränderung wird wiederum vom Radargerät detektiert, sodass eine Datenübertragung möglich ist. Als Beispielanwendungen nennt Stockmann die Übertragung eines Sprachsignals oder die gleichzeitige Positionsbestimmung und Datenübertragung von Wetterballonen. Stockmann's Aufsatz endet mit der Bemerkung *„Evidently considerable research and development work has to be done before the remaining basic problems in reflected-power communication are solved, and before the field of useful applications is explored.“* [Sto48]. Tatsächlich sollte es noch 30 Jahre dauern, bevor seine Ideen zu praktikablen Systemen führten [Lan05]. Dazu waren weitere Fortschritte in der Halbleitertechnik (z. B. die Entwicklung des Transistors), der Mikrosystemtechnik und der Datenübertragung sowie der damit verbundenen Vernetzung von Systemen (Netzwerke; Internet) notwendig [Lan05].

In den 1950er und 1960er Jahren nahm die Entwicklung von RFID Fahrt auf [Lan05, Dei09]. Eine treibende Kraft waren Transpondersysteme mit hoher Reichweite, die zur Freund-Feind Erkennung von Flugzeugen dienten [Lan05]. Als wichtige Arbeiten dieser Zeit gelten die Patentschrift von D. B. Harris *„Radio transmission system with modulatable passive responder“* [Har60] und die theoretische Diskussion der elektromagnetischen Zusammenhänge bei RFID-Systemen von R. F. Harrington u. a. in *„Field measurements using active scatterers“* [Har63] und *„Theory of loaded scatterers“* [Har64] [Dei09]. Die erste kommerzielle RFID-Anwendung stellte Ende 1960 eine elektronische Diebstahlsicherung (EAS - Electronic-Article-Surveillance) an Produkten dar [Lan05]. Dabei wird ein

1-Bit Transponder verwendet, mit dem detektiert werden kann ob eine aktive Diebstahlsicherung an einem Produkt angebracht ist oder nicht. Der verwendete Transponder besteht aus einem einfachen Schwingkreis und ist somit kostengünstig herstellbar [Fin08]. Der Reader kann den Schwingkreis detektieren, was einem unbezahlten Produkt entspricht (Diebstahlsicherung aktiv), zum Deaktivieren der Diebstahlsicherung (beim Bezahlen an der Kasse) wird der Schwingkreis zerstört [Fin08]. Dieses Vorgehen erwies sich als sehr einfach und effektiv, sodass es auch heutzutage noch in Kaufhäusern oder Supermärkten eingesetzt wird [Fin08, Dei09].

In den 1970er Jahren beschäftigten sich immer mehr Entwickler, Erfinder, Firmen, Universitäten und wissenschaftliche Institutionen aktiv mit dem Thema RFID [Lan05, Dei09]. Durch die Entwicklungen in der Halbleitertechnik konnten immer leistungsfähigere Transponder hergestellt werden [Lan05]. Ein Meilenstein war die Arbeit von A. R. Koelle u. a. [KDF75] vom Los Alamos Scientific Laboratory (LASL), in der ein passiver Transponder bei einer Frequenz von 1 GHz vorgestellt wird [Lan05]. Dieser Transponder kann eine dreistellige Seriennummer über eine Strecke von 5 m übermitteln. Die erforschten Grundlagen wurden Ende der 1970er und in den 1980er Jahren zunehmend in praktischen Anwendungen umgesetzt, so beispielsweise in der Fabrikautomation oder im Transportwesen [Lan05, Dei09]. In Europa bestand ein hohes Interesse an der Tieridentifikation, welche durch implantierte induktiv gekoppelte Transponder durchgeführt wurde bzw. immer noch wird [Lan05]. Norwegen errichtete 1987 die erste Straßenmautstation basierend auf der RFID-Technik mit Transpondern auf UHF-Basis [Wae92]. In den 1980er Jahre erlebte RFID seinen endgültigen Durchbruch [Lan05]. Seitdem wird es in allen möglichen Bereichen wie z. B. Logistik, Prozessüberwachung, Medizintechnik und der Zutrittskontrolle/Zeiterfassung eingesetzt [Fin12, Dei09]. Je nach Anforderung werden nur Identifikationsnummern oder auch weitere objektbezogene Informationen in den Transpondern gespeichert [Fin08]. Diese Entwicklung wurde durch frei programmierbare Transponderschaltkreise [GHDF07] und die Entwicklung des Personal Computers gefördert [Lan05, Dei09].

Um Forscher, Hersteller und Anwender zusammenzubringen, wurde am Massachusetts Institute of Technology (MIT) 1999 das Auto-ID Center gegründet [Fin12, Dei09]. Dort wurde der Electronic-Product-Code (EPC) entwickelt [Fin12]. Dieser beschreibt eine eindeutige Identifikationsnummer, um Waren oder sonstige Elemente (beispielsweise logistische Einheiten, Anlagen usw.) per RFID zu kennzeichnen [Fin12]. Heutzutage umfasst das Auto-ID Center die Auto-ID Labs – die sieben renommiertesten universitären Forschungseinrichtungen auf dem Gebiet RFID weltweit – und die EPCGlobal – eine Organisation zur Pflege und Entwicklung des EPC-Netzwerkes und -Standards [Fin12]. Das EPC-Netzwerk stellt eine Technologie zur Verfügung, mit der der Aufenthaltsort einzelner Waren und Güter während des Transportes möglichst in Echtzeit festgestellt werden kann [Fin08]. Logistikpartner erfassen dazu per RFID die Seriennummer der Waren und tauschen diese Information über spezielle Dienste im Internet aus [Fin12]. Von der EPCGlobal wurde 2005 der Standard *„EPC Radio-Frequency Identity Protocols Class-1 Generation-2 UHF RFID Protocol for Communication at 860 - 960 MHz“* [EPC05] herausgegeben, welcher 2006 von der ISO als ISO/IEC 1800-6 ratifiziert wurde [Dei09]. Dieser Standard beschreibt die Kommunikation zwischen RFID-Readern und RFID-Transpondern [Fin12]. Weltweit erstmalig wurde 2005 auf dem McCarran Airport in Las Vegas die Gepäckabfertigung von einem Barcode System auf RFID umgestellt, dabei kamen Transponder nach EPC Class-0 Standard zum Einsatz [O'C05].

2.1.2. Klassifizierung von RFID-Systemen

Die RFID-Technik beschreibt nur das grundlegende physikalische Konzept der Datenübertragung. Dieses hat zur Entwicklung von zahlreichen Varianten an RFID-Implementierungen geführt, welche sich anhand verschiedener Merkmale klassifizieren lassen [Fin12, Dei09]. Im Folgenden werden Unterscheidungsmerkmale von RFID-Systemen in Bezug auf die physikalische Kommunikation zwischen Transponder und Reader betrachtet, siehe Abbildung 2.2. Die Einbindung der RFID-Systeme in die IT-Infrastruktur wird hier nicht behandelt, da sie unabhängig von den physikalischen Übertragungsparametern ist und an der Schnittstelle des Readers zur Steuereinheit stattfindet.

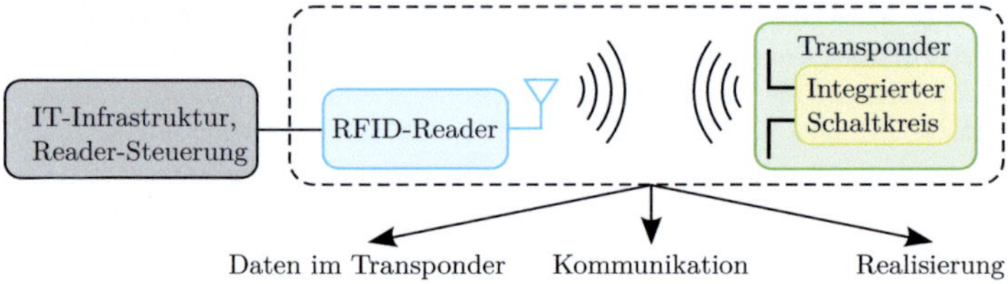

Abbildung 2.2.: Klassifizierung von RFID-Systemen

2.1.2.1. Daten im Transponder

Ein Unterscheidungsmerkmal von RFID-Systemen ist die Art und Menge der vom Transponder bereitgestellten Daten [Dei09]. Diese lassen sich in folgende Kategorien einteilen:

- Identifikationsdaten
- Objektinformationen
- Sensordaten
- Allgemeine Daten/Dateien

In der Regel stellt ein RFID-Transponder immer eine Identifikationsnummer (ID-Nummer) zur Verfügung[3] [Fin12]. Der EPC Standard definiert eine variable Länge der Identifikationsnummer [EPC08], heutzutage sind 96 Bit üblich [Fin08]. Die ID-Nummern sind nach verschiedenen Nummernsystemen aufgebaut, welche je nach Einsatzzweck variieren [Fin12]. Beispiele hierfür sind die Global-Trade-Item-Number (GTIN), der General-Identifier (GID), der Serial-Shipping-Container-Code (SSCC) und der Global-Individual-Asset-Identifier (GRAI) [Fin12, Dei09]. Die Identifikationsnummern sind meist eindeutig und werden von verschiedenen Organisationen verwaltet [Fin12]. Viele der ID-Nummern sind nicht RFID spezifisch, sondern werden auch in anderen Formen wie beispielsweise dem Barcode verwendet [Fin12]. Transponder zur Identifikation werden

[3] Eine Ausnahme ist beispielsweise ein 1-Bit Transponder für Diebstahlsicherungen.

vor allem in der Logistik, Produktion, Automatisierung, Tieridentifikation, Zutrittskontrolle und der Zuglokalisierung eingesetzt, aber auch bei sportlichen Veranstaltungen (Leichtathletik, Radrennen, etc.) kommen ID-Transponder z. B. zur Zeitmessung zum Einsatz [Fin12].

Während für viele Anwendungen die Übermittlung einer ID ausreichend ist, profitieren andere von erweiterten Informationen zum Objekt, an dem der Transponder befestigt ist [Dei09]. Zu diesem Zweck spezifiziert z. B. der EPC Standard [EPC11] einen speziellen Speicherbereich, die User Bank, in dem ein RFID-Reader Daten schreiben und lesen kann [Fin12]. Ohne eine Schutzfunktion kann allerdings jeder Reader auf die Daten im Transponder zugreifen [Fin12]. Um sensible Daten in Transpondern sicher zu speichern, kann ein Transponder den Datenzugriff nur nach erfolgreicher Authentifikation des Readers zulassen [Fin12]. Dies kann beispielsweise über ein Passwort oder ein kryptografisches Verfahren geschehen; auf diese Weise kann sich auch der Transponder gegenüber dem Reader authentifizieren [Fin12]. Der Speicher im Transponder lässt sich in unterschiedliche Bereiche einteilen, womit verschiedene Applikationen auf einem Transponder ermöglicht werden [Fin12]. Zur Anwendung kommen solche Transponder in Skilifttickets, elektronischen Fahrausweisen im öffentlichen Personennahverkehr oder in KFZ-Schlüsseln zum Aufbau einer elektronischen Wegfahrsperre [Fin08]. Ein weiteres Anwendungsgebiet ist die Speicherung biometrischer Informationen in Ausweisen und Reisepässen [EW07].

Neben dem Speichern von ID-Nummern oder weiteren objektabhängigen Daten hat das Gebiet der RFID-Sensorik in den letzten Jahren große Aufmerksamkeit erfahren [Wan04, Fro12c, Dei09]. Hierfür werden RFID-Transponder mit Sensorelementen ausgestattet, damit können die Transponder verschiedene Umgebungsparameter erfassen und an den Reader übermitteln [Fin12]. Anwendung finden solche Transponder oftmals in der drahtlosen Temperaturmessung in der Tierhaltung [Fin12, Dei09] oder in der Automatisierung und Prozessüberwachung, z. B. um Temperatur, Druck, Feuchte oder Beschleunigung (Stoß) während der Produktion zu überwachen und zu kontrollieren [RYT10]. Des Weiteren können in der Medizintechnik implantierbare Transponder zur Überwachung von Patienten verwendet werden [Dei09]. Beispiele dafür sind ein Chochelar-Implantat [FDHW07], eine intelligente Hüftprothese mit telemetrischer Funktionsüberwachung [MGJ+09] oder ein RFID-Transponder zur Überwachung von Brustimplantaten [BVJ12].

Die Einführung von Transpondern mit Sensoren eröffnete eine weitere Einsatzmöglichkeit: Den RFID-Datenlogger [HHG11a, Dei09]. Der Transponder übermittelt die Sensorwerte nicht sofort, sondern speichert diese Daten in seinem Speicher [HHG11a]. Passive Transponder müssen sich dazu allerdings im Bereich des Readers befinden (um mit Energie versorgt zu werden). Daher werden RFID-Datenlogger in der Regel mit Batterien ausgestattet; der Transponder arbeitet dann semi-aktiv [HHG11a]. Somit sind die Transponder in der Lage, Sensordaten auch ohne Reader kontinuierlich zu erfassen und abzuspeichern, alternativ können sie aber auch nur die Überschreitung von Schwellwerten und den dazugehörigen Zeitstempeln erfassen. Auf diese Weise kann z. B. der Zustand von Gütern während des Transports überwacht werden und bei Einfahrt in ein Lager kann ein RFID-Reader diese Daten aus den Transpondern lesen [FGH+10]. Aufgrund der benötigten Batterie eines RFID-Datenloggers entfällt der Vorteil des Transponders, ohne eigene Energieversorgung auszukommen. RFID-Datenlogger bieten jedoch den Vorteil einer einfachen schaltungstechnischen Realisierung und sind damit kostengünstige

Tabelle 2.1.: Auflistung der gebräuchlichsten RFID-Frequenzen [Fin12]

Frequenz	Bereich	ISM-Band
<135 kHz	LF	
6,78 MHz	HF	•
13,56 MHz	HF	•
27,125 MHz	HF	•
868 – 870 MHz	UHF	
902 – 928 MHz	UHF	
2,45 GHz	UHF	•
5,8 GHz	SHF	•
24,125 GHz	SHF	•

Datenlogger.

Zudem lassen sich RFID-Transponder zur Übertragung von allgemeinen Daten verwenden. So ist es z. B. möglich, Dateien auf einem Transponder zu speichern und auszulesen, sodass man einen kontaktlosen Datenspeicher ohne eigene Energieversorgung erhält. Allerdings ist dieser Anwendungsfall aufgrund der geringen Datenrate praktisch uninteressant.

2.1.2.2. Kommunikationstechnik – physikalische Datenübertragung

Die Kommunikationstechnik von RFID-Systemen lässt sich anhand folgender Kriterien charakterisieren [Fin12, Dei09]:

- Verwendeter Frequenz
- Leistung des Readers bzw. der Leistung, die ein Transponder erhält
- Daraus resultierende Reichweite
- Voll- oder Halbduplex Datenübertragung
- Verwendetes Protokoll
- Verwendetes Antikollisionsverfahren

Die Frequenz eines RFID-Systems hat direkte Auswirkungen auf die meisten anderen Eigenschaften der Datenübertragung und stellt damit eine der wichtigsten Eigenschaften/Klassifizierungen für RFID-Systeme dar [Fin12, Dei09]. Diese können grundsätzlich mit verschiedenen Frequenzen arbeiten – in der Praxis kommen allerdings vor allem Frequenzen im LF- bis UHF-Bereich zum Einsatz [Fin12]. Die bevorzugten Frequenzen sind in Tabelle 2.1 aufgelistet. Die freie Verwendungsmöglichkeit einer Frequenz ist ein entscheidendes Kriterium bei der Frequenzauswahl: Regulatorisch dürfen RFID-Systeme nur in den dafür vorgesehenen Frequenzbändern bzw. in frei verfügbaren Frequenzbändern zum Einsatz kommen [Fin12]. Anhand der Tabelle ist ersichtlich, dass RFID oftmals in ISM-Bändern verwendet wird. Allerdings sind nicht alle ISM-Bänder weltweit verfügbar [Fin12, Dei09]. So ist z. B. das 900 MHz ISM-Band in den CEPT-Mitgliedsstaaten[4]

[4]CEPT: Conférence Européenne des Administrations des Postes et des Télécommunications (Europäische Konferenz der Verwaltungen für Post und Telekommunikation)

kein ISM-Band [Bun04]. In diesen Staaten ist jedoch der Bereich 865-868 MHz für die Verwendung von RFID freigegeben [Bun10]. Andere Länder spezifizieren unterschiedliche Frequenzbereiche für RFID: Beispielsweise erlaubt Japan die RFID-Nutzung im Bereich 950-965 MHz, während in Australien der Bereich von 918-926 MHz freigegeben ist [GS111]. In Nord- und Südamerika ist der gesamte ISM-Bereich von 902-928 MHz verfügbar [GS111]. Zusätzlich zur Verfügbarkeit der Frequenzbänder ist die maximale Leistung/Feldstärke pro Frequenzband reglementiert [Fin12], so wird z. B. in [Fin12] wird eine Übersicht über die erlaubte Leistung pro Frequenz gegeben. Die Wahl der Frequenz hat weiteren Einfluss auf das Verhalten eines RFID-Systems: Bei niedrigen Frequenzen können Funkwellen Medien besser durchdringen als bei hohen Frequenzen [Dob08]. So können LF- und HF-Systeme in vielen festen und flüssigen Medien arbeiten, während UHF- und SHF-Systeme Flüssigkeiten und Mauern kaum durchdringen können[5] [Dob08].

Des Weiteren bestimmt die Wahl der Frequenz, ob es sich um eine Nahfeld- oder eine Fernfeldkopplung handelt [Dei09]. LF- und HF-Systeme arbeiten mit einer Übertragung im Nahfeld des Readers, während ab UHF eine Funkübertragung im Fernfeld stattfindet [Dob08]. Die Übertragung im Nahfeld geschieht häufig über eine induktive Kopplung, möglich (aber selten verwendet) ist auch eine kapazitive Kopplung [Fin08]. Zudem bestimmt die Betriebsfrequenz die maximal erlaubte Sendeleistung des Readers, woraus sich die Reichweite des Systems ergibt [Fin12, Dei09]. Auf niedrigen Frequenzen arbeitende RFID-Systeme erreichen Reichweiten von bis zu einem Meter [Fin12]. Diese Systeme lassen sich in Close-Coupling und Remote-Coupling Systeme unterteilen [Fin12]. Close-Coupling Systeme haben sehr kurze Reichweiten von einigen Zentimetern und eignen sich damit für sicherheitskritische Anwendungen, bei denen ein versehentliches Auslesen fremder Transponder ausgeschlossen werden muss, wie es z. B. bei der Zutrittskontrolle der Fall ist [Fin12]. Remote-Coupling Systeme erreichen dagegen eine Reichweite von ca. einem Meter [Fin12]. Die Nahfeldsysteme ermöglichen das Übertragen relativ hoher Leistungen, sodass die Transponder energieintensive Operationen durchführen können [Fin12]. RFID-Systeme, die mit hohen Frequenzen (ab UHF) arbeiten, können durch die Fernfeldkopplung größere Entfernungen (mehrere Meter) überwinden [Fin12]. Diese werden daher auch als Long-Range-Systeme bezeichnet [Fin08, Dei09]. Abhängig vom RFID-Chip und der Transponderantenne können Reichweiten von 20 m bis 30 m (z. B. [BLU+11]) erreicht werden [Fin12]. Allerdings steht dem Transponder eines Long-Range-Systems wesentlich weniger Energie zur Verfügung als dem eines Nahfeldsystems [Fin12].

Ein weiteres Unterscheidungsmerkmal ist die Verwendung von Vollduplex- (FDX), Halbduplex- (HDX) oder sequenzieller (SEQ) Datenübertragung [Fin08, Dei09]. Bei den Voll- und Halbduplexverfahren findet eine permanente Energieübertragung vom Reader zum Transponder statt [Fin12]. Daten können beim Vollduplexverfahren gleichzeitig in beide Richtungen zwischen Reader und Transponder ausgetauscht werden [Fin12]. Beim Halbduplexverfahren kann entweder der Reader oder der Transponder Daten senden, während das jeweils andere Gerät nur empfängt [Fin12]. Beim sequenziellen Betrieb entspricht die Datenübertragung der des Halbduplexverfahrens, allerdings findet die Energieübertragung vom Reader zum Transponder nur bei sendendem Reader statt [Fin12]. Der Transponder benötigt daher einen Energiespeicher, um die Zeit während er selbst sendet, zu überbrücken [Fin12]. Im RFID-Bereich werden die Amplitudenmodulation (ASK), die Frequenzmodulation (FSK) und die Phasenmodulation (PSK) eingesetzt [Fin12, Dei09].

[5] Z. B. Eindringtiefe in Wasser: 125 kHz: 8 m; 13,56 MHz: 2 m; 900 MHz: 4 cm, 2,4 GHz: 8 mm [Dob08].

Bei UHF-RFID verwendet der Reader eine Amplitudenmodulation, der Transponder kann eine Amplituden- oder eine Phasenmodulation einsetzen [Fin12]. Die Amplitudenmodulation ist zwar schaltungstechnisch einfacher realisierbar, jedoch ermöglicht die Phasenmodulation eine höhere Reichweite [KF03]. Abhängig von der Reichweite eines RFID-Systems können sich im Lesebereich eines RFID-Readers wenige bis viele Transponder befinden [Fin12, Dei09]. Um Kollisionen bei der Datenübertragung zu erkennen und zu verhindern, kommen verschiedene Multiplex- bzw. Antikollisionsverfahren zum Einsatz [Fin12]. Diese reichen von einfachen Zeitmultiplexverfahren wie dem ALOHA-Verfahren bis hin zur Verwendung von Binary-Search-Algorithmen um Transponder zu vereinzeln [Fin12]. In den Anfängen von RFID spezifizierten viele Hersteller ihre eigenen Protokolle, doch mit steigendem Anwenderinteresse wurde eine Kompatibilität der Produkte verschiedener Hersteller immer wichtiger [Dei09]. Dies führte zur Definition verschiedener Standards für RFID-Systeme [Fin12]. Der heutzutage am meisten verwendete Standard ist der ISO/IEC18000 [ISO04]. Dieser definiert für verschiedene Frequenzen die jeweils zu verwendende Datenübertragung.

2.1.2.3. Realisierung

Ein weiteres Unterscheidungsmerkmal ist die Art und Weise, wie ein Transponder aufgebaut bzw. realisiert ist [Dei09]. Ein Kriterium dafür ist die Energieversorgung des Transponders: Es wird zwischen passiven, semi-aktiven (bzw. semi-passiven) und aktiven Transpondern unterschieden [Fin12, Dei09]. Passive Transponder beziehen ihre gesamte Energie aus dem elektromagnetischen Feld des Readers, dabei ist die verfügbare Energie abhängig von der Frequenz, der Art der Kopplung, der Leistung des Readers, den verwendeten Antennen und der Entfernung [Fin12]. Bei üblichen HF-Systemen mit Close- oder Remote-Coupling liegt die verfügbare Energie im mW Bereich, während es bei UHF und höheren Frequenzen (Long-Range-Systeme) nur einige µW sind [Fin08]. Semi-aktive RFID-Transponder[6] hingegen besitzen eine eigene Energiequelle – meistens in Form einer Batterie [Fin12]. Der RFID-Chip wird von der Energiequelle versorgt und die Datenübertragung erfolgt wie bei passiven Transpondern[7] [Fin12]. Durch die Energiequelle werden meistens höhere Reichweiten des Transponders erreicht und Sensoren oder andere Bauelemente können mit Energie versorgt werden [Fin12]. Außerdem werden weitere Anwendungen wie beispielsweise ein RFID-Datenlogger möglich. Dabei muss der Transponder auch ohne Energieversorgung (durch das Feld des Readers) Operationen ausführen können. Neuere Forschungsarbeiten beschäftigen sich mit der Gewinnung und Nutzung von Umgebungsenergie (z. B. Solarzellen, Thermogeneratoren oder Piezoelementen) durch Transponder [Ber11]. Aktive RFID-Transponder verfügen über eine Energieversorgung und eine eigene Sendeeinheit, damit senden sie aktiv und verwenden nicht das RFID-Prinzip [Fin12]. Bei diesen Transpondern handelt sich aus rein technischer Sicht um Kurzstreckenfunkgeräte (short range device, SRD) [Fin12]. Typische RFID-Reader können daher nicht mit diesen Transpondern kommunizieren. Unter diese Kategorie fällt praktisch jedes Funksystem, das selbstständig mit einer Identifikationsnummer antworten kann, daher werden diese Transponder nicht zu den klassischen

[6] Diese werden auch als Semi-passive RFID-Transponder bezeichnet.
[7] Also nach dem Prinzip des Backscatterings (siehe Kapitel 2.2.2.2) – und nicht über eine aktive Funktechnologie.

RFID-Systemen gezählt [Fin12]. Des Weiteren ist der Begriff des aktiven Transponders nicht klar definiert, so können auch semi-aktive Transponder als aktive Transponder bezeichnet werden [Fin08].

Transponder lassen sich auch nach der Art ihres Speicherzugriffs unterteilen [Dei09]. Die im Transponder gespeicherten Daten sind entweder unveränderbar (Read-Only) oder der Reader kann den Transponder mit neuen Daten beschreiben [Fin12]. Transponder können einen Zugriffsschutz haben, damit erhalten nur berechtigte Reader Lese- oder Schreibzugriff auf die Daten [Fin12]. Beispielsweise spezifiziert das ISO/IEC18000 Protokoll die Möglichkeit, verschiedene Speicherbereiche durch Passwörter zu schützen [Fin08].

Ein weiteres Unterscheidungsmerkmal ist der grundsätzliche Aufbau eines Transponders [Dei09], dafür gibt es verschiedene Möglichkeiten. Die meisten Transponder bestehen aus einem integrierten Schaltkreis (Chip bzw. IC) [Fin12]. Transponder zur Diebstahlsicherung (1-Bit-Transponder) sind dagegen nur aus einem einfachen Schwingkreis aufgebaut [Fin12]. Eine andere Technik nutzen sogenannte SAW-Transponder (surface acoustic wave): hier wird durch ein piezoelektrisches Element die elektromagnetische Welle des Readers in eine akustische Oberflächenwelle umgewandelt (Wandlung von elektrischer in mechanische Energie) [Fin12]. Diese breitet sich auf dem Transpondersubstrat aus und wird durch verschiedene Strukturen gezielt zum piezoelektrischen Element reflektiert [Fin12]. Dort wird die reflektierte mechanische Welle wieder in eine elektrische Welle umgewandelt und über die Antenne abgestrahlt [Fin12]. Je nach Anordnung der reflektierenden Elemente, meistens Unstetigkeiten auf der Substratoberfläche, können so mehrere Reflexionen erzeugt werden, wodurch die Übertragung einer ID möglich ist [Fin08]. Da diese Transponder keine Siliziumtechnik (Chip) verwenden, besitzen sie teilweise bessere Eigenschaften wie z. B. eine höhere thermische Belastbarkeit [Dei09]. Analog zu SAW-Transpondern können schaltkreislose Transponder mittels elektrischer Resonatoren aufgebaut werden [JR05]. Bei diesen Transpondern wird die Seriennummer im Spektrum und/oder der Phase der Antwort übertragen [PBKS09]. Der RFID-Reader strahlt den Transponder mit einem breitbandigen Signal an, und der Transponder reflektiert nur einen Teil des Spektrums [PBKS09]. Das Vorhandensein bzw. Nichtvorhandensein von reflektierten Frequenzen stellt die Seriennummer des Transponders dar [PBKS09]. Die unterschiedlichen Reflexionen können durch verschiedene Antennenanordnungen oder eine eigene Sende- und eine Empfangsantenne, welche über ein Resonatorennetzwerk miteinander verbunden sind, erzeugt werden [Dob08, Fin12, PBKS09]. Diese Art von RFID-Systemen benötigt allerdings eine hohe spektrale Bandbreite, weshalb sie z. B. im schmalen europäischen UHF-Frequenzband nur sehr limitiert einsetzbar sind [Fin08, Dob08, Dei09].

2.2. Elektromagnetische Kopplung

2.2.1. Nah- und Fernfeld

Durch die elektromagnetische Kopplung bei UHF-RFID befindet sich der Transponder im Fernfeld der Readerantenne [DW05]. Diese erzeugt ein elektrisches und ein magnetisches Feld sowie eine elektromagnetische Welle [Bal05]. Der Bereich vor der Antenne wird in drei Abschnitte eingeteilt: Das Nahfeld, die Übergangszone und das Fernfeld, diese sind in Abbildung 2.3 dargestellt [Bal05]. Allerdings sind die Grenzen der Bereiche nicht scharf definiert [Bal05]. Im Nahfeld der Antenne existieren überwiegend ein elektrisches

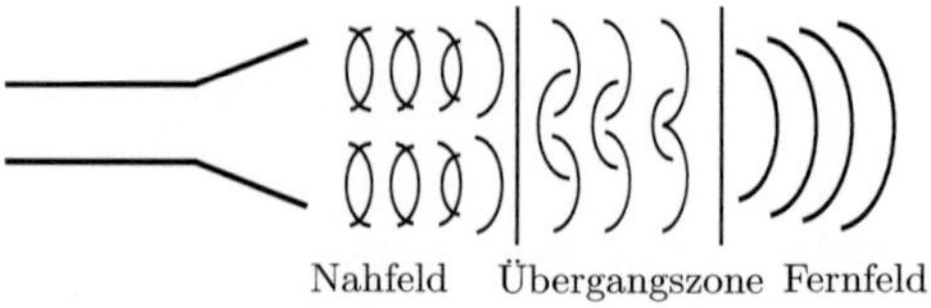

Abbildung 2.3.: Übergang vom Nahfeld zum Fernfeld, Grafik in Anlehnung an [Dju03]

und ein magnetisches Feld (abhängig von der Antennenart) [Bal05]. Die Felder sind an die Antenne gebunden – eine elektromagnetische Strahlung ist in diesem Bereich nahezu nicht vorhanden [Bal05]. Veränderungen im Nahfeld der Antenne (z. B. Entnahme von Energie, Einbringen von Gegenständen) führen zu einer direkten Rückkopplung auf die Antenne und damit auf den Sendeschaltkreis der Antenne, wodurch dieser die Veränderung registrieren kann [Bal05]. Dieses Prinzip wird von Nahfeld-RFID-Systemen zur Datenübertragung verwendet und als Lastmodulation bezeichnet [Fin08]. In der Übergangszone werden die Felder schwächer, während sich eine elektromagnetische Strahlung ausbildet [Bal05]. Im Fernfeld hat sich die elektromagnetische Strahlung vollständig ausgebildet, und die Felder sind kaum noch vorhanden [Bal05]. Die Strahlung hat sich von der Antenne losgelöst, wodurch Veränderungen im Fernfeld (z. B. Absorption der Strahlung) keine Rückwirkung auf die Antenne haben [Bal05].

2.2.2. Datenübertragung bei UHF-RFID

Die Datenübertragung zwischen Reader und Transponder findet bei UHF-RFID nach zwei verschiedenen Prinzipien statt [DW05]. Der Pfad vom Reader zum Transponder verwendet eine Amplitudenmodulation, während die Daten vom Transponder zum Reader per Backscattering übertragen werden [DW05].

2.2.2.1. Datenübertragung vom Reader zum Transponder

Der RFID-Reader moduliert die Daten per digitaler Amplitudenmodulation (Amplitude-Shift Keying: ASK) mit einem On-Off Keying (OOK), d. h. der Träger hat einen High- und einen Low-Zustand [DW05]. Dieses Prinzip wird in Abbildung 2.4 veranschaulicht. Die Amplitudenmodulation ermöglicht die Verwendung einer einfachen Schaltung zur Demodulation der Daten im Transponder [DW05].

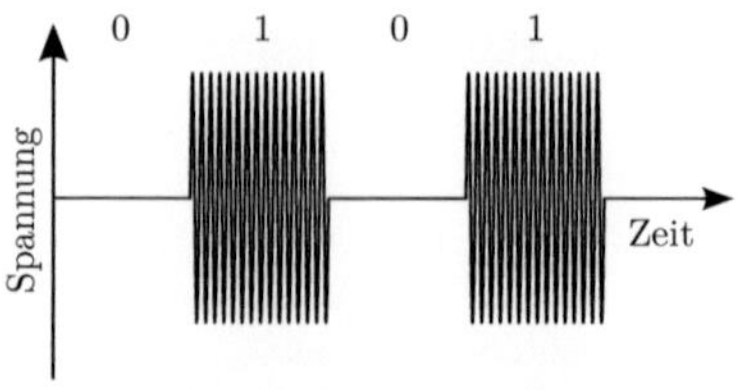

Abbildung 2.4.: Amplitudenmodulation mit On-Off Keying[8], Grafik in Anlehnung an [Dob08]

2.2.2.2. Datenübertragung vom Transponder zum Reader

Ein Transponder benötigt keine eigene Sendeeinheit, da die Datenübertragung vom Transponder zum Reader nach dem Prinzip des Backscatterings geschieht: Der Reader sendet eine kontinuierliche elektromagnetische Welle aus, welche vom Transponder verschieden stark reflektiert wird [DW05]. Die Daten des Transponders werden in der Reflexion bzw. dem Fehlen der Reflexion kodiert, wie in Abbildung 2.5 dargestellt [DW05]. Im Anhang B ist ein Mitschnitt der Kommunikation zwischen Reader und Transponder dargestellt.

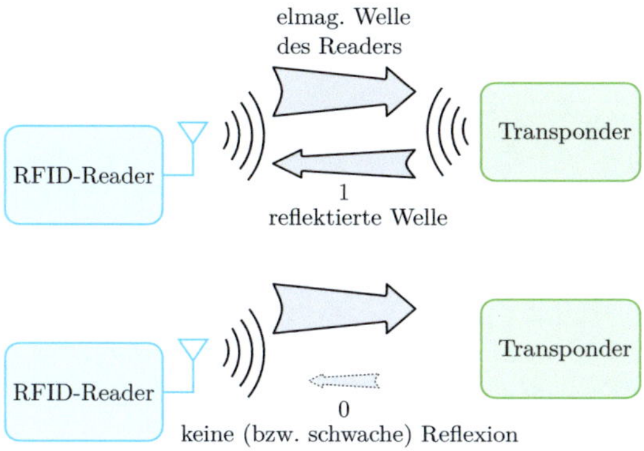

Abbildung 2.5.: Datenübertragung nach dem Prinzip des Backscatterings[9]

Gegenstände reflektieren elektromagnetische Wellen, dies ist an einem Beispiel in Abbildung 2.6 dargestellt [KST93]. Die Stärke des reflektierten Signals wird durch den Radarrückstreuquerschnitt σ angegeben [KST93]:

$$\sigma = 4\pi R^2 \frac{S_a}{S_e} \ . \tag{2.1}$$

Vereinfacht ausgedrückt beziffert der Radarrückstreuquerschnitt die von einem Objekt in alle Richtungen abgestrahlte Leistungsdichte S_a im Verhältnis zur Leistungsdichte S_e der einfallenden Welle (betrachtet aus der Entfernung[10] R). Dabei entnimmt der Gegenstand der einfallenden Welle die Energie σS_e und strahlt diese mit der Leistungsdichte S_a in alle Richtungen ab [KST93].

An Antennen werden nach demselben Prinzip elektromagnetische Wellen reflektiert, wobei die Reflexion in einen Structural-Mode und einen Antenna-Mode aufgeteilt wird [KST93]. Der Structural-Mode entsteht durch die Form und das Material der Antenne, während der Antenna-Mode von der Strahlungscharakteristik der Antenne abhängt [KST93]. Der Structural-Mode wird durch den Radarrückstreuquerschnitt σ_s und der Antenna-Mode durch σ_a angegeben [KST93]. Der gesamte Radarrückstreuquerschnitt einer Antenne

[8] Die Zuordnung von „0" und „1" wurde willkürlich zur Veranschaulichung vorgenommen.

[9] Die Zuordnung von „0" und „1" wurde willkürlich zur Veranschaulichung vorgenommen.

[10] Die Betrachtung ist nur im Fernfeld gültig, daher muss der Abstand R groß genug sein.

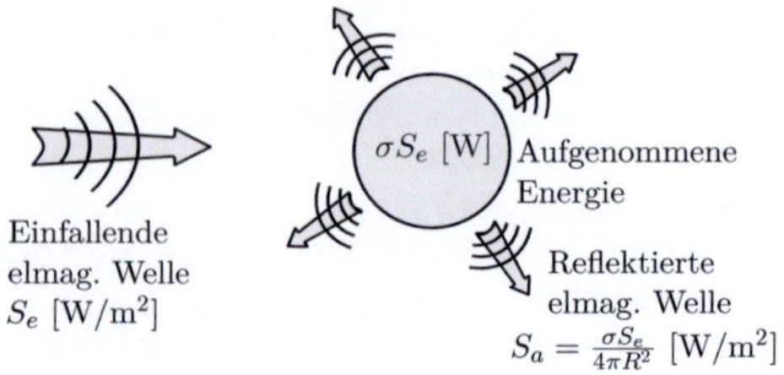

Abbildung 2.6.: Reflexion einer elektromagnetischen Welle an einem Gegenstand, Grafik in Anlehnung an [KST93]

ergibt sich aus einer Kombination dieser beiden [KST93]:

$$\sigma = |f(\sigma_s) - f(\sigma_a) \cdot f(\underline{Z}_l)|^2 \ . \qquad (2.2)$$

Dabei stellen $f(\sigma_s)$ und $f(\sigma_a)$ Funktionen der einzelnen Radarrückstreuquerschnitte dar (eine ausführlichere Betrachtung des Radarrückstreuquerschnitts von Antennen findet in Kapitel 4.2.9 statt) und $f(\underline{Z}_l)$ ist eine Funktion der an die Antenne angeschlossenen Lastimpedanz. Während σ_s und σ_a für eine Antenne konstant sind, kann $\underline{Z}_l$ verändert werden. Dies ermöglicht es, verschiedene Radarrückstreuquerschnitte zu erzeugen und somit die an der Antenne reflektierte Leistung zu verändern. Dadurch können mit zwei geeigneten Werten der Lastimpedanz ($\underline{Z}_{l1}$ und $\underline{Z}_{l2}$) eine maximale und eine minimale[11] Reflexion an der Antenne erzeugt werden (Abbildung 2.7) [Dob08]. Die Daten des Transponders werden durch den Unterschied zwischen starker und schwacher Reflexion kodiert [Dob08].

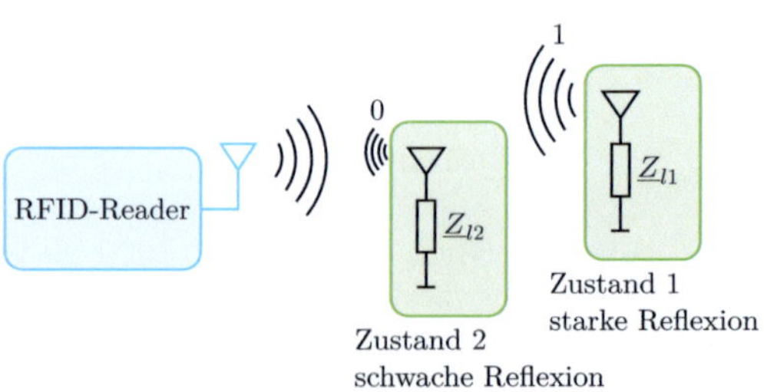

Abbildung 2.7.: Abhängigkeit der Reflexion von der Antennenimpedanz[12], Grafik in Anlehnung an [Dob08]

2.3. Aufbau eines UHF-Transponders

Nachfolgend wird der Aufbau eines UHF-Transponders beschrieben. Dabei wird insbesondere auf den UTPV10 eingegangen, der in dieser Arbeit als RFID-Chip verwendet

[11] Es findet nahezu immer eine Reflexion statt, der Radarrückstreuquerschnitt ist meistens größer Null.
[12] Die Zuordnung von „0“ und „1“ wurde willkürlich zur Veranschaulichung vorgenommen.

wird. Abbildung 2.8 zeigt einen einfachen Aufbau eines Transponder, dieser besteht aus einem RFID-Chip, einer Antenne und einem Trägermaterial. In der Praxis werden auch komplizierte Aufbauten verwendet [Fin12].

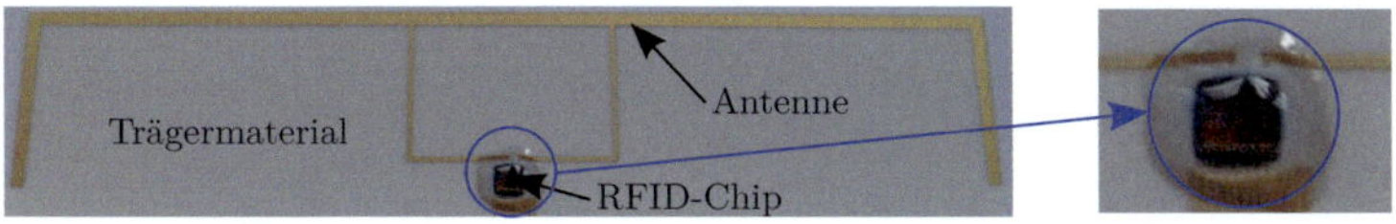

Abbildung 2.8.: RFID-Transponder mit einem Keramik Substrat

2.3.1. Trägermaterial

Der RFID-Chip und die Antenne befinden sich auf einem Trägermaterial und sind miteinander elektrisch verbunden. Die elektrischen Eigenschaften des Trägermaterials müssen beim Design der Antenne berücksichtigt werden, die mechanischen Eigenschaften ergeben die physikalische Stabilität des Transponders. Flexible Transponder werden häufig auf Polyesterfolien („Flexible Leiterplatte") hergestellt, während stabilere Transponder z. B. eine FR4-Leiterplatte oder ein Keramiksubstrat verwenden [Fin12]. Für eine kostengünstige Herstellung bieten sich beispielsweise Papiersubstrate an [YBRT06]. Um den RFID-Chip und die Antenne vor äußeren Einflüssen zu schützen, werden diese häufig mit einer Schutzschicht versehen [Fin12].

2.3.2. RFID-Chip

Der RFID-Chip ist die Schaltzentrale des Transponders, er stellt dem RFID-Reader die verschiedenen Informationen und Dienste zur Verfügung [Fin12]. Der Aufbau eines RFID-Chips lässt sich in zwei Funktionsblöcke unterteilen: Das analoge Frontend und das digitale Backend (Abbildung 2.9) [FGH$^+$10]. Ersteres wird in dieser Arbeit ausführlicher

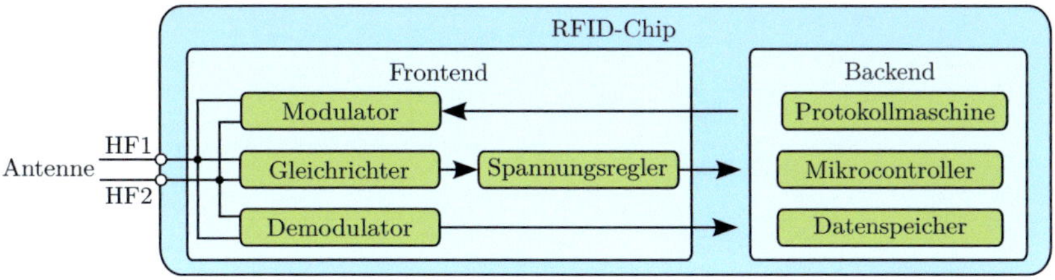

Abbildung 2.9.: Aufbau eines RFID-Chips, Grafik in Anlehnung an [HHG11b]

betrachtet, da es maßgeblich die Impedanz des Chips bestimmt und somit für das Antennendesign relevant ist [Dob08]. Es versorgt das Backend mit Energie und den vom Reader kommenden Daten, zudem erzeugt es mit dem Datenstrom des Backends die Backscatterantwort [Dob08]. Das Frontend besteht aus einem Gleichrichter mit Spannungsregler, einem Demodulator und einem Modulator [Dob08]. Das Backend setzt sich aus einer digitalen Protokollmaschine, einem Mikrocontroller und einem Datenspeicher zusammen [FGH+10].

2.3.2.1. Gleichrichter

Durch das elektromagnetische Feld des Readers wird an der Transponderantenne eine (Wechsel-)Spannung von ca. 0,1 V bis 0,3 V mit der verwendeten Frequenz (868 MHz beim UTPV10 – europäisches RFID-Band) erzeugt [Dob08]. Der RFID-Chip benötigt zum Betrieb jedoch eine (konstante) Gleichspannung von 1 V bis 3 V, diese ist abhängig von den verwendeten Transistoren und der (Fertigungs-)Technologie. Der Gleichrichter richtet die von der Antenne erzeugte Spannung gleich und verstärkt sie [Dob08].

Eine häufig in RFID-Transpondern verwendete Gleichrichterschaltung ist die des in Abbildung 2.10a gezeigten modifizierten Greinacher Gleichrichters [KF03, Cur07]. Er besteht aus der Zusammenschaltung eines Clamping Schaltkreises und eines einfachen Diodengleichrichters, welche mehrfach hintereinander geschaltet werden, um eine Spannungserhöhung zu erzielen [Cur07]. Dieser Schaltkreis benötigt (Schottky-)Dioden mit einer geringen Schwellenspannung [Cur07]. Allerdings stellt die verwendete Technologie des UTPV10 diese Art von Dioden nicht zur Verfügung, weshalb der UTPV10 einen dreifachen Gate Cross-Connected Gleichrichter auf Transistorbasis verwendet [FGB+08, Fra10], wie ihn Abbildung 2.10b zeigt. Die Transistoren sind in einer Art Brückengleichrichter verschaltet und durch eine Kaskadierung mehrerer Stufen wird eine Erhöhung der Ausgangsspannung erreicht [FGH+10]. Um die gleichgerichtete Spannung zu glätten, wird der Gleichrichter mit einem Speicherkondensator C_{store} abgeschlossen [FGH+10].

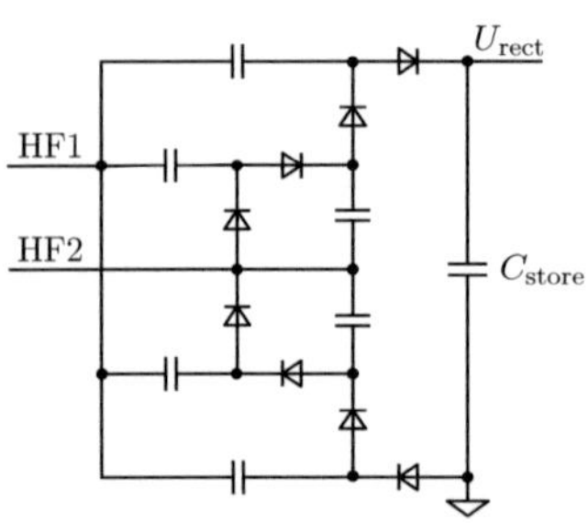

(a) Modifizierter Greinacher Gleichrichter, Grafik in Anlehnung an [Cur07]

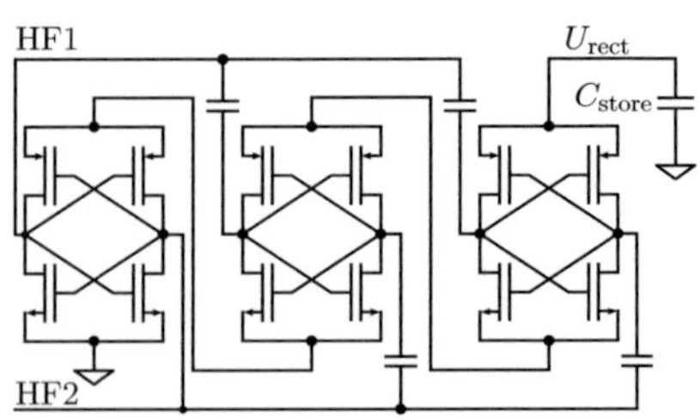

(b) Dreifacher Gate Cross-Connected Gleichrichter, Grafik in Anlehnung an [FGH+10]

Abbildung 2.10.: Gleichrichterstufen in RFID-Chips

2.3.2.2. Gleichspannungsregler

Die von der Antenne erzeugte Spannung ist von der Stärke des elektromagnetischen Feldes am Ort des Transponders bzw. der Transponderantenne abhängig [Dob08]. Dadurch ergibt sich eine variable Ausgangsspannung des Gleichrichters, die von mehreren Faktoren bestimmt wird, wie z. B. der Entfernung zum Reader oder der Ausrichtung des Transponders [Dob08]. Um eine konstante Betriebsspannung für das Backend zu gewährleisten, wird beim UTPV10 die vom Gleichrichter erzeugte Spannung durch einen Gleichspannungsregler auf einen konstanten Spannungswert von 1,8 V reguliert [FGH+10].

2.3.2.3. Demodulator

Das vom RFID-Reader amplitudenmodulierte Signal wird vom Demodulator mittels eines Hüllkurvendetektors demoduliert (Abbildung 2.11) [FGH+10]. Das demodulierte Signal wird an den Digitalteil übergeben und von diesem weiter ausgewertet [FGH+10].

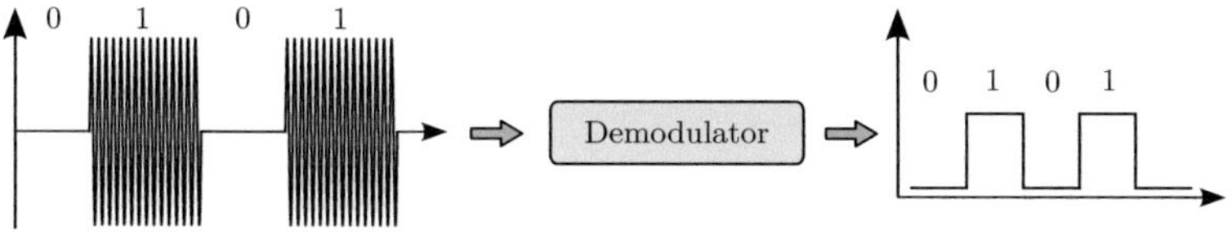

Abbildung 2.11.: Demodulator[13], Grafik in Anlehnung an [Dob08]

2.3.2.4. Modulator

Der Modulator erzeugt die Datenübertragung vom Transponder zum Reader mittels Backscattering, also über eine Änderung des Radarrückstreuquerschnittes der Antenne [Dob08]. Er schaltet dazu die Antenne in einen Zustand hoher oder geringer Reflexion [Dob08]. Der Modulator des UTPV10 entspricht einem gesteuerten Schalter, der die Lastimpedanz der Antenne auf $\underline{Z}_{l1}$ bzw. $\underline{Z}_{l2}$ schaltet (Abbildung 2.12) [FGH+10]. Er kann somit folgende zwei Zustände annehmen:

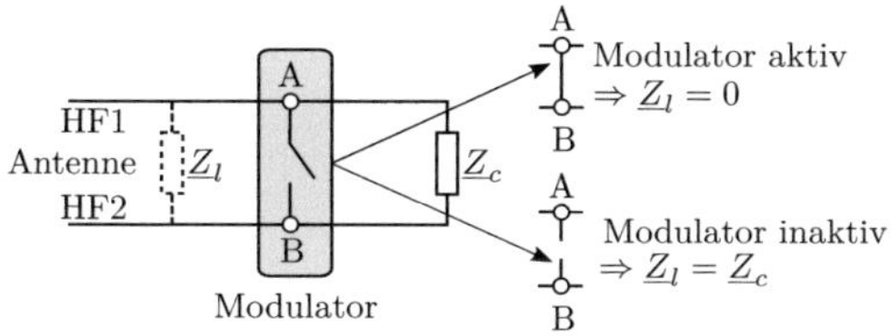

Abbildung 2.12.: Modulator des UTPV10

Modulator aktiv Wenn der Modulator aktiviert ist, wird die Antenne kurzgeschlossen ($\underline{Z}_l = 0$) und reflektiert daher sehr stark [FGH+10]. Während dieser Phase wird der UTPV10 nicht mit Energie versorgt[14] [FGH+10]. Dieser Zustand wird nur für kurze Zeitspannen während einer Backscatterantwort angenommen [FGH+10].

[13] Die Zuordnung von „0“ und „1“ wurde willkürlich zur Veranschaulichung vorgenommen.

[14] Der RFID-Chip bezieht seine Energie während dieser Phase vom Speicherkondensator, er erhält jedoch keine „neue“ Energie vom Reader.

Modulator inaktiv Ein inaktiver Modulator entspricht dem offenen Schalter in Abbildung 2.12, folglich erhalten die anderen Schaltungsteile des UTPV10 das Signal der Antenne [FGH+10]. Der UTPV10 hat nun die Lastimpedanz $\underline{Z}_l = \underline{Z}_c$ (Impedanz des aktiven RFID-Chips), sodass diese aufgrund der Anpassung an $\underline{Z}_c$ nur eine sehr geringe Reflexion erzeugt [FGH+10]. In diesem Zustand wird der Chip mit Energie versorgt, weshalb das der Grundzustand des Modulators ist [FGH+10].

Andere RFID-Chips verwenden zum Teil komplexere Modulatorschaltungen um eine höhere Modulationstiefe zu erzeugen [KF03]. Sie basieren jedoch alle auf dem Grundprinzip des Umschaltens zwischen hoher und geringer Reflexion [KF03].

2.3.2.5. Backend

Das Backend wird über den Spannungsregler mit Energie versorgt und erhält über den Demodulator den Datenstrom des RFID-Readers [FGH+10]. Es sorgt für die Verarbeitung der vom Reader kommenden Daten und erzeugt die passenden Antworten, welche durch Steuerung des Modulators an den Reader gesendet werden [FGH+10].

Der UTPV10 ist ein RFID-Chip für einen flexiblen RFID-Sensor-Transponder mit integriertem Datenlogger [Fra10, HHG11b]. Die Flexibilität wird durch das Aufteilen des Backends in eine Protokollmaschine und einen Mikrocontroller erreicht, wie in Abbildung 2.13 dargestellt [HHG11b]. Diese haben einen gemeinsamen Speicher, wobei die

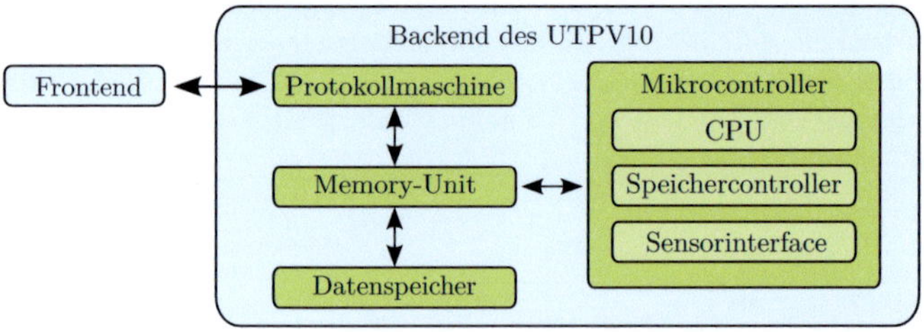

Abbildung 2.13.: Backend des UTPV10, Grafik in Anlehnung an [HHG11b]

Memory-Unit den Speicherzugriff verwaltet um Kollisionen zu verhindern [HHG11b]. Die Protokollmaschine besteht aus einem Zustandsautomaten für das Abarbeiten des RFID-Protokolls und ist für Lese- und Schreibzugriffe des RFID-Readers auf die Speicherinhalte zuständig [HHG11b]. Der Mikrocontroller arbeitet großteils unabhängig von der Protokollmaschine und bezieht seine Befehle aus einer bestimmten Speicherzelle, dem Command-Wort [HHG11b]. Der Reader kann mittels des standardisierten Schreibbefehls die Protokollmaschine anweisen einen bestimmten Wert in das Command-Wort zu schreiben [FGH+10]. Der Mikrocontroller interpretiert diesen Wert als Anweisung und führt sie aus [HHG11b]. Das Ergebnis der Operation wird im Speicher abgelegt und der Reader kann darauf über den standardisierten Lesebefehl zugreifen [FGH+10]. Dadurch werden keine besonderen Befehle für die Übermittlung der Sensordaten benötigt [FGH+10]. Das Sensor-Interface des Mikrocontrollers ermöglicht den Anschluss verschiedener analoger und digitaler Sensoren [FGH+10].

2.3.3. Antenne

Die Antenne des Transponders entnimmt dem elektromagnetischen Feld des Readers Energie und empfängt bzw. sendet Daten [Dob08]. Die Anforderungen an eine Transponderantenne sind [Dob08]:

- geringe Kosten,
- geringe Größe,
- gute Anpassung an die Chipimpedanz und
- Beachtung des Einflusses der Umgebung auf die Antenne.

Da RFID ähnlich dem Barcode zur Artikelkennzeichnung eingesetzt wird, werden RFID-Transponder üblicherweise in großen Stückzahlen benötigt [Fin12]. Sie müssen daher möglichst preiswert sein und sollen zudem eine geringe Größe haben [Dob08, Fin08]. Kosten und Größe sind somit die zwei wichtigsten Anforderungen an eine Transponderantenne, weshalb alle großen und aufwendigen Antennen (z. B. Flächen-, Reflektor- oder Gruppenantennen) für diesen Einsatzbereich ungeeignet sind. UHF-Transponderantennen bestehen sehr häufig aus abgewandelten Dipolantennen [Dob08, Fin08]. In der Forschung werden Monopol-, Patch- und Slotantennen diskutiert, jedoch sind sie in der Praxis eher selten zu finden. Während Dipolantennen ringförmig abstrahlen, haben andere Antennenarten andere Strahlungscharakteristika (siehe Kapitel 4.1). Im Gegensatz zu „normalen“ Sendern/Empfängern haben RFID-Chips eine sehr kapazitive Eingangsimpedanz [Dob08]. Für einen optimalen Energietransfer zwischen Antenne und RFID-Chip (und damit eine gute Reichweite des Transponders) muss die Antenne an den Chip angepasst werden [Dob08]; dieser Aspekt wird in Kapitel 3 näher erläutert. Eine Hauptaufgabe beim UHF-RFID Transponderantennendesign ist daher die Anpassung der Antenne an die Impedanz des RFID-Chips [Dob08]. Des Weiteren muss die Umgebung des Transponders berücksichtigt werden [Dob08]. So wird z. B. eine Dipolantenne durch leitendes Material (wie etwa Metall) in ihrer Umgebung (innerhalb des Nahfelds) stark beeinflusst: Die Strahlungscharakteristik und die Antennenimpedanz verändern sich [Bal05]. Aber auch nicht leitende Materialien wie Glas oder Karton können die Eigenschaften der Antenne beeinflussen, sie verursachen eine Änderung der Antennenimpedanz [Dob08]. Dadurch ist die Antenne nicht mehr optimal an den RFID-Chip angepasst, die Strahlungscharakteristik bleibt jedoch weitgehend unbeeinflusst. Eine hohe Verstärkung/Gewinn ist bei Transponderantennen meistens nicht gewünscht, da dies zugleich eine große Richtwirkung der Antenne bedeutet. Dadurch wäre der Transponder aus nur wenigen Richtungen auslesbar. Für eine hohe Verstärkung wären zudem große Antennenstrukturen nötig, was in Konflikt mit der Forderung nach kleinen und kostengünstigen Antennen stünde. Da viele Transponderantennen aus Dipolantennen bestehen sind sie linear polarisiert, vereinzelt sind auch zirkular polarisierte Antennen zu finden, eine solche wird z. B. in [Dea09] vorgestellt.

2.3.4. Elektrische Eigenschaften eines UHF-Transponders

In Kapitel 2.1.2 wurde erläutert, dass sich ein RFID-Chip durch verschiedene Eigenschaften beschreiben bzw. klassifizieren lässt. Die folgenden Unterkapitel beschreiben weitere technische Eigenschaften, welche für diese Arbeit von Bedeutung sind.

2.3.4.1. Elektrisches Ersatzschaltbild

Elektrische Schaltungen können in Ersatzschaltbildern, bestehend aus einer Impedanz und einer Quelle, dargestellt werden [Unb99]. Abbildung 2.14 zeigt das elektrische Ersatzschaltbild eines Transponder [Dob08]. Es besteht aus dem Ersatzschaltbild einer

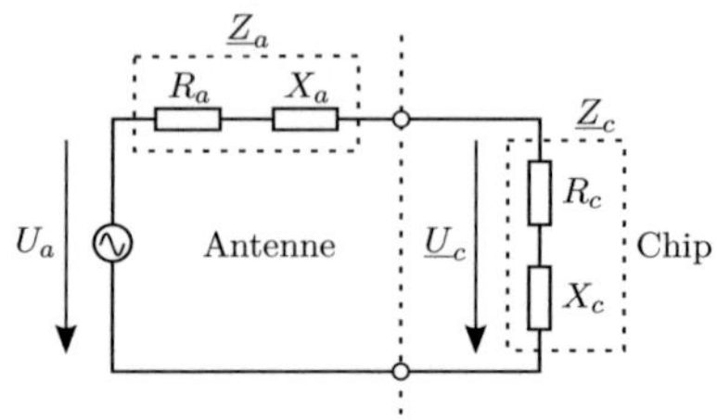

Abbildung 2.14.: Elektrisches Ersatzschaltbild eines UHF-RFID-Transponders, Grafik in Anlehnung an [NR06]

sendenden Antenne (dieses wird in Kapitel 4.2.8 näher erläutert) und dem des RFID-Chips [Dob08]. Da der RFID-Chip über keine eigene Energieversorgung verfügt, wird er im Ersatzschaltbild durch seine Impedanz $\underline{Z}_c$ – aufgeteilt in den Realteil R_c und den Imaginärteil X_c – repräsentiert [Dob08]. Aufgrund der großen Speicherkapazität im Gleichrichter haben RFID-Chips eine stark kapazitive Impedanz; typische Werte sind $20\,\Omega$ bis $100\,\Omega$ für den Realteil und $-100\,\Omega$ bis $-300\,\Omega$ für den Imaginärteil [Dob08].

2.3.4.2. Threshold-Leistung

Die Threshold-Leistung – die Ansprechempfindlichkeit – eines RFID-Chips gibt die minimale Leistung P_{th} an, die der Chip für seine Funktion benötigt [Dob08]. Wird der Chip mit dieser oder einer höheren Leistung von der Transponderantenne versorgt, antwortet er auf Anfragen des RFID-Readers [Dob08]. Die Threshold-Leistung von RFID-Chips liegt momentan bei ca. $30\,\mu\text{W}$ bis $100\,\mu\text{W}$ [Dob08]. Durch Fortschritte in der Halbleitertechnik wird sie wahrscheinlich in Zukunft sinken. Die Threshold-Leistung gilt nur für den Lesezugriff bzw. die Übermittlung der ID-Nummer, für einen Schreibzugriff wird mehr Energie benötigt [Dob08].

Neben der Threshold-Leistung existiert eine Threshold-Spannung U_{th} [Dob08]. Sie gibt die minimale Spannung U_c an, welche am Eingang des RFID-Chips vorhanden sein muss, damit dieser das Signal gleichrichten und dekodieren kann [Dob08]. Oftmals wird durch die Threshold-Leistung die maximale Reichweite begrenzt, allerdings kann bei einem ungünstigen Design des Gleichrichters oder des Demodulators eine hohe Threshold-Spannung auftreten und ebenfalls zur Begrenzung der Reichweite führen.

2.3.4.3. Reichweite

Die Reichweite eines RFID-Systems hängt sowohl von den Eigenschaften des Transponders als auch von denen des Readers ab [Dob08]. Sie wird von zwei Faktoren begrenzt: Zum einen muss der RFID-Chip über genügend Energie zum Betrieb verfügen, zum anderen muss das reflektierte Signal des Transponders stark genug sein, um vom RFID-Reader ausgewertet werden zu können [Dob08]. Die Angabe der Reichweite eines Transponders ist daher nur mit der Angabe des dazugehörigen RFID-Readers (inklusive Antenne) möglich.

Ist ein (passiver) Transponder aufgrund einer zu geringen Energieversorgung (Leistung geringer als P_{th}) nicht in der Lage zu antworten, wird dies als *Forward-link-limited* bezeichnet [Dob08]. Unter der Annahme eines idealen Systems (keine Verluste und optimale Ausrichtung der Antennen) ergibt sich die maximale Leistung P_c, die der RFID-Chip aus dem Feld des Readers entnehmen kann zu [Dob08]:

$$P_c = \left(\frac{\lambda}{4\pi R}\right)^2 G_t G_r P_r \ . \tag{2.3}$$

Sie hängt von der Wellenlänge λ, dem Abstand R, den Antennengewinnen des Transponders G_t und des Readers G_r sowie der Leistung des Readers P_r ab. Das Produkt aus der Leistung des Readers und dem Gewinn der Readerantenne ($P_r \cdot G_r$) ist durch den gesetzlich erlaubten EIRP[15] begrenzt. In Deutschland beträgt die maximale Sendeleistung im 868 MHz Band 3,28 W EIRP [Bun10]. Der Antennengewinn einer Dipolantenne am Transponder beträgt ca. 2 dBi ≈ 1,6 [ITU95]. Damit ergibt sich die in Abbildung 2.15 dargestellte maximal mögliche Leistungsaufnahme des RFID-Chips in Abhängigkeit der Entfernung zum Reader. Da Gleichung (2.3) nur im Fernfeld[16] gültig ist, beginnt die Kurve erst bei einem Meter [Dob08]. Dadurch wird die maximale Reichweite $R_{\text{vorwärts}}$ aufgrund

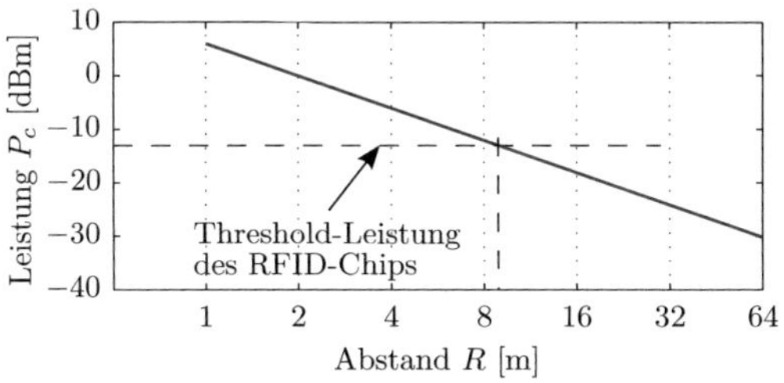

Abbildung 2.15.: Maximal mögliche Leistungsaufnahme des RFID-Chips in Abhängigkeit der Entfernung zum Reader bei einer Readerleistung von 3,28 W EIRP und einem Gewinn der Transponderantenne von 2 dBi, Grafik in Anlehnung an [Dob08]

der Energieversorgung und der Threshold-Leistung P_{th} des RFID-Chips zu [Dob08]:

$$R_{\text{vorwärts}} = \frac{\lambda}{4\pi}\sqrt{\frac{G_t G_r P_r}{P_{\text{th}}}} \ . \tag{2.4}$$

Ein RFID-Chip mit einer Threshold-Leistung von 50 µW ≈ −13 dBm hat somit eine Reichweite von 8,8 m. Eine Fehlanpassung zwischen der Antenne und dem Chip kann durch Hinzufügen des Reflexionsfaktors $\underline{S}_{11}$ bzw. $\underline{\Gamma}_t$ (am Chip – die Bestimmung davon

[15] Äquivalente isotrope Sendeleistung, siehe Kapitel 4.2.10.

[16] Der Beginn des Fernfeldes ist abhängig von der Direktivität der Antenne.

ist Thema des nächsten Kapitels) in Gleichung (2.3) berücksichtigt werden [Bal05]:

$$P_c = \left(\frac{\lambda}{4\pi R}\right)^2 \left(1 - |\underline{\Gamma}_t|^2\right) G_t G_r P_r. \tag{2.5}$$

Ein Reflexionsfaktor von 0,5 ≈ −6 dB reduziert die Reichweite des Transponders auf 7,7 m. Um eine gute Reichweite zu erzielen, ist folglich eine gute Anpassung zwischen Antenne und RFID-Chip notwendig.

Heutige passive RFID-Systeme sind überwiegend Forward-link-limited [Dob08]. D. h., dass der Transponder ab einer gewissen Entfernung nicht mehr genügend Energie zum Betrieb erhält. Bei aktiven oder sehr leistungsarmen Transpondern wird die Reichweite jedoch durch die Stärke des reflektierten Signals am Ort des Readers begrenzt [Dob08, BDS10]. Die Berechnung dieser Signalstärke erfolgt mithilfe des Radarrückstreuquerschnitts σ_t der Transponderantenne. Dieser lautet (nach Gleichung (4.30) in Kapitel 4.2.9):

$$\sigma_t = \frac{\lambda^2}{4\pi} G_t^2 K \, . \tag{2.6}$$

Dabei hängt K von den Impedanzen der Antenne und des Chips ab [BDS10]. Das Umschalten der Chipimpedanz zwischen 0 und $\underline{Z}_l$ durch den Modulator bewirkt eine Änderung von K und damit des Radarrückstreuquerschnitts der Transponderantenne [BDS10]. Mit der sogenannten Radar Gleichung [Bal05] wird die reflektierte Leistung $P_{r,\text{empfangen}}$ am Ort des Readers berechnet [Dob08] :

$$P_{r,\text{empfangen}} = \sigma_t \frac{G_r^2 \lambda^2}{(4\pi)^3 R^4} P_r \, . \tag{2.7}$$

Durch Einsetzen von Gleichung (2.6) in Gleichung (2.7) ergibt sich:

$$P_{r,\text{empfangen}} = \left(\frac{\lambda}{4\pi R}\right)^4 G_t^2 G_r^2 K P_r \, . \tag{2.8}$$

Das Signal am Reader nimmt mit der 4. Potenz der Entfernung ab. Der Reader muss somit in der Lage sein, das sehr schwache reflektierte Signal von seinem gleichzeitig starken ausgesendeten Signal zu unterscheiden. Für eine Transponder-Dipolantenne gilt $K = 1$ für den angepassten Zustand ($\underline{Z}_l = \underline{Z}_c = \underline{Z}_a^*$) und $K = 0{,}11$[17] bei Kurzschluss der Antenne ($\underline{Z}_l = 0$) (Berechnung von K siehe Kapitel 4.2.9). Damit ergibt sich eine Leistung am Reader von[18] 5 nW ≈ −53 dBm für den angepassten Zustand und 0,5 nW ≈ −63 dBm bei Kurzschluss der Antenne. Wenn der RFID-Reader nicht mehr in der Lage ist diesen Unterschied zu erkennen, kann er die Antwort des Transponders nicht dekodieren [Dob08]. Dies stellt die maximale Reichweite $R_{\text{rück}}$ der Datenübertragung vom Transponder zum Reader dar [Dob08]:

$$R_{\text{rück}} = \frac{\lambda}{4\pi} \sqrt[4]{\frac{G_r^2 G_t^2 K P_r}{P_{r,\text{empfangen min}}}} \, . \tag{2.9}$$

[17] Angenommener Wert für $\underline{Z}_a = (25 + 150\text{j})\,\Omega$.

[18] Angenommene Werte: $G_t = 1{,}58$, $G_r = 6{,}31$, $P_r = 500\,\text{mW}$ und $R = 8{,}8\,\text{m}$; dies entspricht den Werten einer RFID-Transponderantenne mit einem Antennengewinn von 2 dBi und eines 500 mW Readers mit einer 8 dBi-Readerantenne um die erlaubten 3,28 W EIRP zu erreichen.

$P_{r,\text{empfangen min}}$ entspricht dabei der minimalen Leistung, die der Reader gerade noch erkennen kann. Eine solche Begrenzung der Reichweite wird als *Backward-link-limited* bezeichnet [Dob08]. Es ist zu beachten, dass die angegebenen Formeln den optimalen Fall ohne Verluste durch z. B. eine Fehlanpassung betrachten. Die verschiedenen Verlusttherme können jedoch einfach in die angegebenen Gleichungen integriert werden.

2.4. UHF-RFID-Transponder mit Sensoren

Die Kombination von Sensorik und (passiver) RFID hat in den letzten Jahren große Aufmerksamkeit erfahren [Wan04, Fro12c]. Der Transponder erfasst dabei Umgebungsparameter und übermittelt diese (neben seiner ID) an den RFID-Reader [Fin12]. Die sogenannten RFID-Sensor-Transponder können in unterschiedlichen Bereichen eingesetzt werden, z. B. in der Automatisierung und Prozessüberwachung um Temperaturen oder Drücke zu erfassen. Weitere Anwendungsfelder sind die Überwachung von Schaltschränken [FHHH12] und die Medizintechnik [FDHW07, MGJ+09].

Es gibt mehrere Möglichkeiten, RFID-Sensor-Transponder zu realisieren [Fin12]. Im Folgenden werden einige davon kurz vorgestellt, wobei nur auf UHF-Transponder eingegangen wird. Wie in Kapitel 2.1.2.3 erläutert, wird zwischen Transpondern mit RFID-Chip und Transpondern ohne Chip unterschieden. RFID-Sensor-Transponder können ebenfalls diesen beiden Kategorien zugeordnet werden.

2.4.1. RFID-Sensoren ohne Chip

Chiplose RFID-Transponder erzeugen Antworten über Reflexionen oder Filterung bestimmter Frequenzen durch verschiedene Strukturen [Fin12]. Wie die Identifikationsnummer werden die Sensordaten mittels Phasen- oder Frequenzmodulation übertragen. In [PKA11] wird ein chiploser Transponder vorgestellt, der aus zwei Antennen besteht, die über eine Leitung verbunden sind. Dieser ist schematisch in Abbildung 2.16 dargestellt. An

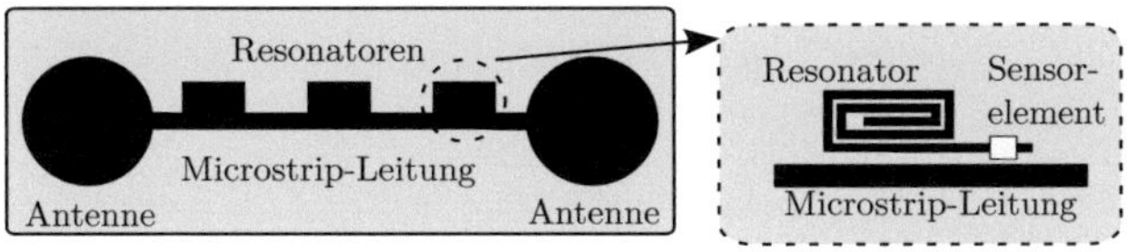

Abbildung 2.16.: Chiploser RFID-Sensor-Transponder mit Resonatoren; Grafik in Anlehnung an [PKA11]

der Verbindungsleitung der beiden Antennen sind Resonatoren angebracht, die verschiedene Frequenzen aus dem Readersignal filtern [PKA11]. Über einen Resonator, dessen Frequenz abhängig von einem sensorischen Element ist, wird das reflektierte Spektrum in Abhängigkeit der zu messenden Größe verändert [PKA11]. Anstatt des Spektrums kann auch die Phase des reflektierten Signals zur Datenübertragung verwendet werden, wie in [SMM+09] gezeigt. Darin wird ein Transponder beschrieben, der aus einer Antenne mit angeschlossener Leitung besteht (siehe Abbildung 2.17). Gezielte Unstetigkeiten in der Leitung sorgen für mehrere Teilreflexionen des Signals [SMM+09]. Die Reflexionen überlagern sich und werden von der Antenne zum Reader abgestrahlt [SMM+09]. Wenn

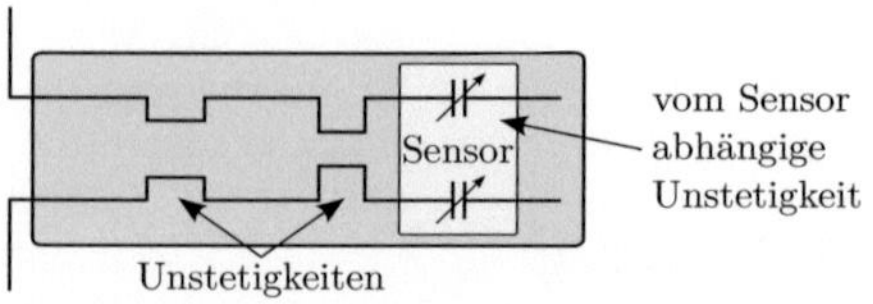

Abbildung 2.17.: Chiploser RFID-Sensor-Transponder mit Unstetigkeiten in einer Leitung; Grafik in Anlehnung an [SMM+09]

die Unstetigkeiten abhängig von einer zu messenden Größe sind, kann ein Messwert an den Reader übertragen werden [SMM+09]. Die Kodierung der Daten im Spektrum oder in der Phase benötigt allerdings eine hohe Bandbreite: Die Frequenzkodierung verwendet 1 GHz, bei der Phasenkodierung sind es 800 MHz [PKA11, SMM+09]. Damit ist ein Einsatz in ISM-Bändern nahezu ausgeschlossen, zudem sind beide Verfahren nicht mit dem EPC-Standard kompatibel und benötigen daher spezielle Reader [Dei09].

2.4.2. RFID-Sensoren mit Chip

Wie bei den chiplosen UHF-RFID-Sensoren gibt es mehrere Möglichkeiten, RFID-Sensoren mit RFID-Chip aufzubauen. Als Sensorgröße kann die Readerleistung, die zum Aktivieren des Transponders benötigt wird, verwendet werden [MMC08]. Die zu messende Größe muss nun eine Änderung der Aktivierungsenergie bewirken, dies kann z. B. durch Beeinflussung der Transponderantenne geschehen [MMC08]. Die Eigenschaften der Transponderantenne werden durch Materialien im Nahfeld verändert. Eine Veränderung der Permittivität eines Materials im Nahfeld der Antenne erzeugt eine Änderung der Antennenimpedanz [MMC08]. Dadurch wird die Anpassung zwischen der Antenne und dem RFID-Chip beeinflusst, wodurch sich die Aktivierungsenergie des Transponders verändert [MMC08]. Diese ist somit ein Maßstab für die Permittivität des Materials und kann zu dessen Bestimmung verwendet werden [MMC08]. Über die Permittivität wiederum lassen sich verschiedene Materialeigenschaften oder Zustände von Objekten wie z. B. der Füllstand eines Wasserglases erfassen [MMC08]. Ein weiteres Beispiel für dieses Prinzip ist die Bestimmung der Luftfeuchte durch eine mit einer Polymerschicht versehene Transponderantenne [JHFG08]. Sensordaten können auch bei Transpondern mit Chip durch eine Art Frequenzkodierung übertragen werden. In [BFSD11] wird ein Transponder präsentiert, bei dem sich abhängig von der Temperatur die Frequenz verändert, bei der der Transponder antwortet. Damit kann der Reader anhand der Frequenz die Temperatur des Transponders bestimmen. Eine weitere Möglichkeit ist die Verwendung mehrerer Transponder in geringem Abstand. Da sich die Transponderantennen hier nahe beieinander befinden, beeinflussen sie sich gegenseitig und erzeugen den sogenannten „Array Effekt“ [Bal05]. Dieser Effekt wird in [RCMB09] verwendet, um einen Wegsensor aus zwei RFID-Transpondern aufzubauen. Eine Verschiebung der Transponder zueinander verändert die Abstrahlcharakteristik des Arrays, womit diese in Relation zum Abstand der beiden Transponder gesetzt werden kann [RCMB09].

2.4.3. UTPV10 – Flexibler Sensor-RFID-Chip

Mit den bisher vorgestellten Verfahren können die Sensorwerte nicht durch ein EPC-konformes Lese-/Schreibkommando erlangt werden, stattdessen wird z. B. ein Frequenzdurchlauf benötigt oder es muss die Aktivierungsenergie des Transponders bestimmt werden; dies erfordert spezielle RFID-Reader bzw. Verfahren. Mit dem im EPC-Standard aufgeführten Lese- und Schreibbefehl können Speicherinhalte des Transponders gelesen bzw. geschrieben werden [Dob08]. Der am Fraunhofer IPMS entwickelte RFID-Chip (UTPV10) kann über diese Befehle die Daten verschiedener Sensoren an den Reader übertragen [HHG11b]. Zu diesem Zweck verfügt der in den RFID-Chip integrierte Mikrocontroller über einen I^2C- und einen analogen Sensoranschluss, wie in Abbildung 2.18 dargestellt [HHG11b]. Über den I^2C-Bus lassen sich verschiedene Sensoren oder andere Bauteile an den Mikrocontroller anschließen, während der analoge Sensoranschluss die Erfassung von Widerstandswerten ermöglicht [FGH+10]. Mithilfe eines Schreibkommandos erteilt der RFID-Reader dem Mikrocontroller verschiedene Anweisungen wie z. B. das Auslesen eines bestimmten Sensors [HHG11b]. Über ein Lesekommando kann der Reader das Ergebnis der Anweisung, z. B. den entsprechenden Sensorwert, abfragen [FGH+10]. Mit dem UTPV10 und entsprechenden Sensoren kann mit einer Antenne ein flexibler RFID-Sensor-Transponder erstellt werden, die mit jedem EPC-konformen Reader angesprochen werden kann [FGH+10]. Die Integration des RFID-Chips und der Sensoren zu einem möglichst kompakten Transponder ist u. a. Aufgabe dieser Arbeit.

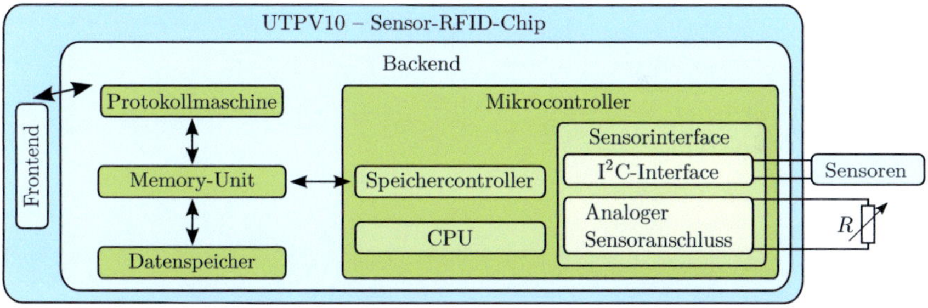

Abbildung 2.18.: Backend des UTPV10 mit dargestelltem Sensorinterface

3. Anpassung

Ein RFID-Transponder besteht aus einem RFID-Chip und einer Antenne (Kapitel 2.3). Beide lassen sich jeweils durch ein elektrisches Ersatzschaltbild darstellen. Die Zusammenschaltung ergibt das elektrische Ersatzschaltbild (Kapitel 2.3.4.1) eines RFID-Transponders, es besteht aus zwei Impedanzen und einer Quelle. Um eine hohe Performance des Transponders zu erzielen, muss ein möglichst großer Energiefluss von der Quelle in den Chip angestrebt werden. Dies geschieht durch die Anpassung der Antennenimpedanz an die Impedanz des Chips. Dieses Kapitel beschreibt die Bestimmung der Anpassung und des Energieflusses. Spannungen und Ströme werden als Effektivwerte angegeben, die Angabe der Amplitude erfolgt durch ein Zirkumflex (Dach ˆ) über dem jeweiligen Symbol.

3.1. Anpassung bei niedrigen Frequenzen

In der Schaltungstheorie werden elektrische Schaltungen im Gleichspannungsfall oder bei niederfrequenter Wechselspannung betrachtet [Unb99]. Dabei ist die Wellenlänge sehr viel größer als die physikalischen Abmessungen der Schaltung [Unb99]. Daher können Strom und Spannung auf einer Leitung als konstant und unabhängig vom Ort angesehen werden [Unb99]. Dies ermöglicht die Behandlung von Bauteilen und Leitungen als konzentrierte Komponenten [Unb99]. Elektrische Leitungen werden durch einen Widerstand repräsentiert, wobei die Leitungslänge keinen Einfluss auf die Schaltung hat [Unb99]. Die Beschreibung niederfrequenter Wechselspannung erfolgt durch komplexe Größen, damit kann (zusätzlich zum Spannungsabfall) die Phasenverschiebung von Spannung und Strom dargestellt werden [Unb99].

Im technischen Bereich bezeichnet der Begriff „Anpassung“ die Anpassung des Wertes einer Größe (z. B. Strom, Spannung oder Impedanz) an einen anderen Wert derselben Größe [Unb99]. So soll z. B. bei der Spannungsanpassung die Spannung am Lastwiderstand möglichst der Ausgangsspannung der Spannungsquelle entsprechen [Unb99].

3.1.1. Gleichspannung

Bei Gleichspannungs-/Gleichstromschaltkreisen wird die Anpassung in drei Kategorien unterteilt [Unb99]. Die Betrachtung erfolgt anhand der Schaltung in Abbildung 3.1, hier erzeugt eine Spannungsquelle mit dem Quellenwiderstand R_q die Spannung U_q und somit den Strom I, der durch einen Lastwiderstand R_l fließt.

Bei der Spannungsanpassung ist der Quellenwiderstand sehr viel kleiner als der Lastwiderstand ($R_q << R_l$) [Unb99]. Dadurch fällt fast die gesamte Spannung der Spannungsquelle am Lastwiderstand ($U_l \approx U_q$) ab [Unb99]. Die Spannung am Lastwiderstand ist daher nahezu unabhängig von diesem und hängt nur von der Quellenspannung ab [Unb99].

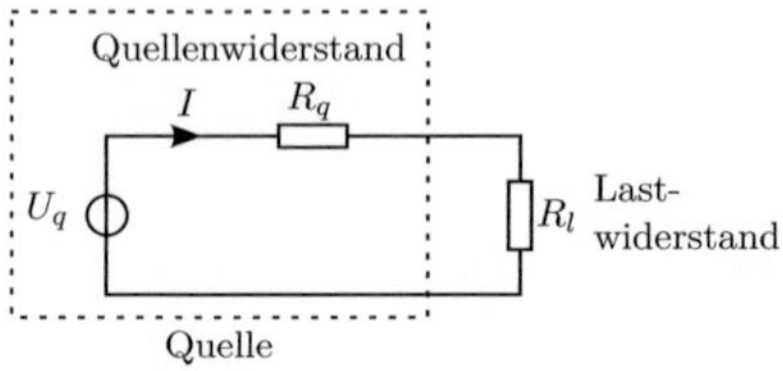

Abbildung 3.1.: Schaltkreis für die Betrachtung der Anpassung bei Gleichspannung

Bei der Stromanpassung ist der Quellenwiderstand sehr viel größer als der Lastwiderstand ($R_q >> R_l$), die Stromanpassung stellt somit den umgekehrten Fall der Spannungsanpassung dar [Unb99]. Der Stromfluss durch die Schaltung wird durch die Quellenspannung und den Quellenwiderstand bestimmt, er ist daher nahezu unabhängig vom Lastwiderstand [Unb99].

Im Gegensatz zur Spannungs- und Stromanpassung wird bei der Leistungsanpassung die maximale Leistung, welche eine Quelle mit fester Spannung (oder Strom) abgeben kann, an den Lastwiderstand übertragen [Unb99]. Sie wird erreicht, wenn Last- und Quellenwiderstand gleich groß sind [Unb99] (siehe Anhang C.1.1):

$$R_l = R_q \ . \tag{3.1}$$

Der Wirkungsgrad der Leistungsanpassung beträgt 50 % [Unb99]. Mit Spannungs- und Stromanpassung können höhere Wirkungsgrade erzielt werden, jedoch ist bei einer festen Quellenspannung bzw. festem Quellenstrom die absolute übertragene Leistung geringer [Unb99]. Daher wird die Leistungsanpassung bei Quellen mit unveränderbaren Spannungen/Strömen (z. B. Solarzellen, Peltierelemente oder Antennen) eingesetzt [Unb99].

3.1.2. Wechselspannung

Auch bei Wechselspannungsschaltkreisen mit komplexen Bauelementen ist eine Leistungsanpassung möglich, wie die Betrachtung in Anhang C.1.2 zeigt. Diese wird erreicht wenn Quellen- und Lastimpedanz konjugiert komplex sind [Dob08]:

$$\underline{Z}_l = \underline{Z}_q^* \ . \tag{3.2}$$

Der Wirkungsgrad der Leistungsanpassung bei Wechselspannung beträgt wie bei der Gleichspannung 50 % [Dob08].

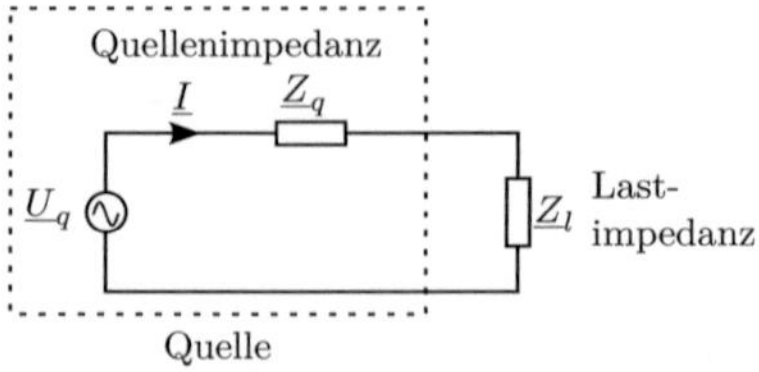

Abbildung 3.2.: Anpassung bei Wechselspannung

3.2. Leitungstheorie

Die Betrachtung von elektrischen Schaltungen bei höheren Frequenzen erfolgt mithilfe der Leitungstheorie [Poz05]. Im Unterschied zur Schaltungstheorie ist bei der Leitungstheorie die physikalische Dimension der Schaltung wesentlich größer als die elektrische Wellenlänge [Poz05]. Dadurch können Spannungen und Ströme auf Leitungen nicht mehr als konstant angesehen werden und die Variation von Betrag und Phase entlang der Leitung muss berücksichtigt werden [Poz05]. Bei einem UHF-RFID-Transponder wird hochfrequente Wechselspannung von der Antenne zum RFID-Chip transferiert [Poz05]. Die Beschreibung dieses Vorgangs kann mittels der Leitungstheorie erfolgen [Poz05].

3.2.1. Ersatzschaltbild einer Leitung

Die Betrachtung der Leitungstheorie erfolgt üblicherweise anhand einer Zweidrahtleitung [Poz05]. Das kurze Leitungsstück dz in Abbildung 3.3a kann durch ein Ersatzschaltbild mit konzentrierten Schaltelementen dargestellt werden (Abbildung 3.3b) [Poz05]. Die Elemente der Schaltung sind dabei auf die Länge bezogen [Poz05]:

- R': Widerstandsbelag: Serienwiderstand pro Längeneinheit
- L': Induktivitätsbelag: Serieninduktivität pro Längeneinheit
- G': Ableitungsbelag: Parallelwiderstand pro Längeneinheit
- C': Kapazitätsbelag: Parallelkapazität pro Längeneinheit

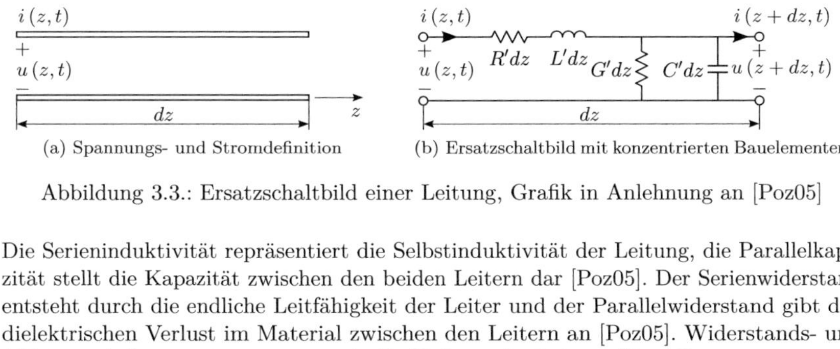

(a) Spannungs- und Stromdefinition (b) Ersatzschaltbild mit konzentrierten Bauelementen

Abbildung 3.3.: Ersatzschaltbild einer Leitung, Grafik in Anlehnung an [Poz05]

Die Serieninduktivität repräsentiert die Selbstinduktivität der Leitung, die Parallelkapazität stellt die Kapazität zwischen den beiden Leitern dar [Poz05]. Der Serienwiderstand entsteht durch die endliche Leitfähigkeit der Leiter und der Parallelwiderstand gibt den dielektrischen Verlust im Material zwischen den Leitern an [Poz05]. Widerstands- und Ableitungsbelag repräsentieren somit die Verluste der Leitung [Poz05].

Unter Anwendung der kirchhoffschen Regeln (Knotenpunktsatz und Maschensatz) und des Grenzübergangs $dz \to 0$ ergibt sich die sogenannte Telegrafengleichung (Leitungsgleichungen) [Poz05]:

$$\frac{\partial u(z,t)}{\partial z} = -R'\, i(z,t) - L' \frac{\partial i(z,t)}{\partial t} \tag{3.3a}$$

$$\frac{\partial i(z,t)}{\partial z} = -G'\, u(z,t) - C' \frac{\partial u(z,t)}{\partial t}\ . \tag{3.3b}$$

Für sinusförmige Größen vereinfacht sich die Gleichung unter Verwendung von komplexen Größen zu [Poz05]

$$\frac{d\underline{U}(z)}{dz} = -\left(R' + j\omega L'\right)\underline{I}(z) \tag{3.4a}$$

$$\frac{d\underline{I}(z)}{dz} = -\left(G' + j\omega C'\right)\underline{U}(z)\ . \tag{3.4b}$$

3.2.2. Wellenausbreitung entlang einer Leitung

3.2.2.1. Strom und Spannung auf der Leitung

Die Telegrafengleichung in komplexer Form aus Gleichung (3.4) kann entkoppelt werden, sodass sich für die Spannung und den Strom jeweils eine eigene Differenzialgleichung ergibt [Poz05]:

$$\frac{d^2\underline{U}(z)}{dz^2} - \underline{\gamma}^2\underline{U}(z) = 0 \tag{3.5a}$$

$$\frac{d^2\underline{I}(z)}{dz^2} - \underline{\gamma}^2\underline{I}(z) = 0\ . \tag{3.5b}$$

Dabei ist

$$\underline{\gamma} = \alpha + j\beta = \sqrt{\left(R' + j\omega L'\right)\left(G' + j\omega C'\right)} \tag{3.6}$$

die komplexe Ausbreitungskonstante mit der Dämpfungskonstanten α und der Phasenkonstanten β [Poz05]. Die Differenzialgleichungen können mit einem Ansatz der Wellengleichungen zu

$$\underline{U}(z) = \underline{U}_0^+ e^{-\underline{\gamma}z} + \underline{U}_0^- e^{\underline{\gamma}z} \tag{3.7a}$$

und

$$\underline{I}(z) = \underline{I}_0^+ e^{-\underline{\gamma}z} + \underline{I}_0^- e^{\underline{\gamma}z} \tag{3.7b}$$

gelöst werden [Poz05]. Der Term $e^{-\underline{\gamma}z}$ repräsentiert eine sich in positiver z-Richtung ausbreitende Welle, analog steht $e^{\underline{\gamma}z}$ für eine sich in negativer z-Richtung ausbreitende Welle [Poz05]. $\underline{U}_0$ und $\underline{I}_0$ geben Spannung und Strom am Ort $z = 0$ an [Poz05].

3.2.2.2. Charakteristische Impedanz einer Leitung

Wird Gleichung (3.7a) in Gleichung (3.4a) eingesetzt und die Ableitung gebildet, so ergibt sich für den Strom auf der Leitung [Poz05]:

$$\underline{I}(z) = \frac{\underline{\gamma}}{R' + j\omega L'}\left(\underline{U}_0^+ e^{-\underline{\gamma}z} - \underline{U}_0^- e^{\underline{\gamma}z}\right)\ . \tag{3.8}$$

Der Vergleich von Gleichung (3.8) mit Gleichung (3.7b) zeigt, dass eine charakteristische Impedanz der Leitung als

$$\underline{Z}_0 = \frac{R' + j\omega L'}{\underline{\gamma}} = \sqrt{\frac{R' + j\omega L'}{G' + j\omega C'}} \tag{3.9}$$

definiert werden kann [Poz05]. Damit ergibt sich

$$\frac{\underline{U}_0^+}{\underline{I}_0^+} = \underline{Z}_0 = \frac{-\underline{U}_0^-}{\underline{I}_0^-} \tag{3.10}$$

und Gleichung (3.7b) kann als

$$\underline{I}\,(z) = \frac{\underline{U}_0^+}{\underline{Z}_0} e^{-\underline{\gamma} z} - \frac{\underline{U}_0^-}{\underline{Z}_0} e^{\underline{\gamma} z} \tag{3.11}$$

geschrieben werden [Poz05].

3.2.2.3. Verlustlose Leitung

Eine Leitung gilt als verlustlos, wenn der Widerstands- und der Ableitungsbelag null sind [Poz05]. Die Dämpfungskonstante ist dann ebenfalls null und die Phasenkonstante linear von der Frequenz abhängig [Poz05]:

$$R' = 0 \quad \text{und} \quad G' = 0 \tag{3.12}$$

$$\alpha = 0 \tag{3.13a}$$

$$\beta = \omega\sqrt{L'C'}\ . \tag{3.13b}$$

Die charakteristische Impedanz aus Gleichung (3.9) wird zu einer reellen Größe [Poz05]:

$$Z_0 = \sqrt{\frac{L'}{C'}}\ . \tag{3.14}$$

Spannung und Strom auf der verlustlosen Leitung schreiben sich als [Poz05]

$$\underline{U}\,(z) = \underline{U}_0^+ e^{-j\beta z} + \underline{U}_0^- e^{j\beta z} \tag{3.15a}$$

und

$$\underline{I}\,(z) = \frac{\underline{U}_0^+}{Z_0} e^{-j\beta z} - \frac{\underline{U}_0^-}{Z_0} e^{j\beta z}\ . \tag{3.15b}$$

3.2.2.4. Leitung mit geringen Verlusten

Werden die Verluste einer Leitung berücksichtigt, so sind die Phasenkonstante, die Ausbreitungskonstante und die charakteristische Impedanz komplexe Funktionen der Frequenz [Poz05]. Dadurch ist die Berechnung der Spannungen und Ströme auf Leitungen nur mit viel Aufwand möglich [Poz05]. Allerdings dienen Leitungen zum Übertragen von Signalen bzw. von Energie, weshalb eine Leitung, die einen hohen Verlust aufweist, nahezu keine praktische Bedeutung hat [Poz05]. Deshalb werden in der Leitungstheorie üblicherweise nur Leitungen mit geringen Verlusten betrachtet [Poz05]. Für diese können die Gleichungen so vereinfacht werden, dass, wie im verlustlosen Fall, die Phasenkonstante linear abhängig von der Frequenz ist, und die charakteristische Impedanz sowie die

Dämpfungskonstante unabhängig von der Frequenz sind [Poz05]. Diese werden bei der Hochfrequenz-Näherung[1] zu [Poz05]:

$$Z_0 = \sqrt{\frac{R' + j\omega L'}{G' + j\omega C'}} \simeq \sqrt{\frac{L'}{C'}} \tag{3.16a}$$

$$\alpha \simeq \frac{1}{2}\left(\frac{R'}{Z_0} + G' Z_0\right) \tag{3.16b}$$

$$\beta \simeq \omega\sqrt{L'C'} \; . \tag{3.16c}$$

Die Phasenkonstante und die charakteristische Impedanz haben damit die Werte der verlustlosen Leitung, folglich können auch verlustarme Leitungen mit diesen Formeln berechnet werden [Poz05]. Die Leitungsverluste werden nur in der Ausbreitungskonstante berücksichtigt, dabei nehmen Spannungs- bzw. Strompegel in Ausbreitungsrichtung entlang der Leitung exponentiell ab [Poz05]. Weiterhin resultiert daraus, dass in der Leitungstheorie die charakteristische Impedanz als eine reelle Größe behandelt wird [Poz05].

3.2.3. Abgeschlossene Leitung

3.2.3.1. Reflexion am Abschluss der Leitung

Eine verlustlose Leitung ist mit einer Lastimpedanz $\underline{Z}_l$ abgeschlossen, wie in Abbildung 3.4 dargestellt [Poz05]. Die Leitung führt eine Welle der Form $\underline{U}_0^+ e^{-j\beta z}$ zur Last [Poz05].

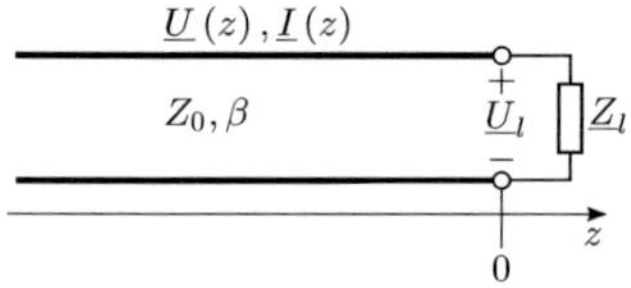

Abbildung 3.4.: Mit $\underline{Z}_l$ abgeschlossene Leitung, Grafik in Anlehnung an [Poz05]

Spannung und Strom der hinlaufenden Welle haben überall auf der Leitung das Verhältnis der charakteristischen Impedanz der Leitung [Poz05]:

$$\frac{\underline{U}^+(z)}{\underline{I}^+(z)} = Z_0 \; . \tag{3.17}$$

An der Stelle der Lastimpedanz ($z = 0$) muss das Verhältnis von Spannung und Strom dem der Lastimpedanz entsprechen [Poz05]:

$$\frac{\underline{U}(0)}{\underline{I}(0)} = \underline{Z}_l \; . \tag{3.18}$$

Wenn die Lastimpedanz ungleich der charakteristischen Impedanz ist ($\underline{Z}_l \neq Z_0$), muss an dieser Stelle eine reflektierte Welle mit $\underline{U}_0^- e^{j\beta z}$ angeregt werden, um die Bedingungen von

[1] Es existiert auch eine niederfrequente Näherung mit denselben Eigenschaften, aber anderen Werten [Poz05].

Gleichung (3.17) und Gleichung (3.18) zu erfüllen [Poz05]. Die resultierende Spannung ist eine Überlagerung der einfallenden und der reflektierten (hin- und rücklaufenden) Spannungswelle [Poz05]:

$$\underline{U}(z) = \underline{U}_0^+ e^{-j\beta z} + \underline{U}_0^- e^{j\beta z} \; . \tag{3.19a}$$

Der Strom auf der Leitung ergibt sich zu [Poz05]:

$$\underline{I}(z) = \frac{\underline{U}_0^+}{Z_0} e^{-j\beta z} - \frac{\underline{U}_0^-}{Z_0} e^{j\beta z} \; . \tag{3.19b}$$

Dabei hängen Spannung und Strom von der Lastimpedanz ab, am Ort der Last muss sich

$$\frac{\underline{U}(0)}{\underline{I}(0)} = \underline{Z}_l = \frac{\underline{U}_0^+ + \underline{U}_0^-}{\underline{U}_0^+ - \underline{U}_0^-} Z_0 \tag{3.20}$$

ergeben [Poz05]. Auflösen nach der Spannung der rücklaufenden Welle ergibt [Poz05]:

$$\underline{U}_0^- = \frac{\underline{Z}_l - Z_0}{\underline{Z}_l + Z_0} \underline{U}_0^+ \; . \tag{3.21}$$

Das Verhältnis der Spannung der rücklaufenden Welle zur Spannung der hinlaufenden Welle wird als (Spannungs-)Reflexionsfaktor $\underline{\Gamma}$ bezeichnet [Poz05]:

$$\underline{\Gamma} = \frac{\underline{U}_0^-}{\underline{U}_0^+} = \frac{\underline{Z}_l - Z_0}{\underline{Z}_l + Z_0} \; . \tag{3.22}$$

Damit ergeben sich Spannung und Strom am Ort z auf der Leitung zu [Poz05]

$$\underline{U}(z) = \underline{U}_0^+ \left(e^{-j\beta z} + \underline{\Gamma} e^{j\beta z} \right) \tag{3.23a}$$

und

$$\underline{I}(z) = \frac{\underline{U}_0^+}{Z_0} \left(e^{-j\beta z} - \underline{\Gamma} e^{j\beta z} \right) \; . \tag{3.23b}$$

Gleichung (3.22) kann nach der Lastimpedanz umgestellt werden [Poz05]:

$$\underline{Z}_l = Z_0 \frac{1 + \underline{\Gamma}}{1 - \underline{\Gamma}} \; . \tag{3.24}$$

Damit kann die Impedanz der Last aus dem Reflexionsfaktor (am Ort der Last!) berechnet werden [Poz05]. Dies wird von Netzwerkanalysatoren zur Berechnung der Lastimpedanz verwendet, der Einfluss der Leitung wird mittels einer Kalibration berücksichtigt [Poz05].

3.2.3.2. Energietransport auf der Leitung

In der Schaltungstheorie wird der Leistungsfluss auf einer Leitung nach [Unb99]

$$P(z) = \mathrm{Re}\left\{ \underline{U}(z)\, \underline{I}^*(z) \right\} \tag{3.25}$$

berechnet. Ein positiver Wert beschreibt die Leistung, die rechts von z absorbiert wird, und heißt Leistungsfluss in z-Richtung [Poz05]. Analog ergibt sich der Leistungsfluss auf einer Leitung in der Leitungstheorie zu [Poz98]:

$$P(z) = \frac{\left|\underline{U}^{+}(z)\right|^2}{Z_0} - \frac{\left|\underline{U}^{-}(z)\right|^2}{Z_0} = \frac{\left|\underline{U}_0^{+}\right|^2}{Z_0}\left(1 - |\underline{\Gamma}|^2\right) . \tag{3.26}$$

Bei einer verlustlosen Leitung sind die charakteristische Impedanz und der Reflexionsfaktor unabhängig von der Leitungsposition, damit ist auch der gesamte Leistungsfluss an jedem Punkt konstant[2] [Poz98]. Die von der Last aufgenommene Leistung beträgt demnach [Poz98]

$$P_l = P(0) = P(z) . \tag{3.27}$$

Der gesamte Leistungsfluss auf der Leitung ist die Differenz der Leistungen der hinlaufenden und der rücklaufenden Wellen, die beiden Wellen sind damit leistungsentkoppelt [Poz98]. Wenn die Lastimpedanz gleich der charakteristischen Impedanz der Leitung ist, wird die gesamte hinlaufende Leistung von der Last aufgenommen und keine reflektierte Welle angeregt [Poz98]. Für den Fall, dass der Betrag des Reflexionsfaktors eins ist ($|\underline{\Gamma}| = 1$), wird von der Last keine Leistung aufgenommen und die Leistung der reflektierten Welle entspricht der Leistung der hinlaufenden Welle [Poz98]. Die reflektierte Leistung kann als

$$P_{\text{reflektiert}} = P_{\text{hinlaufend}} \, |\underline{\Gamma}|^2 \tag{3.28}$$

geschrieben werden, dabei wird

$$|\underline{\Gamma}|^2 = \left|\frac{\underline{Z}_l - Z_0}{\underline{Z}_l + Z_0}\right|^2 \tag{3.29}$$

als Leistungsreflexionsfaktor bezeichnet [Poz98]. In der Praxis wird meist der sogenannte *return loss* (RL) in Dezibel-Angabe verwendet [Poz98]:

$$RL\,[\text{dB}] = -10 \log_{10}\left(|\underline{\Gamma}|^2\right) = -20 \log_{10}\left(|\underline{\Gamma}|\right) . \tag{3.30}$$

Bei der Charakterisierung einer Schaltung mit einem Netzwerkanalysator oder einer elektromagnetischen Simulation werden gewöhnlich S-Parameter[3] zur Darstellung des Ergebnisses verwendet [Poz98]. Die Nutzung der S-Parameter ist daher weit verbreitet und erfolgt überwiegend in Dezibel [Poz98]. Der Reflexionsfaktor entspricht dem S-Parameter $\underline{S}_{11}$ ($\underline{S}_{11} = \underline{\Gamma}$)[4], daher gilt [Poz98]:

$$|\underline{\Gamma}|\,[\text{dB}] = 20 \log_{10}\left(|\underline{\Gamma}|\right) = 20 \log_{10}\left(|\underline{S}_{11}|\right) . \tag{3.31}$$

[2] Auf einer verlustlosen Leitung wird keine Leistung umgesetzt, deshalb muss der Leistungsfluss an jeder Stelle gleich sein [Poz98].

[3] Die Streuparameter (S-Parameter) beschreiben das Verhalten eines beliebigen Netzwerkes in einem bestimmten Arbeitspunkt mit Wellengrößen [Poz05].

[4] Allerdings nur unter der Voraussetzung dass alle anderen Ports des Netzwerkes mit einer Anpassung ($Z_0 = 50\,\Omega$) abgeschlossen sind [Poz98]. In dieser Arbeit werden allerdings nur Netzwerke mit einem Port (Antennen und RFID-Chips) betrachtet, sodass dies immer gegeben ist.

3.2.3.3. Eingangsimpedanz der Leitung

Während das Verhältnis der hinlaufenden Spannung zum hinlaufenden Strom sowie das der rücklaufenden Spannung zum rücklaufenden Strom der charakteristischen Leitungsimpedanz entspricht (siehe Gleichung (3.10)), ist dies für das tatsächliche Verhältnis von Strom und Spannung (Überlagerung der hin- und rücklaufenden Welle) nicht der Fall [Poz98]. Am Ort z der Leitung ergibt sich die Eingangsimpedanz $\underline{Z}_{\text{in}}(z)$ (in Richtung der Last betrachtet) durch Division von Spannung und Strom aus Gleichung (3.23), zu [Poz05]

$$\underline{Z}_{\text{in}}(z) = \frac{\underline{U}(z)}{\underline{I}(z)} = \frac{1+\underline{\Gamma}e^{2j\beta z}}{1-\underline{\Gamma}e^{2j\beta z}}Z_0 = \frac{\underline{Z}_l + jZ_0\tan(-\beta z)}{Z_0 + j\underline{Z}_l\tan(-\beta z)}Z_0 \,. \tag{3.32}$$

Die Eingangsimpedanz der Leitung ist damit vom Ort, der charakteristischen Leitungsimpedanz und der Lastimpedanz abhängig [Poz98]. Für den Sonderfall der Anpassung von Lastimpedanz und charakteristischer Leitungsimpedanz ist die Eingangsimpedanz unabhängig von der Position und entspricht der charakteristischen Impedanz der Leitung [Poz98].

3.2.4. Quellen- und Lastanpassung

Bisher wurden Leitungen mit den sich darauf ausbreitenden Spannungs- und Stromwellen in Abhängigkeit der charakteristischen Impedanz und der Lastimpedanz betrachtet. Diese Anordnung wird nun um eine Signalquelle erweitert, sodass ein einfaches System aus Quelle, Leitung und Last entsteht, wie in Abbildung 3.5 dargestellt. Die Leitung wird als verlustlos angenommen und hat die Länge L sowie die charakteristische Impedanz Z_0, die Quelle erzeugt die Spannung $\underline{U}_q$ und hat eine Quellenimpedanz $\underline{Z}_q$, die Last wird durch die Lastimpedanz $\underline{Z}_l$ modelliert.

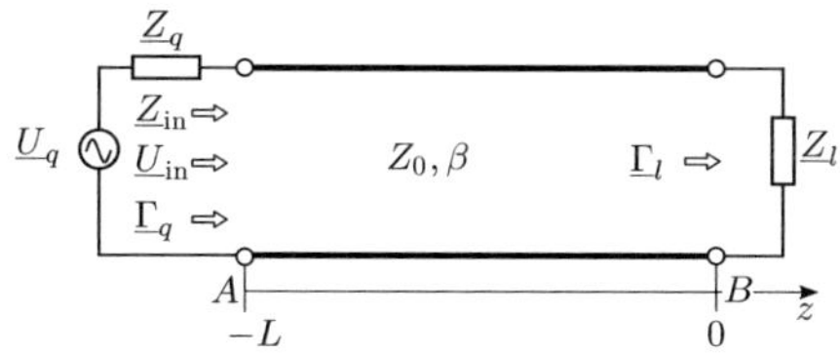

Abbildung 3.5.: Leitung mit Quelle und Last, Grafik in Anlehnung an [Poz05]

In der Schaltung gibt es zwei Übergänge, die zu Reflexionen führen: der Übergang von der Quelle zur Leitung (A) und der Übergang von der Leitung zur Last (B) [Poz98]. Den Übergängen werden die Reflexionsfaktoren $\underline{\Gamma}_q$ und $\underline{\Gamma}_l$ zugewiesen. Die Impedanz $\underline{Z}_{\text{in}}$, welche die Quelle ($z = -L$) sieht, wird mit Gleichung (3.32) zu [Poz98]:

$$\underline{Z}_{\text{in}} = \frac{1+\underline{\Gamma}_l e^{-2j\beta L}}{1-\underline{\Gamma}_l e^{-2j\beta L}}Z_0 = \frac{\underline{Z}_l + jZ_0\tan(\beta L)}{Z_0 + j\underline{Z}_l\tan(\beta L)}Z_0 \,. \tag{3.33}$$

Dabei ist $\underline{\Gamma}_l$ der Reflexionsfaktor an der Stelle der Last [Poz98]:

$$\underline{\Gamma}_l = \frac{\underline{Z}_l - Z_0}{\underline{Z}_l + Z_0} \,. \tag{3.34}$$

Analog ergibt sich der Reflexionsfaktor an der Quelle zu [Poz98]:

$$\underline{\Gamma}_q = \frac{\underline{Z}_q - Z_0}{\underline{Z}_q + Z_0} \,. \tag{3.35}$$

Die aufgenommene Leistung der Last beträgt [Poz98]:

$$P_l = \frac{\left|\underline{U}_{\text{in}}^+\right|^2}{Z_0} \left(1 - |\underline{\Gamma}_l|^2\right) \,. \tag{3.36}$$

Abhängig von den Werten der Quellen- und der Lastimpedanz ergeben sich zwei Fälle [Poz98]:

- Anpassung der Last an die Leitung und
- Anpassung der Quelle an die Leitung.

3.2.4.1. Anpassung der Lastimpedanz an die Leitungsimpedanz

Wenn die Lastimpedanz der charakteristischen Impedanz der Leitung entspricht ($\underline{Z}_l = Z_0$), ist der Reflexionsfaktor an der Last gleich null [Poz98]. Auf der Leitung existiert nur die hinlaufende Welle, da aufgrund der Anpassung keine reflektierte Welle angeregt wird; dieser Fall wird als Leitungsanpassung bezeichnet [Poz98]. Die zur Last übertragene Leistung lautet [Poz98]:

$$P_l = \frac{\left|\underline{U}_{\text{in}}^+\right|^2}{Z_0} \,. \tag{3.37}$$

3.2.4.2. Anpassung des Generators an die Eingangsimpedanz der Leitung

Die Quelle wird mit der Eingangsimpedanz der Leitung an der Stelle der Quelle $\underline{Z}_{\text{in}}$ belastet, dies entspricht einer Serienschaltung der Quellenimpedanz mit $\underline{Z}_{\text{in}}$ [Poz98]. Eine maximale Leistungsabgabe der Quelle wird nach Anhang C.1.2 bei konjugiert komplexer Anpassung von Quellenimpedanz und $\underline{Z}_{\text{in}}$ erreicht [Poz98]:

$$\underline{Z}_q = \underline{Z}_{\text{in}}^* \,. \tag{3.38}$$

Dabei gibt die Quelle die Leistung

$$P_q = \frac{\left|\underline{U}_q\right|^2}{4R_q} \tag{3.39}$$

ab [Poz98]. $R_q = \text{Re}\left\{\underline{Z}_q\right\}$ ist der Realteil der Quellenimpedanz. Die Leistung P_q wird als die verfügbare Leistung der Quelle bezeichnet, da die Quelle maximal P_q an eine Last abgeben kann [Poz98]. In der Quelle selbst wird ebenfalls P_q umgesetzt [Poz98].

In beiden Fällen wird jeweils die Impedanz der Last oder der Quelle an die Impedanz der Leitung an der jeweiligen Stelle angepasst [Poz98]. Für eine optimale Energieübertragung von der Quelle zur Last müssen die Quellenimpedanz und die Lastimpedanz denselben Wert wie die charakteristische Impedanz der Leitung aufweisen [Poz98]:

$$\underline{Z}_l = \underline{Z}_q = Z_0 \ . \tag{3.40}$$

Damit sind die beiden Reflexionsfaktoren null, und die Leistung in der Last ist [Poz98]

$$P_l = P_q = \frac{\left|\underline{U}_q\right|^2}{4Z_0} \ . \tag{3.41}$$

3.3. Power Waves (Leistungswellen)

Die Theorie der Power Waves betrachtet, ähnlich wie die Leitungstheorie, die Signal- bzw. Energieübertragung bei Hochfrequenzsystemen. Im Folgenden werden die Power Waves kurz erläutert, dabei wird speziell auf die Energieübertragung zwischen einer Quelle mit komplexer Impedanz und einer komplexen Lastimpedanzen eingegangen, wie es bei UHF-RFID-Tranpondern der Fall ist.

3.3.1. Energieübertragung bei der Zusammenschaltung zweier komplexer Impedanzen

In der Leitungstheorie werden Spannungs- und Stromwellen zur Berechnung von Schaltkreisen verwendet [Poz98]. Die vorwärts- und rückwärtslaufenden Spannungs- und Stromwellen sind über die charakteristische Impedanz der Leitung miteinander verknüpft [Poz98]. Der in Gleichung (3.22) definierte Reflexionsfaktor entspricht dem Spannungsverhältnis zwischen der rücklaufenden und der hinlaufenden Welle [Poz98]. Mit Gleichung (3.28) kann die reflektierte Leistung bestimmt werden [Poz98].

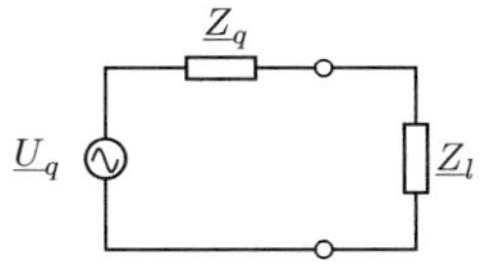

Abbildung 3.6.: Schaltkreis für die Betrachtung der Power Waves

Der Schaltkreis in Abbildung 3.6 besteht aus einer Quelle mit einer internen Impedanz $\underline{Z}_q$ und einer Lastimpedanz $\underline{Z}_l$. Die an der Last reflektierte Leistung kann mit dem Reflexionsfaktor zwischen Generator und Last

$$\underline{\Gamma}_l = \frac{\underline{Z}_l - \underline{Z}_q}{\underline{Z}_l + \underline{Z}_q} \tag{3.42}$$

nur dann nach Gleichung (3.28) berechnet werden, wenn die Quellenimpedanz reell ist [Kur65]. Im allgemeinen Fall einer komplexen Quellenimpedanz ergibt sich bei Leistungsanpassung ($\underline{Z}_l = \underline{Z}_q^*$) ein Reflexionsfaktor ungleich null [Kur65]. Dieser müsste jedoch genau null sein, da an der Last keine Reflexion stattfindet und die komplette Leistung an die Last übertragen wird (siehe Anhang C.1.2) [Kur65]. Das bedeutet, dass der Reflexionsfaktor der Leitungstheorie nicht zur Berechnung der reflektierten und transmittierten Leistung bei einer Zusammenschaltung von komplexen Impedanzen verwendet werden kann [Kur65]. Somit ist der Reflexionsfaktor zur Betrachtung der Vorgänge auf einem RFID-Transponder nicht geeignet – sowohl die Antenne als auch der Chip haben komplexe Impedanzen.

3.3.2. Theorie der Power Waves

Für eine allgemeinere Betrachtung des Leistungsflusses auf Leitungen kann das Konzept der sogenannten Power Waves (Leistungswellen) verwendet werden [Kur65]. Diese bestehen aus den hinlaufenden und rücklaufenden Power Waves $\underline{a}$ und $\underline{b}$ [Kur65]:

$$\underline{a} = \frac{\underline{U} + \underline{Z}\,\underline{I}}{2\sqrt{|\mathrm{Re}\,\{\underline{Z}\}|}}, \qquad \underline{b} = \frac{\underline{U} - \underline{Z}^*\,\underline{I}}{2\sqrt{|\mathrm{Re}\,\{\underline{Z}\}|}}\ . \tag{3.43}$$

Das Konzept der Power Waves wurde in [Pen60] für die Betrachtung des Rauschverhaltens von Negativen-Widerstands-Verstärkern als abstraktes mathematisches Konstrukt eingeführt. Der Realteil von $\underline{Z}$ kann positiv oder negativ[5] sein [Pen60, Kur65], in dieser Arbeit wird jedoch von einem stets positiven Realteil ausgegangen, da absolute Impedanzen von Bauteilen betrachtet werden, welche immer einen positiven Realteil haben. Die physikalische Bedeutung von $\underline{a}$ und $\underline{b}$ als Leistungswellen wird in [Kur65] durch die Herleitung der in der Last absorbierten Leistung zu

$$P_L = \mathrm{Re}\{\underline{U}\,\underline{I}^*\} = |\underline{a}|^2 - |\underline{b}|^2 \tag{3.44}$$

aufgezeigt. Die Quelle sendet die Leistung $|\underline{a}|^2$ zur Last, dieser Wert ist dabei unabhängig von der Last selbst [Kur65]. Dort wird abhängig von der Quellen- und Lastimpedanz die Leistung $|\underline{b}|^2$ zur Quelle reflektiert [Kur65]. Die Differenz von $|\underline{a}|^2$ und $|\underline{b}|^2$ gibt damit die von der Last aufgenommene Leistung an.

3.3.3. Reflexionsfaktor in der Theorie der Power Waves

Analog zum Reflexionsfaktor aus der Leitungstheorie wird in der Theorie der Power Waves ein Reflexionsfaktor $\underline{\Gamma}_p$ definiert [Kur65]. Er gibt das Verhältnis der rücklaufenden Leistungswelle zur hinlaufenden Leistungswelle an und kann durch die Quellen- und Lastimpedanz ausgedrückt werden [Kur65]:

$$\underline{\Gamma}_p = \frac{\underline{b}}{\underline{a}} = \frac{\underline{Z}_l - \underline{Z}_q^*}{\underline{Z}_l + \underline{Z}_q}\ . \tag{3.45}$$

Der Reflexionsfaktor der Power Waves ähnelt dem Reflexionsfaktor der Leitungstheorie (Gleichung (3.42)), die beiden unterscheiden sich lediglich in der Verwendung der konjugiert komplexen Quellenimpedanz (bzw. der charakteristischen Leitungsimpedanz). Wird die

[5]Negative Widerstände werden zur Betrachtung des Kleinsignalverhaltens von Schaltungen verwendet [Pen60].

charakteristische Impedanz der Leitung als reell angenommen (wie in der Leitungstheorie üblich), entspricht der Reflexionsfaktor der Power Waves dem der Leitungstheorie [Kur65]. Der Leistungsreflexionsfaktor der Power Waves wird zu [Kur65]

$$\left|\underline{\Gamma}_p\right|^2 = \left|\frac{\underline{Z}_l - \underline{Z}_q^*}{\underline{Z}_l + \underline{Z}_q}\right|^2 , \tag{3.46}$$

wodurch es nun möglich ist, die von der Last aufgenommene Leistung auch bei der Zusammenschaltung von komplexen Impedanzen zu bestimmen [Kur65].

An dem Konzept der Power Waves wird kritisiert, dass der Reflexionsfaktor für komplexe charakteristische Impedanzen (bzw. Quellenimpedanzen) nicht im Smith-Diagramm darstellbar ist [MW92]. Allerdings hat in diesem Fall der Reflexionsfaktor der Leitungstheorie keinen Bezug zur Leistung [Rah08] und stellt somit keinen Ersatz dar. Zudem ist zu beachten, dass verschiedene Stetigkeitsbedingungen aus der Leitungstheorie bei den Power Waves nicht mehr gelten – vor allem bei der Kaskadierung von Baugruppen [MWF95]. In dieser Arbeit wird allerdings nur das Verhalten zwischen zwei Komponenten – Antenne und RFID-Chip – betrachtet (keine Kaskadierung), sodass obige Kritikpunkte am Konzept der Power Waves und dem daraus abgeleiteten Reflexionsfaktor für diese Arbeit nicht relevant sind. Für die Berechnung der Anpassung wird der Reflexionsfaktor der Power Waves nach Gleichung (3.45) verwendet, da mit diesem die Berechnung der Energieübertragung nach Gleichung (3.28) möglich ist.

3.4. Energieübertragung zwischen RFID-Chip und Transponderantenne

Um eine gute Performance zu erreichen, muss bei UHF-RFID-Transpondern die Energieübertragung zwischen dem RFID-Chip und der Transponderantenne betrachtet und optimiert werden [Dob08]. Die Zusammenschaltung von Chip und Antenne entspricht der Zusammenschaltung zweier komplexer Impedanzen und einer Quelle, wie in Abbildung 3.6 dargestellt [Dob08]. Die Analyse der Energieübertragung erfolgt über den Leistungsreflexionsfaktor der Power Waves (Gleichung (3.46)). Die beste Energieübertragung ergibt sich bei konjugiert komplexer Anpassung von Chip und Antenne [Dob08].

In der Literatur werden zur Berechnung der Anpassung von Antenne und RFID-Chip der Reflexionsfaktor der Power Waves nach Gleichung (3.47)[6] oder ein Leistungs-Transmissionsfaktor τ nach Gleichung (3.48)[7] verwendet:

$$\left(1 - |\underline{\Gamma}|^2\right) = \left(1 - \left|\frac{\underline{Z}_a - \underline{Z}_c^*}{\underline{Z}_a + \underline{Z}_c}\right|^2\right) , \quad 0 \leq |\underline{\Gamma}|^2 \leq 1 \tag{3.47}$$

$$\tau = \frac{4\, R_c\, R_a}{|\underline{Z}_c + \underline{Z}_a|^2} , \quad 0 \leq \tau \leq 1 . \tag{3.48}$$

Dabei sind $\underline{Z}_c$ und $\underline{Z}_a$ die Impedanzen des RFID-Chips und der Antenne. Wenn die Antenne die maximale Leistung P_a abgeben kann, ist die vom Chip aufgenommene

[6] z. B. in [KF03] oder [NRL+05]
[7] z. B. in [RNL05] oder [Mar08]

Leistung P_c durch Gleichung (3.49) bzw. Gleichung (3.50) gegeben:

$$P_c = \left(1 - |\underline{\Gamma}|^2\right) P_a \tag{3.49}$$

$$P_c = \tau P_a \; . \tag{3.50}$$

Die Verwendung des Reflexionsfaktors und die des Transmissionsfaktors führen dabei zu denselben Werten, wie die Betrachtung in Anhang C.2 zeigt. In dieser Arbeit wird zur Bewertung der Anpassung stets der Reflexionsfaktor verwendet, da dieser dem Streuparameter (S-Parameter) S_{11} entspricht [Poz05] und in der Hochfrequenztechnik und der Antennentechnik eine übliche Angabe der Anpassung darstellt.

4. Antennen

Die *IEEE Standard Definitions of Terms for Antennas* [IEE93] definieren eine Antenne oder Antennenanlage (diese besteht aus mehreren Einzelantennen) als ein Gerät zum Senden und Empfangen von Funkwellen [Bal05]. Eine Antenne stellt eine Übergangsstruktur für elektromagnetische Wellen zwischen einer Leitung und dem Freiraum dar [Bal05], dies ist in Abbildung 4.1 gezeigt. Mittels der Leitung wird die elektromagnetische Welle von der Quelle zur Antenne geführt und von dort in den Freiraum abgestrahlt [Bal05]. Dies entspricht einer sendenden Antenne (Sendefall) [Bal05]. Im entgegengesetzten Fall (Empfangsfall) wird eine aus dem Freiraum ankommende Welle durch die Antenne aufgenommen und über die Leitung zum Empfänger geführt [Bal05].

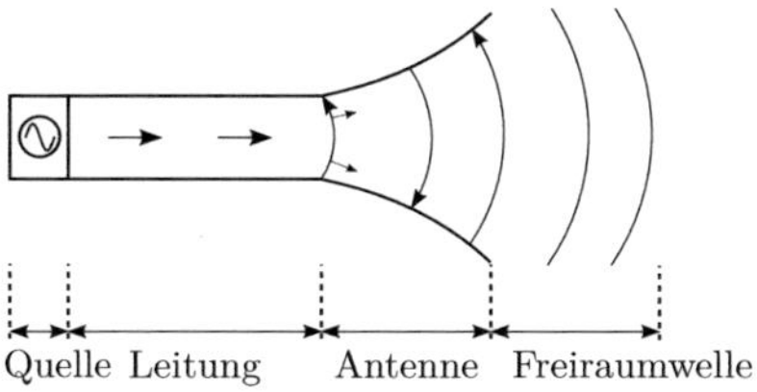

Abbildung 4.1.: Antenne als Übergangsstruktur, Grafik in Anlehnung an [Bal05]

Das elektromagnetische Feld wird als eine Eigenschaft des Raumes betrachtet, es wird durch elektrisch geladene Objekte erzeugt (siehe Anhang A.1) [ST98]. Eine sendende Antenne verursacht durch den Ladungsträgerfluss in ihrer Struktur eine Veränderung des elektromagnetischen Feldes [ST98]. Diese Veränderung und damit die Energie der Veränderung breitet sich in einem linearen, homogenen und isotropen Medium kugelförmig von der Antenne weg aus [ST98]. Antennen dienen zum Senden und Empfangen von Energie in Form elektromagnetischer Wellen [ST98]. Allerdings strahlt eine Antenne die Energie nicht gleichmäßig in den Raum ab oder nimmt sie von diesem auf, sondern es findet eine gerichtete Abstrahlung bzw. Aufnahme statt [ST98]. Die Strahlungseigenschaften einer Antenne sind eine wichtige Antennenkenngröße [Bal05] und werden in Kapitel 4.2 näher beschrieben. Gewünschte Strahlungseigenschaften können durch verschiedene Antennenarten/-konstruktionen erreicht werden [Bal05]. So haben z. B. Drahtantennen andere Strahlungseigenschaften als Patch- oder Reflektorantennen [Bal05].

Heutzutage gibt es für vielfältige Einsatzbereiche unterschiedlichste Antennen. Die Entwicklung neuer Antennen geht Hand in Hand mit der schnell voranschreitenden Entwicklung immer kleinerer mobiler Geräte, sowie der parallelen Entwicklung von Basisstationen [Bal05]. Aufgrund der unterschiedlichen und sich ändernden Anforderungen der verschiedenen Geräte ist die Entwicklung neuer Antennen ein weites Aufgabenfeld [Bal05].

Historisch bedingt haben manche Antenneneigenschaften (z. B. Gewinn oder Effizienz) mehrere Definitionen. In diesem Kapitel werden verschiedene Eigenschaften und Definitionen von Antennen beschrieben, die für diese Arbeit relevant sind. Das Kapitel zählt die verwendeten Definitionen auf und kann bei Unklarheiten zum Nachschlagen genutzt werden.

4.1. Antennenarten

Antennen gibt es in diversen Variationen. Sie werden nach Form und Abstrahlmechanismen eingeteilt [Bal05]. Im Folgenden werden einige Antennenarten kurz vorgestellt.

4.1.1. Drahtantennen

Im Allgemeinen bestehen Drahtantennen aus verschieden angeordneten dünnen[1] Drähten [LL95] (Abbildung 4.2a). Die daraus entstehende Antennenstruktur wird durch eine Unterbrechung eines Drahtsegmentes an den Sender/Empfänger angeschlossen [LL95]. Der Anschluss wird als Speisung der Antenne bezeichnet [LL95]. Drahtantennen sind die ältesten und am Einfachsten aufgebauten Antennen, zudem sind sie sehr vielseitig (sie werden z. B. von niedrigen bis zu sehr hohen Frequenzen eingesetzt) und kostengünstig herzustellen [Bal05].

Die am Meisten benutzte Antennenform ist ein Halbwellendipol, dargestellt in Abbildung 4.2b [Bal05]. Er besteht aus einem geraden Drahtstück mit dem Radius r und ist eine halbe Wellenlänge lang: $L = \lambda/2$ [Bal05].

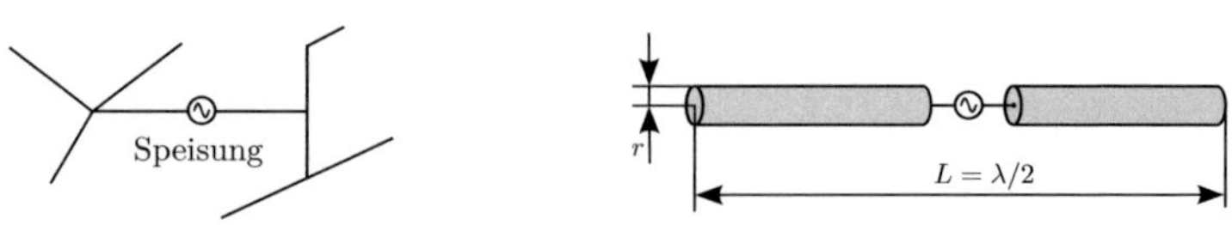

(a) Allgemeine Drahtantenne, Grafik in Anlehnung an [Pop91]

(b) Halbwellendipol, Grafik in Anlehnung an [Bal05]

Abbildung 4.2.: Drahtantennen

4.1.2. Microstripantennen

Microstripantennen bestehen aus einer metallischen Fläche (engl. "Patch" – daher werden diese Antennen auch als Patchantennen bezeichnet), welche auf einem Substrat angebracht ist [Gar01]. Dieses befindet sich wiederum auf einer metallischen Ebene, der sogenannten Groundplane [BB80]. Microstripantennen gibt es in verschiedenen Ausführungen, eine einfache Microstripantenne ist in Abbildung 4.3 dargestellt [Gar01]. Das Patch sowie die Groundplane können in beliebiger Form ausgeführt werden, jedoch sind rechteckige und runde Formen am populärsten [Bal05]. Microstripantennen können vielfältig eingesetzt werden, zudem lassen sie sich durch die moderne Leiterplattenfertigung kostengünstig und leicht herstellen [Gar01]. Dies hat zu einer weiten Verbreitung dieser Antennen geführt [Gar01].

[1] „Dünn" bezieht sich auf die Wellenlänge: Der Radius r des Drahtes ist viel kleiner als die Wellenlänge: $r \ll \lambda$ [Bal05].

Die Eigenschaften einer Microstripantenne werden von der Form des Patches, von dem Material des Substrats und der Antennenspeisung bestimmt [Gar01]. Microstripantennen weisen im Allgemeinen eine gerichtete Abstrahlung senkrecht zur Ebene des Patches auf [Gar01]. Sie werden deshalb häufig in Basisstationen verwendet, da hier oftmals eine gerichtete Abstrahlung gefordert wird (z. B. bei RFID-Readern oder Mobilfunkantennen) [Bal05]. Aber auch RFID-Transponder können sich die Eigenschaften einer Microstripantenne zunutze machen, wie das Konzept eines UHF-RFID-Sensor-Transponders in Kapitel 7 zeigt.

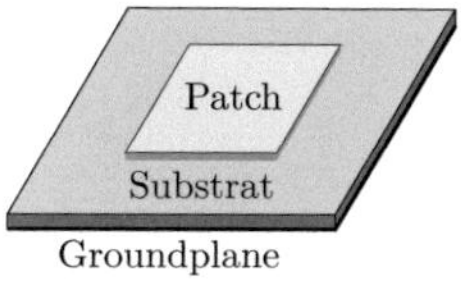

Abbildung 4.3.: Microstripantenne mit rechteckigem Patch, Grafik in Anlehnung an [Gar01]

4.1.3. Gruppenantennen

Viele Anwendungen erfordern Strahlungscharakteristika, die nicht mit einer einzigen Antenne erzielbar sind [AGW72]. Es ist jedoch oftmals möglich, die gewünschten Eigenschaften durch eine geometrische und/oder elektrische Zusammenschaltung aus mehreren Einzelantennen zu erreichen [AGW72]. Eine Antenne, die aus solch einer Kombination mehrerer Antennen besteht, wird Gruppenantenne genannt (engl. "Array Antennas") [AGW72]. Gruppenantennen werden häufig dazu verwendet, eine stärkere Bündelung der Abstrahlung zu erreichen [AGW72]. In Abbildung 4.4a ist eine Gruppenantenne bestehend aus mehreren Microstripantennen dargestellt. Die häufig zum Fernsehempfang verwendete Yagi-Uda Antenne [Yag28] (Abbildung 4.4b) ist ebenfalls eine Gruppenantenne [Bal05]. Eine Gruppenantenne kann wiederum als Element einer größeren Gruppenantenne verwendet werden, z.B. eine Gruppenantenne aus Yagi-Uda Antennen [LS77].

(a) Microstrip-Gruppenantenne

(b) Yagi-Uda-Antenne

Abbildung 4.4.: Gruppenantennen, Grafiken in Anlehnung an [Bal05]

4.1.4. Flächenantennen

Im Gegensatz zu den bisher vorgestellten Antennen wandeln Flächenantennen (engl. "Aperture Antennas") eine leitungsgeführte elektromagnetische Welle an einer großen

Flächenausdehnung in eine Freiraumwelle um (und umgekehrt) [Bal05]. Als abstrahlende Flächen werden häufig das vergrößerte Ende eines Hohlleiters (Hornantenne, dargestellt in Abbildung 4.5a) oder Schlitze in der Seitenwand eines Hohlleiters (Leckwellenantenne, dargestellt in Abbildung 4.5b) verwendet [Bal05]. Die abstrahlenden Öffnungen sind meist groß gegenüber der Wellenlänge, dadurch erreichen die Antennen eine hohe Bündelung (bzw. Gewinn) [Bal05]. Aufgrund ihrer Größe werden sie gewöhnlich bei hohen Frequenzen über 1 GHz eingesetzt [Bal05].

(a) Hornantenne (b) Leckwellenantenne

Abbildung 4.5.: Flächenantennen, Grafiken in Anlehnung an [Bal05]

4.1.5. Reflektor- und Linsenantennen

Reflektorantennen bestehen meist aus im Vergleich zur Wellenlänge sehr großen Strukturen [Olv94], z. B. aus einem Parabolspiegel wie in Abbildung 4.6a dargestellt. Damit ist es möglich, eine sehr starke Bündelung der Abstrahlung zu erreichen [Bal08]. Reflektorantennen werden daher zur Kommunikation über große Entfernungen verwendet, z. B. zur Datenübertragung zu Satelliten oder Raumsonden [Bal08]. Sehr große Antennen mit Durchmessern von über 100 Metern werden zur Erkundung des Weltalls eingesetzt [Bal08].

Mittels Linsenantennen können elektromagnetische Wellen gebogen werden, sodass z. B. eine gerade Abstrahlung stattfindet oder eine Fokussierung der elektromagnetischen Wellen auf einen Punkt erreicht wird [Olv94]. Linsenantennen (Abbildung 4.6b) ähneln den Parabolantennen und können wie diese eingesetzt werden [Olv94].

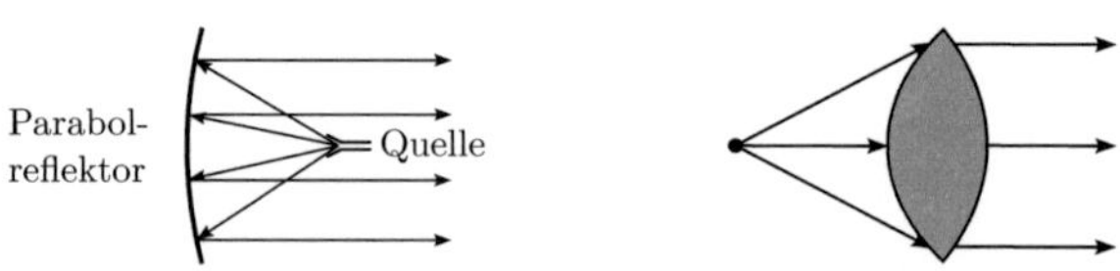

(a) Parabol-Reflektorantenne (b) Bikonvexe Linsenantenne

Abbildung 4.6.: Reflektor- und Linsenantennen, Grafiken in Anlehnung an [Bal05]

4.2. Antenneneigenschaften

Die Eigenschaften von Antennen werden durch verschiedene Parameter beschrieben [Bal05], die gebräuchlichsten werden in diesem Kapitel kurz dargestellt. Die Definition der Eigenschaften erfolgt anhand dem IEEE Std. 145-195 [IEE93].

4.2.1. Strahlungsdiagramm

Das Strahlungsdiagramm einer Antenne beschreibt die dreidimensionale Verteilung einer Größe, die das von der Antenne erzeugte elektromagnetische Feld repräsentiert [Bal05]. Die Beschreibung kann dabei durch eine mathematische Funktion oder in einer grafischen Darstellung erfolgen [Bal05]. Meistens wird das Strahlungsdiagramm mit Größen beschrieben, die gleich oder proportional zur Leistungsflussdichte, Strahlungsintensität, Direktivität, Phase, Polarisation oder der Feldstärke sind [IEE93]. In der Praxis geben Strahlungsdiagramme die abgestrahlte Leistung in einer 2- oder 3-dimensionalen Grafik mit Polar- oder Kugelkoordinaten an [Bal05]. Die Darstellung erfolgt meistens auf einer logarithmischen Skala bzw. in Dezibel (dB) bezogen auf das Strahlungsmaximum oder eine Referenzantenne (meist ein isotroper Strahler) [Bal05]. Das Strahlungsdiagramm einer Gruppenantenne aus fünf Dipolarmen ist in Abbildung 4.7 als 2- bzw. 3-dimensionale Grafik gezeigt.

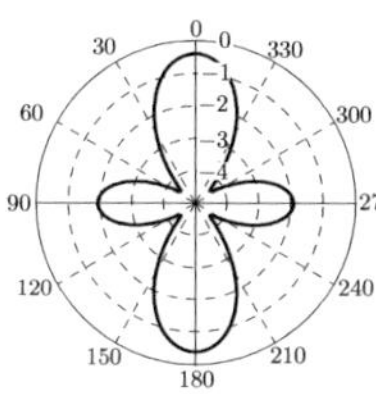

(a) 2-dimensionale Darstellung, Schnitt durch die Ebene mit maximaler Abstrahlung

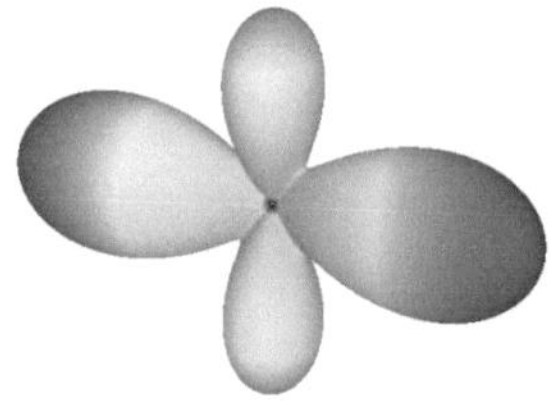

(b) 3-dimensionale Darstellung

Abbildung 4.7.: Abgestrahlte Leistung einer Gruppenantenne aus fünf Dipolarmen bezogen auf das Strahlungsmaximum, dargestellt in dB

In einem Strahlungsdiagramm können verschiedene weitere Größen wie die Polarisation, Halbe-Leistungs-Punkte oder der Strahlungsdurchmesser angegeben werden [Bal05]. Es bietet damit eine Übersicht wichtiger Antenneneigenschaften [Bal05].

4.2.2. Abgestrahlte Leistung

4.2.2.1. Leistungsdichte der Strahlung

Die Richtung und Dichte der transportierten Energie einer elektromagnetischen Welle werden durch den Poynting-Vektor angegeben [Bal05]. Dieser berechnet sich aus dem elektrischen und magnetischen Feld nach[2] [Bal05]:

$$\boldsymbol{S} = \boldsymbol{E} \times \boldsymbol{H} \ . \tag{4.1}$$

[2] Die Darstellung zeitharmonischer Größen (siehe Anhang A.1.4) erfolgt durch komplexe Größen, die durch einen Unterstrich gekennzeichnet werden.

Die abgestrahlte Leistung einer Antenne ergibt sich durch die Integration des Poynting-Vektors [Bal05]:

$$P_{\text{rad}} = \frac{1}{2} \oiint_S \text{Re}\left\{\underline{\boldsymbol{E}} \times \underline{\boldsymbol{H}}^*\right\} \, d\boldsymbol{s} \ . \tag{4.2}$$

4.2.2.2. Strahlungsintensität

Die Strahlungsintensität ist als die von einer Antenne abgestrahlte Leistung pro Raumwinkel definiert [Bal05]. Sie berechnet sich nach [Bal05]:

$$U = r^2 S \ . \tag{4.3}$$

Die gesamte abgestrahlte Leistung kann durch Integration der Strahlungsintensität über den gesamten Raumwinkel von 4π bestimmt werden [Bal05]:

$$P_{\text{rad}} = \oiint_\Omega U \, d\Omega \ . \tag{4.4}$$

4.2.3. Direktivität

Die Direktivität einer Antenne ist als das Verhältnis der Strahlungsintensität in einer Richtung zu der durchschnittlichen Strahlungsintensität in alle Richtungen definiert [IEE93]. Die durchschnittliche Strahlungsintensität ist gleich der von der Antenne insgesamt abgestrahlten Leistung geteilt durch 4π. Die Direktivität wird damit zu [Bal05]:

$$D = \frac{4\pi U}{P_{\text{rad}}} \ . \tag{4.5}$$

Die Angabe einer Direktivität ohne Richtung beschreibt die maximale Direktivität einer Antenne. Häufig wird die Direktivität in Dezibel angegeben [Bal05]:

$$D\,(\text{dB}) = 10 \log_{10}(D) \ . \tag{4.6}$$

4.2.4. Effizienz

Bei einer Antenne können mehrere Effizienzen definiert werden [Bal05], wie in Abbildung 4.8 dargestellt. Die Anpassung der Antenne an die Anschlussleitung ist durch die

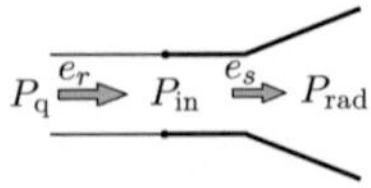

Abbildung 4.8.: Effizenz einer Antenne, Grafik in Anlehnung an [Bal05]

Anpassungseffizienz e_r gegeben [Bal05]. Diese beschreibt das Verhältnis der von der Quelle ankommenden Leistung P_q zur aufgenommenen Leistung P_{in} der Antenne [Bal05]. Die

Anpassungseffizienz gibt damit den Leistungsreflexionsfaktor in anderer Form an [Bal05]:

$$e_r = \frac{P_{\text{in}}}{P_{\text{q}}} = 1 - |\underline{\Gamma}|^2 \; . \tag{4.7}$$

Neben der Anpassungseffizienz besitzt eine Antenne die Strahlungseffizienz e_s [Bal05]. Sie gibt das Verhältnis der gesamten abgestrahlten Leistung P_{rad} zur aufgenommenen Leistung P_{in} an [IEE93]:

$$e_s = \frac{P_{\text{rad}}}{P_{\text{in}}} \; . \tag{4.8}$$

Die Strahlungseffizienz beschreibt die Leistungsverluste einer Antenne [Bal05]. Diese setzen sich aus den (ohmschen) Leitungsverlusten und den dielektrischen Verlusten zusammen [Bal05]. Gewöhnlich ist es sehr aufwendig, diese Verluste einzeln (analytisch bzw. numerisch) zu bestimmen [Bal05]. Durch eine Messung kann nur der gesamte Verlust und damit die Strahlungseffizienz ermittelt werden, eine Aufteilung in Leitungsverluste und dielektrische Verluste ist nicht möglich [Bal05].

4.2.5. Verstärkung

Die Verstärkung bzw. der Gewinn G (engl. "Gain") einer Antenne ist das Verhältnis der Strahlungsintensität in einer Richtung zu der Strahlungsintensität, die erreicht werden würde, wenn die aufgenommene Leistung der Antenne gleichmäßig in alle Richtungen abgestrahlt wird [IEE93]:

$$G = \frac{4\pi U}{P_{\text{in}}} \; . \tag{4.9}$$

Die Verstärkung fasst die Direktivität und die Strahlungseffizienz in einer Größe zusammen. Aus den Gleichungen (4.5), (4.8) und (4.9) ergibt sich [Bal05]:

$$G = \frac{4\pi U}{P_{\text{rad}}} e_s = D\, e_s \; . \tag{4.10}$$

Damit beschreibt die Verstärkung die Charakteristik der räumlichen Abstrahlung und die Verluste in der Antenne, jedoch nicht die Anpassung der Antenne an die Speiseleitung [Bal05]. Des Weiteren ist eine relative Verstärkung als das Verhältnis der Verstärkung einer Antenne in einer Richtung zu der (maximalen) Verstärkung einer Referenzantenne definiert [IEE93]. Für einen verlustlosen isotropen Strahler[3] als Referenzantenne ist die relative Verstärkung gleich der Verstärkung [Bal05]. Eine weitere vielfach verwendete Referenzantenne ist die Dipolantenne [Bal05].

Die Angabe der Verstärkung ohne Richtung beschreibt die maximale Verstärkung einer Antenne und erfolgt meistens in Dezibel [Bal05]. Die relative Verstärkung wird durch einen Buchstaben nach dem „dB“ ausgedrückt (z. B. „i“ für einen isotropen Strahler) [Bal05]:

$$G\,[\text{dBi}] = G\,[\text{dB}] = 10 \log_{10}(G) \; . \tag{4.11}$$

Die Angabe der Verstärkung in „dB“ oder „dBi“ ist identisch [Bal05]. Aufgrund der

[3] Ein verlustloser isotroper Strahler strahlt die aufgenommene Leistung gleichmäßig in alle Richtungen ab; er hat die Verstärkung 1 [Bal05].

eindeutigen Kenneichung der Bezugsantenne bei der Verwendung von „dBi“ wird der Gewinn oftmals in dieser Form notiert [Bal05], so auch in dieser Arbeit. Für einen Dipol als Referenzantenne ergibt sich [IEE93, Bal05]:

$$G\,[\mathrm{dBd}] = 10\log_{10}\left(\frac{G}{G_{\mathrm{Dipol}}}\right) = 10\log_{10}\left(\frac{G}{1{,}64}\right) = G\,[\mathrm{dBi}] - 2{,}15\,\mathrm{dB}\ . \tag{4.12}$$

4.2.6. Polarisation

Die Polarisation einer Antenne ist als die Polarisation der von der Antenne in einer bestimmten Richtung abgestrahlten elektromagnetischen Welle definiert [Bal05]. Fehlt die Richtungsangabe, so ist die Richtung der größten Verstärkung gemeint [IEE93, GH04]. Die Polarisation einer abgestrahlten Welle beschreibt die Ortslinie der Spitze des elektrischen Feldvektors an einem festen Punkt im Raum, wobei die Welle in Ausbreitungsrichtung betrachtet wird [GH04]. Die Polarisation der abgestrahlten Welle ist gleich der Polarisation einer ebenen Welle, die die abgestrahlte Welle an diesem Punkt im Raum beschreibt [Bal05]. Die Polarisation wird in linear, zirkular und elliptisch unterteilt [Bal05]. Das elektrische Feld im Freiraum einer sich in positiver z-Richtung ausbreitenden ebenen Welle lässt sich wie folgt beschreiben (siehe Anhang A.1.5) [GH04]:

$$\boldsymbol{E}(z,t) = \boldsymbol{a}_x E_{x0}\cos(\omega t - \beta z + \phi_x) + \boldsymbol{a}_y E_{y0}\cos(\omega t - \beta z + \phi_y)\ . \tag{4.13}$$

Wenn sich die x- und y-Komponenten des elektrischen Feldes in Phase befinden, bzw. wenn die Phasendifferenz der beiden Komponenten ein Vielfaches von π ist (Gleichung (4.14)), beschreibt die Ortskurve des elektrischen Feldvektors eine Gerade: Die Welle wird als linear polarisiert bezeichnet (Abbildung 4.9a) [GH04, Bal05].

$$\Delta\phi = \phi_y - \phi_x = n\pi,\ \ n = 0,1,2,3,\ldots \tag{4.14}$$

Die elektromagnetische Welle ist zirkular polarisiert, wenn die Beträge der x- und y-Komponenten gleich groß sind und die Phasendifferenz einem ungeraden Vielfachen von $\pi/2$ entspricht (Gleichung (4.15)) [GH04, Bal05]. Eine positive Phasendifferenz wird als linksdrehend bezeichnet, eine negative Phasendifferenz als rechtsdrehend [GH04, Bal05]. Dabei wird die Welle in Ausbreitungsrichtung betrachtet [GH04, Bal05]. In Abbildung 4.9b ist eine rechtsdrehende zirkulare Polarisation dargestellt [GH04, Bal05].

$$E_{x0} = E_{y0}$$
$$\Delta\phi = \phi_y - \phi_x = \begin{cases} +\left(\frac{1}{2}+n\right)\pi,\ n = 0,1,2,3,\ldots \text{ linksdrehend polarisiert} \\ -\left(\frac{1}{2}+n\right)\pi,\ n = 0,1,2,3,\ldots \text{ rechtsdrehend polarisiert} \end{cases} \tag{4.15}$$

Eine elektromagnetische Welle ist elliptisch polarisiert, wenn die Ortskurve des elektrischen Feldvektors eine Ellipse beschreibt (Abbildung 4.9c) [GH04, Bal05]. Im Allgemeinen ist eine elektromagnetische Welle elliptisch polarisiert, dabei sind die lineare und zirkulare Polarisation Sonderfälle der elliptischen Polarisation [GH04, Bal05]. Allerdings wird mit elliptischer Polarisation meistens eine Welle bezeichnet, die nicht linear oder zirkular polarisiert ist [GH04, Bal05].

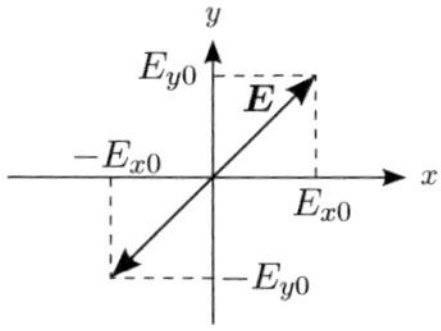

(a) Linear

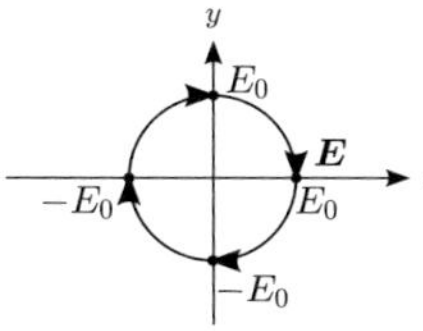

(b) Zirkular

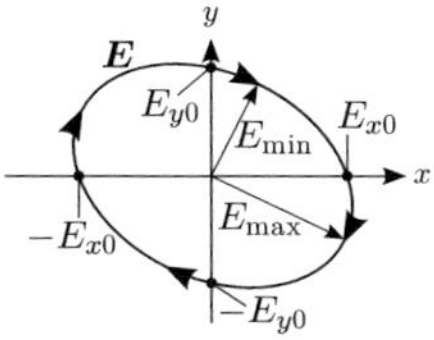

(c) Elliptisch

Abbildung 4.9.: Polarisationsarten, Grafik in Anlehnung an [GH04]

Die Polarisation kann durch das sogenannte Axial Ratio beschrieben werden. Dieses gibt das Verhältnis der großen zur kleinen Achse der Ellipse an [Mil05]:

$$\text{Axial Ratio} = \frac{E_{\text{max}}}{E_{\text{min}}} \quad ; \qquad \text{Axial Ratio (dB)} = 20 \log (\text{Axial Ratio}) \ . \tag{4.16}$$

Dabei wird immer die größere Achse durch die kleinere dividiert, sodass Werte zwischen 1 und unendlich entstehen [Mil05]. Da bei linearer Polarisation eine Achse der Ellipse verschwindet (und damit Null ist), ist das Axial Ratio dort unendlich [Mil05]. Bei zirkularer Polarisation sind beide Achsen gleich groß, daher ergibt sich für das Axial Ratio 1 [Mil05]. Zur vollständigen Angabe der Polarisation muss zudem der Winkel zwischen einer Achse der Ellipse und einer Koordinatenachse angegeben werden [Mil05].

Wenn eine empfangende Antenne und eine einfallende Welle nicht gleich polarisiert sind, entsteht ein Polarisationsverlust, dadurch ist an der Empfangsantenne nicht die maximal mögliche Energie verfügbar [Bal05]. Der Polarisationsverlust wird durch das Verhältnis der tatsächlich empfangenen Leistung zu der empfangenen Leistung bei optimaler Ausrichtung der Polarisation beschrieben und mit der Polarisationseffizienz e_p [Bal05] angegeben:

$$e_p = \frac{\left|\underline{\boldsymbol{l_e}} \cdot \underline{\boldsymbol{E}}_i\right|^2}{\left|\underline{\boldsymbol{l_e}}\right|^2 \left|\underline{\boldsymbol{E}}_i\right|^2} \ . \tag{4.17}$$

$\underline{\boldsymbol{E}}_i$ beschreibt die einfallende Welle und die Polarisation der Antenne ist durch die effektive Länge $\underline{\boldsymbol{l_e}}$ gegeben (diese wird im folgenden Kapitel beschrieben). Eine andere Form der Angabe ist der Polarisationsverlustfaktor (PLF) [Bal05].

4.2.7. Effektive Antennenfläche und effektive Länge einer Antenne

Eine empfangende Antenne extrahiert aus einer einfallenden elektromagnetischen Welle Energie und gibt diese an eine Last ab [Bal05]. Die effektive Antennenfläche (auch Antennenwirkfläche genannt) und die effektive Länge einer Antenne beschreiben das Empfangsverhalten der Antenne [Bal05].

Die komplexe vektorielle effektive Länge $\underline{\boldsymbol{l_e}}$ beschreibt die Leerlaufspannung $\underline{U}_0$ einer Antenne, auf die eine einfallende elektromagnetische Welle (mit $\underline{\boldsymbol{E}}_i$ und $\boldsymbol{S}_i$) trifft [Mey00]. Die Leerlaufspannung ergibt sich zu [Mey00]:

$$\underline{U}_0 = -\underline{\boldsymbol{l_e}} \cdot \underline{\boldsymbol{E}}_i \ . \tag{4.18}$$

Die effektive Länge als vektorielle und komplexe Größe berücksichtigt den Gewinn und die Polarisation der Antenne [Mey00, Bal05].

Die effektive Antennenfläche A_e in einer bestimmten Richtung gibt das Verhältnis der verfügbaren Leistung P_{av} am Antennenanschluss zur Leistungsdichte S_i der aus dieser Richtung einfallenden elektromagnetischen Welle an (bei gleicher Polarisation von Antenne und Welle), siehe Gleichung (4.19) [IEE93]. Fehlt die Richtungsangabe ist die Richtung der größten Strahlungsintensität definiert [IEE93]. Die verfügbare Leistung am Antennenanschluss ist die Leistung, die in einer ideal angepassten Last umgesetzt wird [IEE93]. Die effektive Antennenfläche kann aus der Verstärkung und der Wellenlänge nach Gleichung (4.20) bestimmt werden [IEE93].

$$A_e = \frac{P_{\text{av}}}{S_i} \tag{4.19}$$

$$A_e = \frac{\lambda^2 G}{4\pi} \tag{4.20}$$

4.2.8. Antennenimpedanz und Ersatzschaltbild

Eine Antenne lässt sich durch ein elektrisches Ersatzschaltbild beschreiben [Bal05]. Dabei wird zwischen einer sendenden und einer empfangenden Antenne unterschieden [Bal05]. Im Sendefall stellt die Antenne einen elektrischen Verbraucher dar, sie nimmt Energie (von der Quelle) auf und „verbraucht“ diese (Abstrahlung elektromagnetischer Wellen und Umwandlung in Wärme) [Bal05]. Im Empfangsfall entnimmt die Antenne dem einfallenden elektromagnetischen Feld Energie und stellt sie dem Verbraucher (Empfänger) bereit, die Antenne ist im Empfangsfall somit eine Quelle [Bal05].

Das elektrische Ersatzschaltbild der Antenne besteht aus der Antennenimpedanz [Bal05]. Diese ist im Sende- und im Empfangsfall gleich und dient in beiden Fällen dazu, die Anpassung zwischen der Antenne und dem restlichen Netzwerk zu bestimmen [Bal05]. Im Sendefall kann der an der Antennenimpedanz abfallenden Leistung eine physikalische Bedeutung zugewiesen werden, wohingegen dies im Empfangsfall nicht möglich ist (siehe folgende Kapitel).

4.2.8.1. Sendefall

Das Thévenin-Ersatzschaltbild[4] einer Antenne für den Sendefall ist in Abbildung 4.10 dargestellt [Bal05]. Dabei wird die Antenne durch eine Impedanz modelliert, die an eine Signalquelle angeschlossen ist. Um das Verhalten der Antenne genauer beschreiben zu können, z. B. um die abgestrahlte Energie und die Verlustleistung zu bestimmen, kann das Ersatzschaltbild im Sendefall verfeinert werden [Bal05]. Die Impedanz wird hierfür in den Realteil R_a und den Imaginärteil X_a aufgeteilt [Bal05]. Der Realteil stellt die Leistungsaufnahme der Antenne dar, er wird weiter in den Verlustwiderstand R_v und den Strahlungswiderstand R_s geteilt [Bal05]. Die Energie, die im Strahlungswiderstand abfällt, wird als elektromagnetische Welle abgestrahlt, während der Verlustwiderstand die Verluste in der Antenne beschreibt [Bal05]. Strahlungs- und Verlustwiderstand lassen sich mittels der Strahlungseffizienz und dem Realteil der Antennenimpedanz nach [Bal05]

[4]Dieses wird auch als Helmholtz-Thévenin-Ersatzschaltbild bezeichnet [Bal05].

$$R_s = e_s R_a \tag{4.21a}$$
$$R_v = (1 - e_s)\, R_a \tag{4.21b}$$

bestimmen. Der Imaginärteil hingegen beschreibt die Leistung, welche im Nahfeld der Antenne gespeichert wird [Bal05].

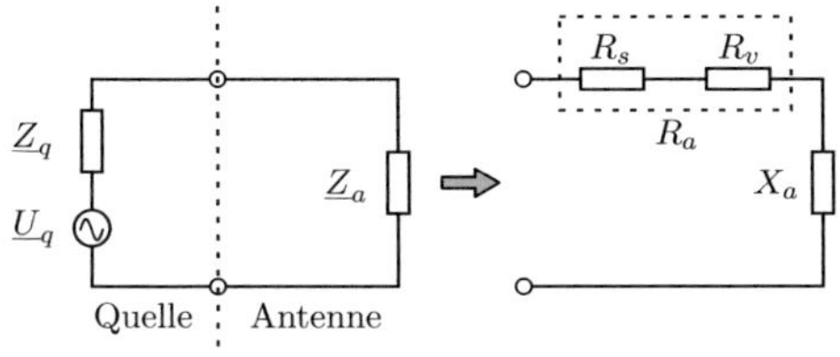

Abbildung 4.10.: Thévenin-Ersatzschaltbild einer Antenne für den Sendefall, Grafik in Anlehnung an [Bal05]

Mit dem Ersatzschaltbild der Antenne kann die Anpassung zwischen der Antenne und der Quelle bestimmt werden [Bal05]. Die Antennenimpedanz lässt sich messtechnisch durch eine Impedanzmessung bestimmen [Bal05].

4.2.8.2. Empfangsfall

Das Thévenin-Ersatzschaltbild einer Antenne für den Empfangsfall ist in Abbildung 4.11 dargestellt. Hier wird die Antenne als Quelle mit einer Leerlaufspannung und einem Innenwiderstand modelliert [Bal05]. Aufgrund des Dualitätsprinzips [Str07] beim Senden und Empfangen besitzt die Antenne in beiden Fällen die gleiche Impedanz $\underline{Z}_a$ [Str07]. Daher ist $\underline{Z}_a$ in den Abbildungen 4.10 und 4.11 identisch und kann wie oben beschrieben bestimmt werden[5].

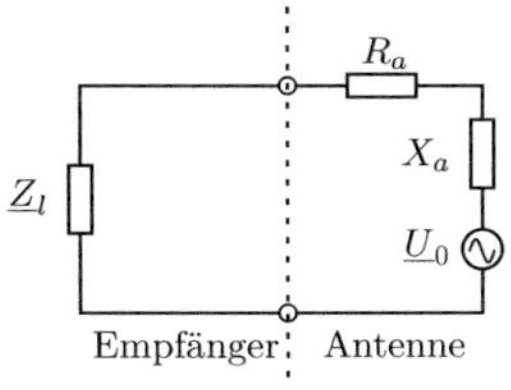

Abbildung 4.11.: Thévenin Ersatzschaltbild einer Antenne für den Empfangsfall, Grafik in Anlehnung an [Bal05]

Allerdings kann laut einer vor ein paar Jahren geführten Diskussion [Bla02, Lov02a, Lov02b, Col03a, Lov03, Col03b, Gey04], welche die Erkenntnisse früherer Veröffentlichun-

[5]Die Impedanzmessung mit einem Netzwerkanalysator entspricht dem Sendefall einer Antenne. Eine Impedanzbestimmung im Empfangsfall der Antenne ist zwar möglich, jedoch um einiges aufwendiger [MDS94, PSJ08]. Dieses Verfahren wird auch in Kapitel 5.4.5.2 verwendet.

gen [Sil49, RW62, Lov87] aufgreift, der abfallenden Leistung am Antennenwiderstand keine physikalische Bedeutung zugeordnet werden. Eine mögliche Zuordnung, die in der Literatur öfter zu finden ist, setzt die Leistung am Antennenwiderstand gleich der zurückgestrahlten Leistung der Antenne. In [Col03b] wird jedoch gezeigt, dass dies zu Widersprüchen führt und somit nicht gültig ist, siehe Anhang A.2.2.3.

Wenn die Lastimpedanz ideal an die Antennenimpedanz angepasst ist ($\underline{Z}_l = \underline{Z}_a^*$), wird die maximale Energie P_{av} von der Antenne an die Last abgegeben. In diesem Fall beträgt die in der Last umgesetzte Leistung [Bal05]:

$$P_{\mathrm{av}} = P_l = \left(\frac{|\underline{U}_0|}{2}\right)^2 \frac{1}{R_a} \,. \tag{4.22}$$

Aus den Gleichungen (4.19), (4.20) und (4.22) kann die Leerlaufspannung $\underline{U}_0$ der Antenne bestimmt werden:

$$|\underline{U}_0| = \lambda\sqrt{R_a S_i G \pi^{-1}} \,. \tag{4.23}$$

4.2.9. Radarrückstreuquerschnitt

Elektromagnetische Wellen werden an Gegenständen reflektiert, die Stärke der Reflexion wird durch den Radarrückstreuquerschnitt angegeben [Bal05]. Vereinfacht ausgedrückt gibt der Radarrückstreuquerschnitt eines Objektes eine Fläche an, welche multipliziert mit der Leistungsdichte der einfallenden Welle die vom Objekt reflektierte Leistung darstellt, wie in Abbildung 2.6 gezeigt [KST93]. Die genaue Definition des Radarrückstreuquerschnittes ist in [IEE93] gegeben.

Bei Antennen wird der Radarrückstreuquerschnitt σ in einen Structural-Mode σ_s und einen Antenna-Mode σ_a aufgeteilt [Bal05]:

$$\sigma = \left|\sqrt{\sigma_s} - (1 + \underline{\Gamma})\sqrt{\sigma_a} e^{j\Phi_r}\right|^2 \,. \tag{4.24}$$

Dabei gibt $\underline{\Gamma}$ den Reflexionsfaktor zwischen Antennen- und Lastimpedanz und Φ_r den Winkel zwischen dem Structural- und dem Antenna-Mode an [Bal05]. Der Structural-Mode stellt den Radarrückstreuquerschnitt anhand der Form und des Materials der Antenne dar, er wird mit einem Kurzschluss am Antennenanschluss bestimmt ($\Gamma_a = -1 \Rightarrow \sigma = \sigma_s$) [KST93]. Der Antenna-Mode entsteht durch die Eigenschaft der Antenne, eine Abstrahlung bzw. Aufnahme von elektromagnetischen Wellen zu bewirken[6] [KST93]. Wenn der gesamte Radarrückstreuquerschnitt einer Antenne nahezu durch den Antenna-Mode bestimmt wird, lässt sich dieser aus der Verstärkung und der effektiven Antennenfläche bestimmen [KST93]:

$$\sigma = A_e G = 4\pi \frac{A_e^2}{\lambda^2} \,. \tag{4.25}$$

Dabei wird von einer Totalreflexion am Antennenanschluss ausgegangen [KST93]. Ist an die Antenne eine Lastimpedanz angeschlossen, reduziert sich der Radarrückstreuquerschnitt [KST93]:

$$\sigma = 4\pi \left|\underline{\Gamma}\right|^2 \frac{A_e^2}{\lambda^2} \,. \tag{4.26}$$

[6]Der Structural-Mode und der Antenna-Mode können auch abweichend definiert werden [KST93].

Des Weiteren kann der Radarrückstreuquerschnitt einer Antenne als[7] [Bal05]

$$\sigma = \frac{\lambda^2}{4\pi} G^2 \left| A - \underline{\Gamma}^* \right|^2 \tag{4.27}$$

geschrieben werden, dabei ist A ein von der Antenne abhängiger Parameter [Bal05]. Für eine Dipolantenne[8] wird $A \approx 1$ und Gleichung (4.27) damit zu [Bal05]:

$$\sigma = \frac{\lambda^2}{4\pi} G^2 \left| \frac{2R_a}{\underline{Z}_l + \underline{Z}_a} \right|^2 . \tag{4.28}$$

Der von der Last- und Antennenimpedanz abhängige Teil des Radarrückstreuquerschnittes kann durch einen Parameter K mit [BDS10]

$$K = \left| \frac{2R_a}{\underline{Z}_l + \underline{Z}_a} \right|^2 \tag{4.29}$$

dargestellt werden, dadurch wird Gleichung (4.28) zu [BDS10]

$$\sigma = \frac{\lambda^2}{4\pi} G^2 K . \tag{4.30}$$

Bei RFID-Transpondern kann K als Angabe der Effizienz eines Transponders aufgefasst werden [BDS10].

4.2.10. Effektive (isotrope) Strahlungsleistung ERP (EIRP)

Die äquivalente isotrope Strahlungsleistung (Abk. EIRP) gibt das Produkt aus Gewinn und aufgenommener Leistung einer Antenne in einer bestimmten Richtung an, fehlt die Richtungsangabe ist die Richtung des maximalen Antennengewinns definiert [IEE93]:

$$\mathrm{EIRP} = G P_{\mathrm{in}} . \tag{4.31}$$

Die effektive Strahlungsleistung (Abk. ERP) bezieht diese Angabe auf die maximale Verstärkung einer verlustlosen Dipolantenne (und damit auf die Direktivität) [Bal05]. Deren Verstärkung entspricht 1,64 [ITU95], daher kann die ERP aus der EIRP bestimmt werden:

$$\mathrm{ERP} = G_{\mathrm{Dipol}} P_{\mathrm{in}} = \frac{G}{1{,}64} P_{\mathrm{in}} = \frac{\mathrm{EIRP}}{1{,}64} . \tag{4.32}$$

Die äquivalente isotrope Strahlungsleistung und die effektive Strahlungsleistung betrachten die von einem System (Sender und Antenne) abgestrahlte Leistung und somit dessen erzeugte Feldstärke [Bal05]. Dieser Wert findet sich deshalb gewöhnlich bei kompletten Systemen und in Regularien zur maximal erlaubten Sendeleistung. Die Einheit ist Watt, jedoch wird häufig der Zusatz EIRP oder ERP in Klammern angegeben.

[7] $\underline{\Gamma}^*$ ist hier als $\frac{\underline{Z}_l - \underline{Z}_a^*}{\underline{Z}_l + \underline{Z}_a}$ definiert.

[8] Dies gilt für alle *minimum scattering* Antennen. RFID-Transponderantennen fallen gewöhnlich in diese Kategorie [NR06].

4.2.11. Berechnung der Leistungsdichte aus den Antennenparametern

Mit den aufgeführten Antenneneigenschaften kann die Leistungsdichte bestimmt werden, die ein Sender (bestehend aus einer Quelle und einer Antenne) in einem bestimmten Abstand erzeugt [Bal05]. Dazu wird der Sender in Abbildung 4.12 betrachtet. Eine Quelle

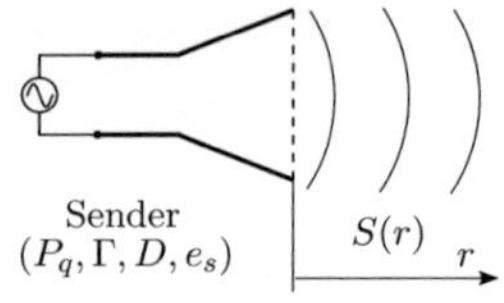

Abbildung 4.12.: Schematischer Aufbau zur Bestimmung der erzeugten Leistungsdichte, Grafik in Anlehnung an [Bal05]

gibt die Leistung P_q ab, und aufgrund von Anpassungsverlusten nimmt die Antenne die Leistung P_{in} (Gleichung (4.7)) auf [Bal05]. Davon wird wiederum die Leistung P_{rad} (Gleichung (4.8)) abgestrahlt [Bal05]. Mit der Direktivität ergibt sich die Leistungsdichte im Abstand r zur Antenne [Bal05]:

$$S(r) = \frac{P_{\text{rad}} D(\Theta, \Phi)}{4\pi r^2} = \frac{P_q e_s D(\Theta, \Phi)}{4\pi r^2} \left(1 - |\underline{\Gamma}|^2\right) = \frac{P_q G(\Theta, \Phi)}{4\pi r^2} \left(1 - |\underline{\Gamma}|^2\right) . \qquad (4.33)$$

4.3. Antennen für den Einsatz bei UHF-RFID

RFID-Systeme bestehen aus RFID-Readern und RFID-Transpondern, für beide Geräte ergeben sich unterschiedliche Anforderungen an die Antenne [Dob08]. Die der Transponderantenne werden in Kapitel 2.3.3 beschrieben.

UHF-RFID-Reader lassen sich in stationäre und mobile Geräte einteilen [Dob08]. Je nach Geräteart und Anwendung muss die Antenne verschiedene Eigenschaften erfüllen [PK06]: Stationäre Geräte werden hauptsächlich im Lieferkettenmanagement, in der Lagerverwaltung und zur Warenkontrolle [Mot10], aber auch im Bereich der Personenidentifizierung und -authentifizierung eingesetzt [Fin08]. Diese Anwendungsfälle erfordern Antennen mit einer hohen Direktivität und hohem Gewinn, die damit einen geringen räumlichen Lesebereich[9] und eine hohe Lesereichweite ermöglichen [Dob08]. Für solche stationär angebrachten Antennen werden häufig Microstripantennen verwendet [Dob08]. Mit diesen lässt sich der benötigte Gewinn realisieren, zudem kann leicht eine zirkular polarisierte Abstrahlung erreicht werden [Dob08]. Die für den hohen Gewinn benötigte Größe spielt dabei keine Rolle [Dob08]. Ein weiterer Anwendungsfall ist das Erfassen aller Transponder in einem Raum, wofür Antennen mit einer Rundstrahlcharakteristik verwendet werden [Dob08]. Hierfür werden z. B. Dipolantennen eingesetzt [Dob08].

Mobile UHF-RFID-Reader bieten nur begrenzten Platz für Antennen, wodurch es nicht möglich ist, einen ähnlich hohen Gewinn wie bei den stationären Geräten zu erzielen [WCD05]. Abhängig vom Anwendungsfall werden Dipolantennen zum Erreichen einer Rundstrahlcharakteristik, sowie Yagi-Uda-Antennen [WCD05] oder verkürzte

[9] Beispielsweise um Transponder nur an einer bestimmten Position eines Förderbandes oder in einem Durchgang zu erfassen.

Patchantennen verwendet wenn eine gerichtete Abstrahlung erfolgen soll [USK07]. RFID-Reader und deren Antennen sind gewöhnlich für eine Systemimpedanz von 50 Ω ausgelegt, damit lassen sich verschiedene Reader und Antennen mit den üblichen Leitungen der Hochfrequenztechnik verbinden [Dob08].

Viele Transponder haben dipolartige Antennen und sind folglich linear polarisiert [Dob08]. Sie können daher nur erkannt werden wenn der Reader ein elektromagnetisches Feld erzeugt, dessen elektrischer Feldvektor in der Ebene des Transponders liegt [Dob08]. Wenn das Feld senkrecht zum Transponder steht, ist ein Auslesen nicht möglich [Dob08]. Eine Auswahl verschiedener Anordnungen von Reader und Transponder findet sich in Abbildung 4.13a. Da die Orientierung der Transponder häufig nicht kontrolliert werden kann, soll ein RFID-Reader die Transponder in möglichst allen Orientierungen auslesen können [Dob08]. Dazu werden zirkular polarisierte Readerantennen eingesetzt [Dob08]. Dies erlaubt das Auslesen eines linear polarisierten Transponders in mehreren, jedoch nicht allen Orientierungen (Abbildung 4.13b) [Dob08]. Mit zirkular polarisierten Trans-

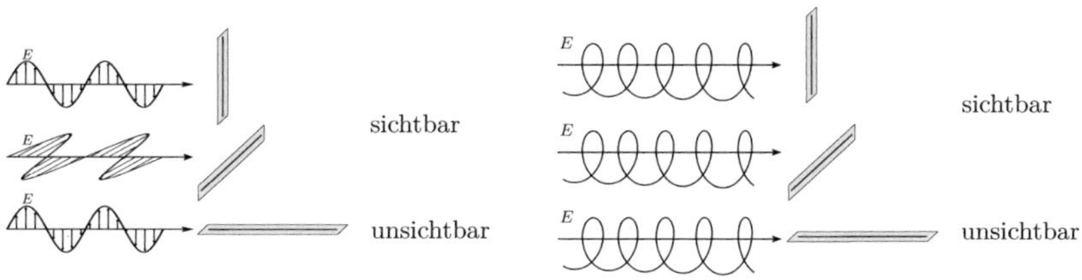

(a) Linear polarisierte Readerantenne (b) Zirkular polarisierte Readerantenne

Abbildung 4.13.: Polarisation der Readerantenne, Grafik in Anlehnung an [Dob08]

ponderantennen hingegen ist ein Auslesen in fast allen Fällen möglich [Dob08]. Dies erfordert einen RFID-Chip der eine zirkular polarisierte Antenne ansteuern kann, oder spezielle zirkular polarisierte Transponderantennen [Dea09]; beide sind in der Praxis eher selten zu finden [Dea09]. Wenn Reader- und Transponderantenne nicht gleich polarisiert sind, tritt nach Kapitel 4.2.6 ein Polarisationsverlust auf. Dieser beträgt bei der häufig vorkommenden Kombination von linear polarisiertem Transponder und zirkular polarisiertem Reader 3 dB [Mil05].

4.4. Modellierung von Antennen

Der Antennenentwurf erfordert die Abschätzung und Berechnung von Antennen mit analytischen oder numerischen Methoden [Vol07]. Dabei werden die Antenneneigenschaften anhand der Form und des Materials der Antenne bestimmt [Vol07]. Oftmals ist eine genaue Abschätzung der Antennenimpedanz notwendig, zudem sind das Strahlungsdiagramm oder andere Antenneneigenschaften von Interesse [Vol07]. Viele analytische Methoden betrachten nur die Antenne ohne den Einfluss der Umgebung – Antenne im Freiraum [Vol07]. Der Einsatz von numerischen Berechnungen auf leistungsfähigen Rechnern ermöglicht jedoch auch die Berücksichtigung der Antennenumgebung [Vol07].

4.4.1. Analytisch

Die von Maxwell aufgestellten Gleichungen [Max79] (siehe Anhang A.1) erlauben die Beschreibung elektromagnetischer Vorgänge [Nol11]. Mithilfe der Methoden der Analysis und unter Einbeziehung von Randbedingungen können damit Problemstellungen der Elektrodynamik gelöst werden [Nol11]. Allerdings ist eine explizite Lösung meist nur für einfache Aufgabenstellungen mit sehr einfachen geometrischen Anordnungen möglich [Nol11]. Bei komplexeren Modellen können oftmals nicht die benötigten Gleichungen aufgestellt oder gelöst werden [Nol11]. Für bestimmte Problemstellungen können zwar die Integralgleichungen angegeben werden, lassen sich aber nur numerisch lösen [Vol07], so z. B. bei einer dünnen Drahtantenne [Mei65]. Die Kombination eines analytischen Ansatzes und einer numerischen Integration wird als semianalytisch[10] bezeichnet [Cha87]. Eine analytische Behandlung elektromagnetischer Probleme bietet die Möglichkeit, den Einfluss einzelner Parameter auf die Lösung analytisch darzustellen und zu beschreiben. Dadurch kann eine schnelle Optimierung der Lösung bezüglich der Parameter erreicht werden.

4.4.2. Näherungsformeln

Physikalische Vorgänge, bei denen eine exakte analytische Berechnung nicht möglich ist, können oftmals durch Vernachlässigung verschiedener physikalischer Effekte analytisch behandelt werden [Gar01]. Die dadurch entstehenden mathematischen Beschreibungen der Realität werden als Näherungsformeln bezeichnet, da sie die eigentlichen physikalischen Vorgänge nur näherungsweise nachbilden [Gar01].

Solche Näherungsformeln zur Lösung einer Problemstellung können durch die Identifizierung des hauptverantwortlichen physikalischen Effektes und seiner analytischen Beschreibung aufgebaut werden [Gar01]. Wenn der reale Vorgang durch die Berechnung des hauptverantwortlichen Effektes nicht hinreichend genau beschrieben wird (zu große Abweichung zwischen dem Ergebnis der Näherungsformel und der Realität), muss die Näherungsformel um weitere Effekte erweitert werden, bis eine ausreichend genaue Abbildung der Realität stattfindet [Gar08]. Mit diesem Aufbau der Näherungsformel wird ein Einblick der Wirkungsweise verschiedener physikalischer Effekte gewonnen [Gar01]. Soll ein bestimmtes Systemverhalten erreicht werden, können durch das erlangte Verständnis der Effekte die zu verändernden Parameter identifiziert werden [Gar01].

Eine andere Vorgehensweise zur Erstellung von Näherungsformeln stellt die Kurvenanpassung [Die93] (Ausgleichungsrechnung, Curve Fitting) bzw. Regressionsanalyse [BW07] dar. Dabei wird das System angeregt und die Reaktion des Systems auf die Anregung aufgezeichnet [Die93]. Anschließend wird versucht das aufgezeichnete Verhalten durch Verknüpfungen verschiedener Funktionen nachzubilden [Die93]. Dieses Vorgehen benötigt keine Kenntnisse hinsichtlich des physikalischen Vorgangs, allerdings wird auch kein Einblick in die physikalischen Vorgänge und das Zusammenspiel der Parameter gewonnen [Die93]. Das Verfahren wird häufig mit der Modellierung der physikalischen Effekte kombiniert, sodass die primären physikalischen Effekte analytisch beschrieben werden und anschließend das Modell mittels der Kurvenanpassung verbessert wird [Die93].

[10] Allerdings ist dieser Begriff nicht klar abgegrenzt, so wird er auch für numerische Lösungsverfahren verwendet, welche analytische Lösungsmethoden zur Vereinfachung/Beschleunigung der numerischen Berechnung einsetzen [Cha87].

Ein weiteres Verfahren, das erst seit Kurzem im Antennendesign angewendet wird, besteht in der Abbildung des physikalischen Effektes durch neuronale Netze [PAM+04]. Hierbei wird das Systemverhalten durch ein neuronales Netz beschrieben [PAM+04]. Diese Methode eignet sich besonders für Modelle mit vielen Parametern, darüber hinaus lässt sie sich mit anderen Verfahren kombinieren [PAM+04].

4.4.3. Numerisch

Für die Berechnung komplexer physikalischer Problemstellungen wie z. B. mechanische Belastungen, Strömungen oder Hitzeverteilungen wurden verschiedene numerische Verfahren entwickelt [Pan08]. Diese wurden auch auf elektromagnetische Aufgabenstellungen angewendet, zudem sind speziell für diesen Bereich inklusive Antennenberechnungen, numerische Verfahren wie die FDTD [KL93] (Kapitel 4.4.3.1) oder das Programm NEC[11] [BP80] entwickelt worden [Vol07].

Es wird angenommen, dass die Entwicklung von numerischen Berechnungsmethoden für Antennen und der rasante Anstieg an verfügbarer Rechenleistung und Speicher die größten Einflüsse auf die Antennenwicklung der letzten 30 Jahre darstellen [Vol07]. Die numerische elektromagnetische Simulation einer Antenne ist zu einem der wichtigsten (bzw. dem wichtigsten) Hilfsmittel beim Antennendesign geworden; kaum eine Veröffentlichung über Antennen erfolgt inzwischen ohne Simulationsergebnisse [Vol07]. Die Antennensimulation ermöglicht es die Eigenschaften einer Antenne zu bestimmen, darüber hinaus können durch die Simulation oftmals Erkenntnisse über das Zusammenspiel der Antenne mit der Signalquelle (oder dem Empfänger) und der Antennenumgebung gewonnen werden; dies ist durch andere Verfahren nicht oder nur sehr schwer zu erreichen [Vol07]. Des Weiteren kann die numerische Antennensimulation unterstützend bei der Antennenmessung eingesetzt werden [QV10].

Traditionell wird die Antenne als Element im freien Raum behandelt und ihre Eigenschaften durch analytische Betrachtungen oder Näherungsformeln bestimmt [Vol07]. Allerdings haben im Nahfeld der Antenne befindliche Materialien einen starken Einfluss auf die Antenne und verändern ihre Eigenschaften wie z. B. die Eingangsimpedanz und die Strahlungscharakteristik [Vol07]. Mithilfe der numerischen Simulation ist es möglich, die Materialien im Nahfeld der Antenne in die Simulation miteinzubeziehen und eine Antenne speziell für den Anwendungsfall in einer bestimmten Umgebung zu entwerfen [Vol07]. Dieses Vorgehen wird bei immer mehr Produkten angewandt, vor allem bei hochintegrierten Geräten wie Mobilgeräten oder Kraftfahrzeugen[12] [Vol07].

4.4.3.1. Finite-Differenzen-Time-Domain-Methode

Die Maxwellschen Gleichungen stellen ein System linearer, gekoppelter partieller Differenzialgleichungen erster Ordnung dar; die durch sie beschriebenen elektrischen und magnetischen Felder sind zeitabhängig [Nol11]. Daher werden Methoden im Zeitbereich als der natürlichste Ansatz zur Lösung der maxwellschen Gleichungen angesehen [Vol07]. Das

[11] Der Numerical Electromagnetics Code (NEC) [BP80] ist ein Programm zur Berechnung von Drahtantennen wie z. B. der Dipol- oder Yagi-Uda Antenne.

[12] Z. B. Glasantenne in der Heckscheibe eines KFZ; die Simulation wird mit einem detaillierten Modell des KFZ durchgeführt [SLW07].

momentan bedeutendste numerische Verfahren im Zeitbereich ist die Finite-Differenzen-Time-Domain (FDTD) Methode, die auf der Finite-Differenzen-Methode aufbaut [Vol07]. Diese wiederum basiert auf der numerischen Lösung von Differenzialgleichungen im ein-, zwei- oder dreidimensionalen geschlossenen Raum [Vol07]. Der zu analysierende Raum wird durch ein Gitter mit endlich vielen und endlich großen Elementen modelliert [Vol07].

Die Yee Zelle [Yee66] erweitert die Finite-Differenzen-Methode, um die Maxwellschen Gleichungen unter Einbeziehung von Materialien lösen zu können [Vol07]. Dabei werden das elektrische und das magnetische Feld auf zwei räumlich verschobene Gitter abgebildet, zudem werden die beiden Felder zu unterschiedlichen Zeitpunkten berechnet [Vol07]. Das ermöglicht die sukzessive Berechnung des elektrischen Feldes unter Einbeziehung des magnetischen Feldes sowie die Berechnung des magnetischen Feldes unter Einbeziehung des elektrischen Feldes [Vol07]. Mit der FDTD können zahlreiche Problemstellungen behandelt werden, sie bietet die Möglichkeit statische Feldverteilungen bis hin zu hochfrequenten Feldern zu berechnen [Vol07]. Im Antennendesign wird die FDTD häufig für breitbandige Antennen verwendet, für resonante Strukturen ist sie hingegen weniger geeignet [Vol07].

4.4.3.2. Finite-Elemente-Methode

Bei numerischen Berechnungen im Frequenzbereich werden oftmals die Momentenmethode und die Finite-Elemente-Methode (FEM) eingesetzt [Vol07]. Besonders für Antennen mit inhomogenen oder anisotropen dielektrischen Materialien ist die FEM gut geeignet [Vol07]. Die FEM stammt ursprünglich aus dem Bereich der Festkörpermechanik; entwickelt wurde sie zur Berechnung von Flugzeugflügeln [RH09]. In den letzten 20 Jahren ist sie zu einer weitverbreiteten Methode für elektromagnetische Berechnungen geworden. Die Finite-Elemente-Methode löst die Maxwellschen Gleichungen in Form partieller Differenzialgleichungen im Frequenzbereich [Vol07]. Das betrachtete Gebiet wird, wie bei der FDTD, in ein Gitter unterteilt, wobei hier die Elemente verschiedene Größen und Formen annehmen können [Vol07]. Dies ermöglicht eine gute Nachbildung komplexer Strukturen mit einer geringen Anzahl an Elementen [Vol07]. Durch Verwendung der partiellen Differenzialgleichungen wird bei der FEM eine schwach besetzte Matrix erzeugt, die durch Hinzufügen von Randbedingungen gelöst werden kann [ABK03]. Rechenzeit und Speicherplatz sind dabei geringer als bei der FDTD, allerdings ist das Erzeugen des Gitters nicht trivial und hat einen großen Einfluss auf das Ergebnis [Vol07]. In der Anfangszeit der FEM musste einiger Aufwand in die Gittererzeugung gesteckt werden, wohingegen moderne kommerzielle Programme das Gitter selbstständig erzeugen [Vol07]. Dabei wird das Gitter sukzessive solange verfeinert, bis sich (fast) keine Änderungen am Simulationsergebnis durch ein weiter verfeinertes Gitter ergeben [Vol07]. Dies benötigt viele Lösungsdurchläufe, sodass sich der Geschwindigkeitsvorteil gegenüber der FDTD relativiert [Vol07].

4.4.3.3. Momentenmethode

Die Momentenmethode (MoM) ist eine vielseitige Methode zur Lösung von Differenzialgleichungen, Integralgleichungen und Integro-Differenzialgleichungen [Dav05]. Vor der numerischen Berechnung müssen die benötigten Gleichungen analytisch aufgestellt werden, damit stellt die MoM eine Kombination aus Analysis und numerischer Berechnung dar [Dav05]. Die Momentenmethode stammt aus dem Bereich der Bauphysik und wurde von Harrington [Har82] erstmals zur Berechnung elektromagnetischer Problemstellungen eingesetzt [Dav05]. Durch den analytischen Ansatz werden im Unterschied zur FDTD oder FEM nur die metallischen Strukturen des Simulationsobjekts diskretisiert [Dav05]. Damit ist die MoM besonders effektiv für Problemstellungen mit offenen Gebieten, wie bei der Betrachtung der Abstrahlung von Objekten (z. B. Antennen) [Dav05]. Die MoM erlaubte frühzeitig die Berechnung von Antennen mit vergleichsweise wenig Rechenleistung und Speicherbedarf, wobei allerdings erst das zu lösende Gleichungssystem für die Problemstellung aufgestellt werden musste [Dav05]. Die FDTD oder die FEM ermöglichen hingegen die Berechnung beliebiger Strukturen bei allerdings höheren Anforderungen an die Rechenleistung und den Speicherplatz [Vol07]. Deshalb hat in der heutigen Zeit die Momentenmethode an Bedeutung verloren [Vol07].

4.4.3.4. Hybridverfahren

Ein numerisches Verfahren hat verschiedene Vor- und Nachteile [Vol07]. Mit der MoM können z. B. offene Problemstellungen effizient berechnet werden, während die FEM für Problemstellungen mit inhomogenen Materialien vorteilhaft ist [Vol07]. Es ist möglich, die Vorteile der MoM und der FEM zu kombinieren, um offene Problemstellungen mit inhomogenen Materialien effizient zu berechnen [BJM04]. Die Kombination der beiden Methoden wird Finite-Element-Boundary-Integral-Methode (FE-BI) genannt, die Kombination zweier Methoden wird allgemein als Hybridverfahren bezeichnet [BJM04]. Ein weiteres Beispiel eines Hybridverfahrens ist die Berechnung des abgestrahlten Feldes einer Antenne per MoM und die Verwendung dieses Ergebnisses in der FEM oder FDTD, um die Auswirkungen des von der Antenne erzeugten Feldes auf verschiedene Objekte wie z. B. den menschlichen Körper zu bestimmen [CRS+98].

5. Impedanzbestimmung eines RFID-Chips

Bei UHF-RFID steht den Transpondern nur sehr wenig Energie zur Verfügung, weshalb diese für den Ultra-Low-Power Betrieb optimiert sind [Dob08]. Die von der Antenne aufgenommene Energie soll dabei ohne Verluste an den RFID-Chip übertragen werden, wozu eine konjugiert komplexe Anpassung von Antennen- und Chipimpedanz erforderlich ist (Kapitel 3.4). Für das Antennendesign muss daher die Chipimpedanz bekannt sein [Dob08]. Für den verwendeten RFID-Chip, den UTPV10, wird diese hier ermittelt. Dazu werden verschiedene, in der Literatur genannte Methoden zur Impedanzbestimmung von Bauteilen und insbesondere von RFID-Chips diskutiert und ihre Problemstellungen aufgrund der stark kapazitiven Impedanz von RFID-Chips dargelegt. Da sich die betrachteten Methoden beim UTPV10 als ungeeignet herausstellten, wird ein neues kontaktloses Verfahren für die Impedanzbestimmung eines RFID-Chips betrachtet. Abschließend werden die Ergebnisse der verschiedenen Verfahren verglichen.

5.1. Impedanzbestimmung eines elektrischen Bauteils

Die Impedanz ist eine wichtige Eigenschaft von HF-Bauteilen, daher sind verschiedene Methoden zur Impedanzmessung entwickelt worden [Poz05]. Ausgehend vom einfachen Fall eines unsymmetrischen (Single-Ended) Bauteils werden häufig verwendete Verfahren zur Impedanzbestimmung von differenziellen Bauteilen erläutert.

5.1.1. Impedanzbestimmung eines unsymmetrischen Bauteils

Ein vielfach verwendeter Messaufbau zur Impedanzbestimmung in Hochfrequenzsystemen [Poz05] ist in Abbildung 5.1 dargestellt. Ein Netzwerkanalysator (VNA) ist über eine 50 Ω-Koaxialleitung an das zu messende Bauteil (DUT) angeschlossen. Der Außenleiter/Schirm der Koaxialleitung ist zudem über den Netzwerkanalysator (und meistens auch über das Bauteil) mit dem Erdpotential verbunden. Die Erdverbindung gewährleistet einen Schutz der Signale vor äußeren elektromagnetischen Störeinflüssen [Poz05]. Dieser Messaufbau wird als unsymmetrische Messung, gleichtakt Messung oder Single-Ended-Messung bezeichnet [EST06].

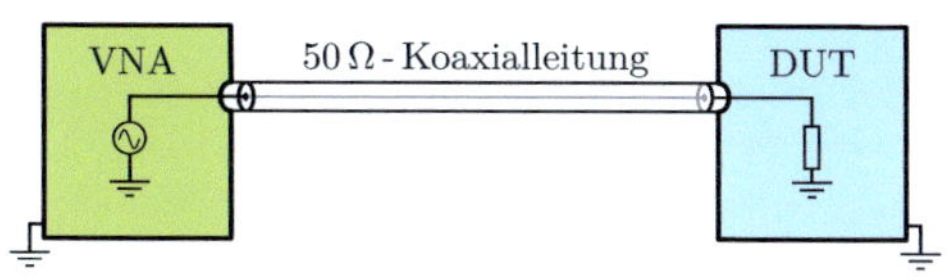

Abbildung 5.1.: Messaufbau zur Impedanzbestimmung eines unsymmetrischen Bauteils

Für die Impedanzbestimmung sendet der Netzwerkanalysator eine elektromagnetische Welle zum Bauteil [Poz05]. Dabei wird ein Teil der Welle vom Bauteil absorbiert, der andere Teil wird zurück zum Netzwerkanalysator reflektiert [Poz05]. Dieser misst die Amplitude und die Phase der ausgesendeten und der reflektierten Welle [Agi04] und bestimmt daraus den Reflexionsfaktor $\underline{\Gamma}$ (siehe Kapitel 3.2.3) [Poz05]:

$$\underline{\Gamma} = \frac{\underline{U}^-}{\underline{U}^+} \; . \tag{5.1}$$

$\underline{U}^+$ und $\underline{U}^-$ entsprechen den Spannungen der hinlaufenden bzw. der rücklaufenden Welle [Poz05]. Mit dem Reflexionsfaktor und der Kenntnis der Systemimpedanz Z_0[1] lässt sich die Impedanz des Bauteils $\underline{Z}_{\mathrm{DUT}}$ berechnen [Poz98]:

$$\underline{Z}_{\mathrm{DUT}} = Z_0 \frac{1+\underline{\Gamma}}{1-\underline{\Gamma}} \; . \tag{5.2}$$

5.1.2. Impedanzbestimmung eines symmetrischen Bauteils

5.1.2.1. Unterschied Masse – Erdpotential

„Masse“ und „Erde“ werden oft als Synonyme für das 0 Volt-Bezugspotential einer Schaltung bzw. eines Bauteils oder Gerätes verwendet, allerdings ist die Gleichheit von Masse und Erde nicht immer gegeben. In dieser Arbeit werden „Masse“ und „Erdpotential“ („Erde“) somit als zwei Referenzpotentiale betrachtet, die nicht notwendigerweise gleich sein müssen. „Masse“ bezeichnet das Potential, auf das alle anderen Potentiale innerhalb eines Bauteils/Gerätes bezogen werden. Das „Erdpotential“ hingegen bezeichnet das elektrische Potential des Erdreiches. Bei vielen Geräten ist die Masse direkt mit dem Erdpotential (z. B. über den Stromanschluss) verbunden, „Masse“ und „Erdpotential“ sind somit äquivalent. Batteriebetriebene Geräte haben jedoch oftmals keine Verbindung zum Erdpotential, weshalb sich ihre „Masse“ vom „Erdpotential“ unterscheidet. In dieser Arbeit werden für Masse und Erdpotential die in Abbildung 5.2 dargestellten Symbole verwendet.

(a) Symbol für die Masse (b) Symbol für die Erde

Abbildung 5.2.: Schaltsymbole für Masse und Erde

5.1.2.2. Symmetrischer Schaltkreis

In einem symmetrischen Schaltkreis werden Signale gleicher Amplitude und entgegengesetzter Phase (bezogen auf die Massereferenz des Schaltkreises) übertragen [EST06]. Der prinzipielle Aufbau eines symmetrischen Schaltkreises ist in Abbildung 5.3a dargestellt. Er besitzt zwei Spannungsquellen, die ein Signal mit gleicher Amplitude $\widehat{U}_q$ ($= \widehat{U}_{q1} = \widehat{U}_{q2}$) und 180° Phasenverschiebung über einer gemeinsamen Masse erzeugen [EST06]. Der

[1] Die Systemimpedanz – meistens 50 Ω – ist die charakteristische Impedanz, auf die die Messtechnik ausgelegt ist. Sämtliche Messgeräte, Kabel, Stecker und Buchsen weisen diese charakteristische Impedanz auf. Damit werden Reflexionen an den Verbindungen vermieden.

Verbraucher besteht aus zwei gleich großen Lastimpedanzen $\underline{Z}_{l1}$ und $\underline{Z}_{l2}$, die symmetrisch zur Masse angeordnet sind [EST06].

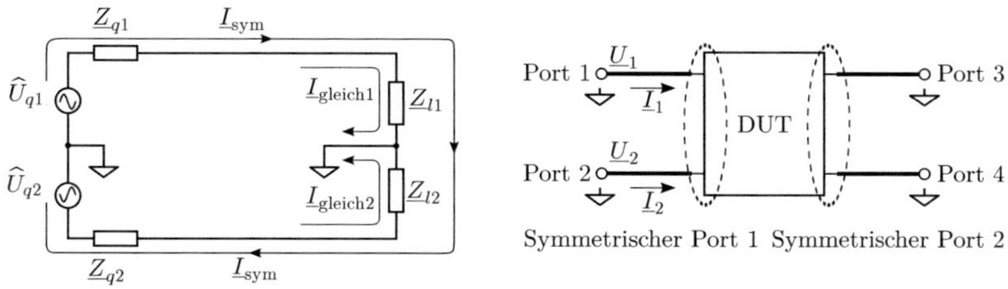

(a) Symmetrischer Schaltkreis

(b) Bauteil mit symmetrischem Zwei-Port bzw. unsymmetrischem Vier-Port

Abbildung 5.3.: Symmetrische Schaltung, Grafiken in Anlehnung an [EST06]

Ein idealer symmetrischer Schaltkreis erzeugt nur den Strom $\underline{I}_{\text{sym}}$ durch die beiden Lastwiderstände – das sogenannte symmetrische Signal (wird auch als „Gegentakt", engl. „differential mode bezeichnet") [EST06]; über die gemeinsame Masse fließt kein Strom ($\underline{I}_{\text{gleich1}} = \underline{I}_{\text{gleich2}} = 0$) [EST06]. Ein symmetrischer Zwei-Port bzw. unsymmetrischer Vier-Port ist in Abbildung 5.3b dargestellt. Die Gegentaktspannung des symmetrischen Ports 1 ist die Spannungsdifferenz zwischen den zwei zusammengehörenden Ports 1 und 2 des Bauteils, Gleichung (5.3a) [EST06]; der Gegentaktstrom ist die Hälfte der Stromdifferenz der in die beiden Ports fließenden Ströme, Gleichung (5.3b) [EST06]. Die symmetrische Impedanz (Gegentaktimpedanz) ergibt sich aus der Gegentaktspannung dividiert durch den Gegentaktstrom, Gleichung (5.3c) [EST06]. Bei symmetrischen Bauteilen wie z. B. RFID-Chips muss diese bestimmt werden.

$$\underline{U}_{d1} = (\underline{U}_1 - \underline{U}_2) \tag{5.3a}$$

$$\underline{I}_{d1} = \frac{1}{2}(\underline{I}_1 - \underline{I}_2) \tag{5.3b}$$

$$\underline{Z}_{d1} = \frac{\underline{U}_{d1}}{\underline{I}_{d1}} \tag{5.3c}$$

Neben dem symmetrischen Signal wird durch Unsymmetrie der Quelle oder des Verbrauchers ein (unerwünschtes) unsymmetrisches („Gleichtakt", engl. „common mode") Signal erzeugt [EST06]. Für dieses können ebenfalls eine Gleichtaktspannung, -strom und -impedanz definiert werden [EST06]. An dem Übergang zwischen einem symmetrischen und einem unsymmetrischen Schaltkreis kommt es zu störenden Effekten wie wechselseitigen Koversationen zwischen Gleich- und Gegentakt [RDDBS09].

Aufgrund der Massesymmetrie ist eine symmetrische Datenübertragung weniger störanfällig gegenüber äußeren elektromagnetischen Feldern und erzeugt selbst eine geringere Abstrahlung als ein unsymmetrischer Schaltkreis [EST06]. Angesichts dieser und weiterer Vorteile wird in der Hochfrequenzdatenübertragung häufig eine symmetrische Schaltung bevorzugt [EST06].

5.1.2.3. Symmetrie in der HF-Technik

In der Hochfrequenztechnik ist die Massesymmetrie einer symmetrischen Schaltung meist auf die Erde (Erdpotential) bezogen, dies wird Erdsymmetrie genannt [RK06]. Antennen, Leitungen und Geräte/Bauteile werden in symmetrisch und unsymmetrisch eingeteilt [RK06]. Die Dipolantenne und eine Zweidrahtleitung sind symmetrisch, die Koaxialleitung hingegen ist unsymmetrisch [RK06]. Das Zusammenschalten symmetrischer Bauteile mit unsymmetrischen Leitungen (z. B. Dipolantenne angeschlossen an eine Koaxialleitung) erzeugt eine (Teil-)Umwandlung des symmetrischen Signals in ein unsymmetrisches Signal [RK06]. Dadurch geht ein Teil der Energie verloren und es werden Störungen z. B. am Bauteil oder Ströme auf der Masseleitung erzeugt [RK06]. Diese können zu unerwünschten Abstrahlungen der Schaltung führen, was besonders bei Koaxialleitungen der Fall ist [LW85].

Die Bestimmung der Impedanz eines symmetrischen Bauteils ist mit dem unsymmetrischen Messaufbau aus Kapitel 5.1.1 nicht möglich, da hierfür das Messobjekt eine symmetrische Anregung benötigt [EST06]. Für die Impedanzmessung symmetrischer Bauteile wurden verschiedene (Impedanz-) Messmethoden entwickelt. Im Folgenden werden drei häufig angewandte Verfahren dargestellt.

5.1.2.4. Symmetrische Impedanzmessung mit einem Symmetrierglied

Ein Symmetrierglied (auch Balun genannt) ist ein Bauteil, das ein unsymmetrisches Signal in ein symmetrisches Signal transformiert und umgekehrt [RK06]. Es besteht z. B. aus einem Transformator der auf der symmetrischen Seite einen Mittelabgriff auf Erdpotential hat [RK06]. Durch den Transformator wird die Verbindung des Signals zum Erdpotential aufgetrennt und in ein zum Erdpotential symmetrisches Signal überführt [RK06]. Dieses wird über zwei Koaxialleitungen zum Bauteil geführt [RK06].

Für die Impedanzmessung wird der Netzwerkanalysator an das Symmetrierglied angeschlossen [Cur03]. Von dort erfolgt die Verbindung zum differenziellen Eingang des Messobjektes [Cur03], wie in Abbildung 5.4 dargestellt.

Dieser Messaufbau ist einfach zu realisieren und erzeugt ein rein symmetrisches Signal, allerdings ist die Kalibration aufgrund des Symmetrierglieds nicht trivial [Cur03]. Vom Netzwerkanalysator bis zum Eingang des Symmetrierglieds kann sie mit den gewöhnlichen Kalibrationsmethoden durchgeführt werden [Cur03]. Der weitere Messaufbau (das Symmetrierglied und die Leitungen von diesem zum Bauteil) müssen extra charakterisiert und ihr Einfluss nach der Messung aus dem Messergebnis herausgerechnet (deembeded) werden [BP74]. Die Übertragungseigenschaften der Leitungen können durch eine Zwei-Port-Messung bestimmt werden, beim Symmetrierglied ist dies jedoch nicht möglich [Cur03]. Dieses muss über ein komplexes und zeitaufwendiges Verfahren charakterisiert werden [Cur03].

5.1.2.5. Kombinieren zweier Einzel-Port-Messungen

Um eine differenzielle Messung ohne Symmetrierglied zu ermöglichen und damit die oben genannten Schwierigkeiten der Kalibration zu umgehen, kann ein Netzwerkanalysator mit zwei Ports verwendet werden [EST06]. Das Bauteil wird über zwei Messleitungen mit dem Netzwerkanalysator verbunden (Abbildung 5.5) [EST06]. Dieser bestimmt in zwei

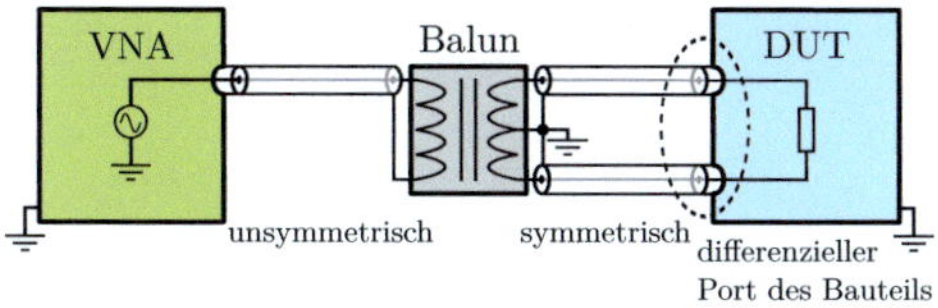

Abbildung 5.4.: Differenzielle Impedanzmessung mit einem Symmetrierglied

aufeinanderfolgenden Messungen die S-Parameter des ersten Ports (S_{11} und S_{12}) sowie die des zweiten Ports (S_{22} und S_{21}) [EST06]. Daraus kann nach Gleichung (5.4) [EST06] der differenzielle S-Parameter S_{dd} des Bauteils und mit diesem nach Gleichung (5.2) dessen symmetrische Impedanz bestimmt werden. Die Kalibration des Messaufbaus erfolgt mit den normalen Kalibrationsmethoden des Netzwerkanalysators.

$$S_{dd11} = 0{,}5\,(S_{11} - S_{12} - S_{21} + S_{22}) \tag{5.4}$$

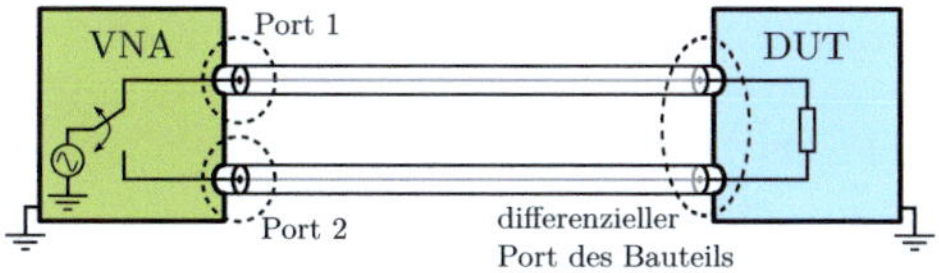

Abbildung 5.5.: Differenzielle Impedanzmessung mittels eines Zwei-Port Netzwerkanalysators

Allerdings muss dabei beachtet werden, dass das Bauteil kein echtes symmetrisches Messsignal erhält. Es wird nacheinander jeweils immer nur ein Anschluss des symmetrischen Ports gegen Masse angeregt. Mit diesem Verfahren können viele passive Bauteile wie z.B. Antennen [MJ98] gemessen werden. Bei verschieden unsymmetrischen oder nichtlinearen Bauteilen wie z. B. RFID-Chips kann diese Methode hingegen zu ungenauen Werten führen. Diese Bauteile benötigen eine echte symmetrische Anregung ihres Ports [BKGF10, Sim07, Dun04].

5.1.2.6. „True Differential"-Messung

Einige der modernen Netzwerkanalysatoren können eine sogenannte "True Differential"-Messung durchzuführen [Agi07]. Der Netzwerkanalysator ist dafür mit zwei Signalquellen ausgestattet, die ein beliebig phasenverschobenes Signal erzeugen können [Agi07]. Er ist damit (theoretisch) in der Lage, das zu messende Bauteil mit einem rein differenziellen Messsignal zu versorgen. Der daraus entstehende Messaufbau ist in Abbildung 5.6 dargestellt.

Diese Messmethode verbindet die Vorteile zweier Einzelportmessungen – einfacher Messaufbau und einfache Kalibration – mit dem einer Messung mittels Symmetrierglied, sprich der Erzeugung eines rein differenziellen Signals. Allerdings wird ein spezieller Netzwerkanalysator benötigt, der in der Lage ist, diese Art von Messung durchzuführen.

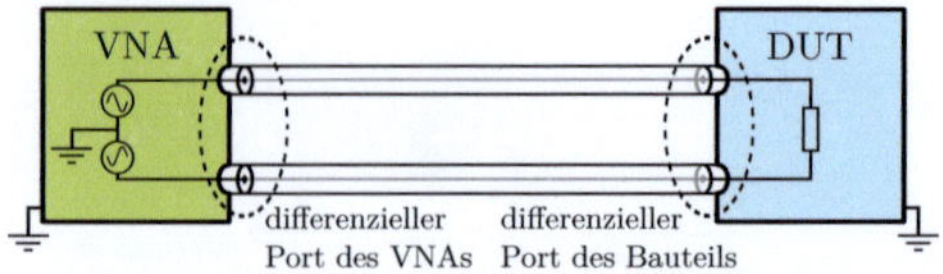

Abbildung 5.6.: Differenzielle Impedanzmessung durch eine „True Differential" Messung

Zudem zeigten praktische Tests mit einem PNA-X N5242A von Agilent, dass der Netzwerkanalysator das differenzielle Messsignal nicht permanent erzeugt. Stattdessen wird abwechselnd ein symmetrisches und ein unsymmetrisches Signal generiert. Der Wechsel von symmetrischer und unsymmetrischer Anregung kann bei verschiedenen Bauteilen wie z. B. RFID-Chips zu Messfehlern führen [BKGF10]. Daher ist diese Messmethode mit dem getesteten Netzwerkanalysator nicht zur Impedanzbestimmung von RFID-Chips geeignet.

5.1.3. Zusammenfassung

Um gute Übertragungseigenschaften von HF-Signalen zu erhalten, werden symmetrische Schaltkreise verwendet. Die Symmetrie wird meist auf das Erdpotential („Erdsymmetrie") bezogen. Bauteile und Leitungen können symmetrisch bzw. unsymmetrisch sein, eine Zusammenschaltung ungleicher Typen erzeugt unerwünschte Effekte. RFID-Chips besitzen aufgrund ihres Gleichrichters häufig einen symmetrischen Eingang. Zur Impedanzbestimmung solcher Bauteile existieren verschiedene Verfahren. Ihre Kalibration ist entweder sehr aufwendig oder sie erzeugen kein rein symmetrisches Signal, sodass diese Methoden nicht optimal für die Impedanzbestimmung geeignet sind. Vom UTPV10 wurde mit ausgewählten Verfahren die Impedanz bestimmt, die Ergebnisse werden – neben denen der neuen Methode – in Kapitel 5.6 verglichen.

5.2. Problematik der Impedanzbestimmung bei hohen Reflexionsfaktoren

Die Impedanzbestimmung durch einen Netzwerkanalysator ist keine direkte Messung der Impedanz, stattdessen wird der Reflexionsfaktor gemessen und daraus die Impedanz (Gleichung (5.2)) berechnet [Agi04]. Dabei führen Messfehler bei geringem Betrag und Phase des gemessenen Reflexionsfaktors zu kleinen Fehlern in der berechneten Impedanz. Bei Reflexionsfaktoren mit hohem Betrag und geringer Phase, wie sie RFID-Chips aufweisen, erzeugen schon kleine Messfehler in Betrag oder Phase große Fehler in der bestimmten Impedanz, wie nachfolgende Fehlerbetrachtung zeigt.

5.2.1. Reflexionsfaktor von RFID-Chips zu $50\,\Omega$

Durch ihre große Eingangskapazität haben RFID-Chips eine hohe negative Reaktanz (siehe Kapitel 2.3.2). Die Impedanz eines RFID-Chips beträgt [Dob08]

$$\underline{Z}_c = R_c + jX_c \; . \tag{5.5}$$

Bei vielen Chips gilt dabei [Dob08]:

$$X_c \ll -100\,\Omega\ . \tag{5.6}$$

Der Reflexionsfaktor eines RFID-Chips zur gewöhnlichen Systemimpedanz von $50\,\Omega$ ergibt sich nach Gleichung (3.22) zu

$$\underline{\Gamma} = \frac{\underline{Z}_c - 50\,\Omega}{\underline{Z}_c + 50\,\Omega} = re^{j\phi}\ , \tag{5.7}$$

er wird durch den Betrag r und die Phase ϕ dargestellt. Abbildung 5.7 zeigt die nach Gleichung (5.7) berechneten Reflexionsfaktoren bei verschiedenen Chipimpedanzen. Es ergeben sich hohe Reflexionsfaktoren mit geringer Phase ($r > 0{,}6$ und $|\phi| < 30°$; eine Ausnahme bildet $X_c = -100\,\Omega$, hier ist die Phase etwas größer).

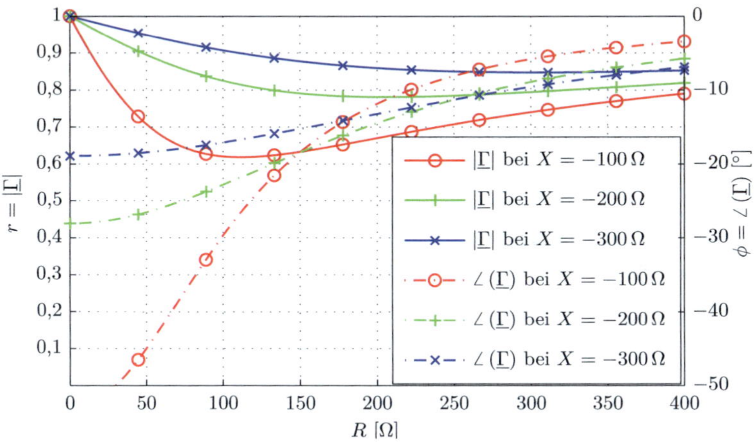

Abbildung 5.7.: Betrag und Phase von Reflexionsfaktoren mit Chipimpedanzen mit Reaktanzen von $-100\,\Omega$, $-200\,\Omega$ und $-300\,\Omega$ zur Systemimpedanz von $50\,\Omega$, aufgetragen über dem Realteil der Chipimpedanz

5.2.2. Fehlerbetrachtung der Impedanzberechnung aus dem Reflexionsfaktor

Bei einem Messergebnis y, das durch die Verknüpfung von mehreren Messgrößen x_i berechnet wird, kann der Einfluss der einzelnen Messfehler Δx_i auf den Fehler des Messergebnisses Δy über eine Fehlerfortpflanzungsrechnung bestimmt werden [Pap12]. Wenn für ein Messergebnis y

$$y = f(x_1, x_2, x_3, \ldots) \tag{5.8}$$

gilt, ergibt sich der maximale Fehler $|\Delta y_{\max}|$ durch die Summe der Beträge der partiellen Ableitungen multipliziert mit dem jeweiligen absoluten Fehler [Pap12]:

$$|\Delta y_{\max}| = \left|\frac{\partial f}{\partial x_1} \cdot \Delta x_1\right| + \left|\frac{\partial f}{\partial x_2} \cdot \Delta x_2\right| + \left|\frac{\partial f}{\partial x_3} \cdot \Delta x_3\right| + \ldots \quad . \tag{5.9}$$

Der maximale Fehler beschreibt den ungünstigsten Fall, bei welchem alle Messfehler gleichzeitig auftreten und das Messergebnis in die gleiche Richtung verschieben [Pap11]. Allerdings ist bei unabhängigen Messgrößen davon auszugehen, dass sich die Einflüsse der einzelnen Messfehler teilweise gegenseitig aufheben [Pap11]. Dieser Fall wird durch das Gaußsche Fehlerfortpflanzungsgesetz behandelt [Pap11]. Es nimmt voneinander unabhängige und normalverteilte Fehler an und berechnet daraus den mittleren absoluten Fehler $|\Delta y_m|$ [Pap11]:

$$|\Delta y_{\mathrm{m}}| = \sqrt{\left(\frac{\partial f}{\partial x_1} \cdot \Delta x_1\right)^2 + \left(\frac{\partial f}{\partial x_2} \cdot \Delta x_2\right)^2 + \left(\frac{\partial f}{\partial x_3} \cdot \Delta x_3\right)^2 + \ldots} \quad . \tag{5.10}$$

In der Regel wird dieser als Fehlerangabe verwendet, da dadurch die realen Fehler besser abgebildet werden [Pap11].

5.2.2.1. Partielle Ableitungen

Die „gemessene" Impedanz $\underline{Z}$ berechnet sich aus dem Reflexionsfaktor $\underline{\Gamma}$ und der charakteristischen Systemimpedanz Z_0 (mit Gleichung (3.24)):

$$\underline{Z} = Z_0 \frac{1 + \underline{\Gamma}}{1 - \underline{\Gamma}} = \frac{1 + re^{j\phi}}{1 - re^{j\phi}} \ . \tag{5.11}$$

Die Impedanz kann nun in ihren Real- und Imaginärteil aufgeteilt werden. Für den Realteil ergibt sich

$$R = \mathrm{Re}\left\{\underline{Z}\right\} = \frac{1 - r^2}{1 + r^2 - 2r\cos(\phi)} Z_0 \tag{5.12}$$

und für den Imaginärteil

$$X = \mathrm{Im}\left\{\underline{Z}\right\} = \frac{2r\sin(\phi)}{1 + r^2 - 2r\cos(\phi)} Z_0 \ . \tag{5.13}$$

Durch Ableiten des Realteils nach Betrag und Phase des Reflexionsfaktors erhält man

$$\frac{\partial R}{\partial r} = 2Z_0 \frac{-2r + (1 + r^2)\cos(\phi)}{\left[1 + r^2 - 2r\cos(\phi)\right]^2} \tag{5.14a}$$

und

$$\frac{\partial R}{\partial \phi} = 2Z_0 \frac{r(-1 + r^2)\sin(\phi)}{\left[1 + r^2 - 2r\cos(\phi)\right]^2} \ . \tag{5.14b}$$

Die partiellen Ableitungen des Imaginärteils lauten

$$\frac{\partial X}{\partial r} = -2Z_0 \frac{(-1 + r^2)\sin(\phi)}{\left[1 + r^2 - 2r\cos(\phi)\right]^2} \tag{5.15a}$$

und

$$\frac{\partial X}{\partial \phi} = 2Z_0 \frac{r\left[-2r + \left(1+r^2\right)\cos\left(\phi\right)\right]}{\left[1+r^2-2r\cos\left(\phi\right)\right]^2} \, . \tag{5.15b}$$

5.2.2.2. Maximale Fehler

Die maximalen Fehler für den Real- und Imaginärteil der Impedanz ergeben sich nach Gleichung (5.9) zu

$$|\Delta R_{\mathrm{max}}| = \left|\frac{\partial R}{\partial r} \cdot \Delta r\right| + \left|\frac{\partial R}{\partial \phi} \cdot \Delta \phi\right| \tag{5.16a}$$

und

$$|\Delta X_{\mathrm{max}}| = \left|\frac{\partial X}{\partial r} \cdot \Delta r\right| + \left|\frac{\partial X}{\partial \phi} \cdot \Delta \phi\right| \, . \tag{5.16b}$$

Durch Einsetzen der Gleichungen (5.14a) und (5.14b) in Gleichung (5.16a) sowie (5.15a) und (5.15b) in Gleichung (5.16b) erhält man den maximalen Fehler des Realteils

$$|\Delta R_{\mathrm{max}}| = 2Z_0 \frac{\left|\left[-2r + \left(1+r^2\right)\cos\left(\phi\right)\right]\Delta r\right| \; + \; \left|r\left(-1+r^2\right)\sin\left(\phi\right)\Delta\phi\right|}{\left[1+r^2-2r\cos\left(\phi\right)\right]^2} \tag{5.17a}$$

und des Imaginärteils

$$|\Delta X_{\mathrm{max}}| = 2Z_0 \frac{\left|r\left[-2r + \left(1+r^2\right)\cos\left(\phi\right)\right]\Delta\phi\right| \; + \; \left|\left(-1+r^2\right)\sin\left(\phi\right)\Delta r\right|}{\left[1+r^2-2r\cos\left(\phi\right)\right]^2} \, . \tag{5.17b}$$

5.2.2.3. Mittlerer Fehler

Analog lauten die mittleren Fehler

$$|\Delta R_{\mathrm{m}}| = \sqrt{\left(\frac{\partial R}{\partial r} \cdot \Delta r\right)^2 + \left(\frac{\partial R}{\partial \phi} \cdot \Delta \phi\right)^2} \tag{5.18a}$$

und

$$|\Delta X_{\mathrm{m}}| = \sqrt{\left(\frac{\partial X}{\partial r} \cdot \Delta r\right)^2 + \left(\frac{\partial X}{\partial \phi} \cdot \Delta \phi\right)^2} \, . \tag{5.18b}$$

Durch Einsetzen der Gleichungen (5.14a) und (5.14b) in Gleichung (5.18a) sowie (5.15a) und (5.15b) in Gleichung (5.18b) ergibt sich

$$|\Delta R_{\mathrm{m}}| = 2Z_0 \frac{\sqrt{\Delta r^2\left[-2r + \left(1+r^2\right)\cos\left(\phi\right)\right]^2 + r^2\left(r^2-1\right)^2\Delta\phi^2\sin\left(\phi\right)^2}}{\left[1+r^2-2r\cos\left(\phi\right)\right]^2} \tag{5.19a}$$

und

$$|\Delta \phi_{\mathrm{m}}| = 2Z_0 \frac{\sqrt{\left(r\Delta\phi\right)^2\left[-2r + \left(1+r^2\right)\cos\left(\phi\right)\right]^2 + \left(r^2-1\right)^2\Delta r^2\sin\left(\phi\right)^2}}{\left[1+r^2-2r\cos\left(\phi\right)\right]^2} \, . \tag{5.19b}$$

5.2.2.4. Diskussion der Fehler

In Abbildung 5.8 sind die mittleren Fehler aus Gleichung (5.19) für einen Fehler des Reflexionsfaktors von $\Delta r = 0{,}01$ und $\Delta\phi = 1°$ (Fehler des Netzwerkanalysators[2]) über dem Betrag und der Phase des Reflexionsfaktors dargestellt. Der mittlere Fehler des Real-

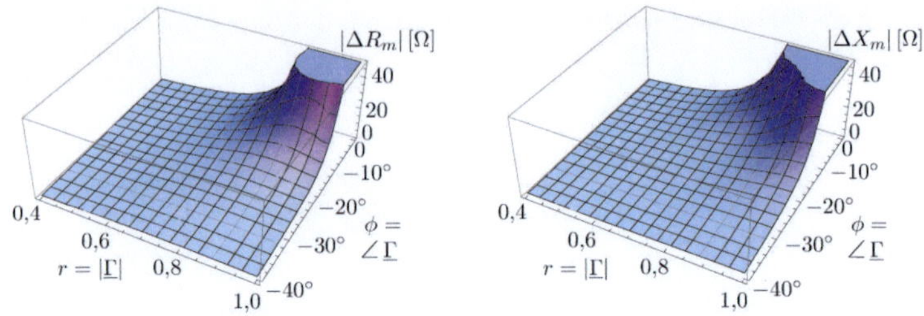

(a) $|\Delta R_m|$ (b) $|\Delta X_m|$

Abbildung 5.8.: Mittlerer Fehler für $|\Delta R_m|$ und $|\Delta X_m|$ bei einer Abweichung von $\Delta r = 0{,}01$ und $\Delta\phi = 1°$; $Z_0 = 50\,\Omega$

und Imaginärteils ist bei kleinen Änderungen von Betrag und Phase des Reflexionsfaktors meist gering. Die Berechnung der Impedanz aus dem Reflexionsfaktor erzeugt damit nahezu keinen Fehler in der bestimmten Impedanz[3]. Allerdings führen die Messfehler des Netzwerkanalysators bei hohen Beträgen des Reflexionsfaktors (ab ca. $r > 0{,}6$) in Verbindung mit einer geringen Phase ($\phi \in [-20°; 0°]$) zu einem großen Fehler in der berechneten Impedanz. Deutlich wird dies durch die in Abbildung 5.9 dargestellten relativen Fehler. Anhand der Diagramme ist ersichtlich, wie der relative Fehler in den

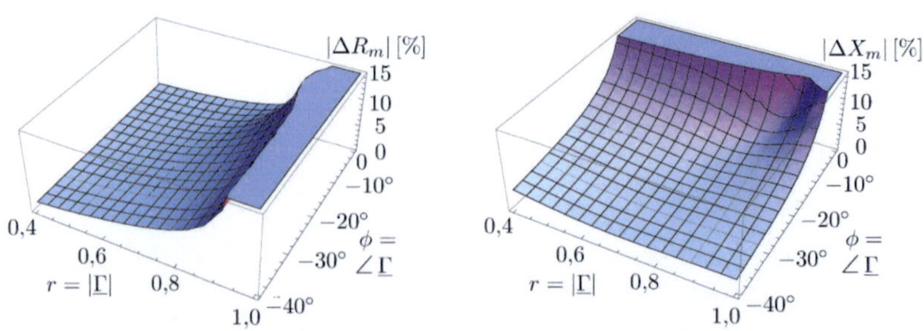

(a) Relativer Fehler von R (b) Relativer Fehler von X

Abbildung 5.9.: Relativer Fehler prozentual zur Basisgröße aus Abbildung 5.8

genannten Bereichen stark ansteigt. Die Betrachtung der maximalen Fehler führt zu größeren Unsicherheiten im Messergebnis, wie die Abbildungen in Anhang D.3 zeigen.

[2] Diese Werte entsprechen den Fehlerangaben des verwendeten Netzwerkanalysators [Agi] für $r = 0{,}8$ (laut Datenblatt ist der Fehler unabhängig vom Winkel des Reflexionsfaktors).

[3] Des Weiteren sind bei geringen Reflexionsfaktoren die Messfehler des Netzwerkanalysators geringer [Agi].

Neben den Fehlern des Netzwerkanalysators existieren weitere Fehlerquellen wie z. B. die Kalibration, der Einfluss der Bauteilhalterung oder einer Moden-Konversation von symmetrischen zu unsymmetrischen Signalen [RDDBS09]. Insbesondere wenn durch die Bauteilhalterung die Kalibration nicht direkt am Bauteilanschluss möglich ist, ergeben sich Messfehler in der Laufzeit der Signale und damit in der Phase des Reflexionsfaktors[4]. Wenn z. B. die Kalibrationsebene 5 mm von dem RFID-Chip entfernt ist, verursacht dieses kurze Leitungsstück eine Phasenverschiebung von (mit Gleichung (3.6) und Gleichung (A.20))

$$\phi = \beta \cdot l = \frac{\omega}{c_0} l = \frac{2\pi \cdot 868\,\mathrm{MHz}}{3 \cdot 10^8\,\mathrm{m/s}} \cdot 5\,\mathrm{mm} = 0{,}091\,\mathrm{rad} = 5{,}2^\circ\ . \tag{5.20}$$

Da das Leitungsstück gegenüber der Wellenlänge sehr kurz ist, wird es für die Abschätzung als verlustlos angenommen ($\alpha = 0$)[5]. Für die Phasenkonstante β wiederum wird der Wert des Freiraums verwendet ($\beta = \omega\sqrt{\mu_0\epsilon_0} = \omega/c_0$). Die durch das Leitungsstück verursachte Phasenverschiebung von 5,2° würde bei der Impedanzmessung von $(100 - 300\mathrm{j})\,\Omega$ zu einer gemessenen Impedanz von $(118 - 324\mathrm{j})\,\Omega$ führen. In Kombination mit den Messfehlern bei hohen Reflexionsfaktoren ergibt sich durch die (geringe!) Dämpfung der Leitung eine größere Abweichung. Daher ist eine Kalibration am Ort des Chips oder die Berücksichtigung des Einflusses der Leitung (Phasenverschiebung und Dämpfung) erforderlich. Die Berücksichtigung der Leitung ist allerdings nicht praktikabel da hierfür die genaue Ausbreitungskonstante (Gleichung (3.6)) bekannt sein muss, diese ist jedoch nur sehr aufwendig zu ermitteln [Poz05]. Es verbleibt somit die Kalibration am Ort des Chips.

5.2.3. Zusammenfassung

Die Betrachtungen dieses Kapitels zeigen, dass RFID-Chips aufgrund ihrer hohen Kapazität hohe Reflexionsfaktoren zur 50 Ω-Systemimpedanz besitzen. Die dabei auftretenden Messfehler führen bei der Berechnung der Impedanz (aus dem Reflexionsfaktor) zu großen Unsicherheiten (dieser Sachverhalt lässt sich qualitativ anschaulich anhand eines Smith-Diagramms darstellen, wie in Anhang D.1 gezeigt). Dabei hat eine kleine Dämpfung oder Phasenverschiebung einen starken Einfluss auf das Messergebnis. Diese treten schon bei einer kurzen (nicht bei der Kalibration berücksichtigten) Verbindungsleitung auf. Zusätzliche Fehlerquellen, wie z. B. eine Bauteilhalterung, erzeugen eine (oftmals kleine) Veränderung des Reflexionsfaktors, allerdings entstehen dadurch hier jedoch größere Unsicherheiten in der berechneten Impedanz.

5.3. Verfahren zur Impedanzbestimmung eines RFID-Chips

5.3.1. Direkter Anschluss des RFID-Chips an den Netzwerkanalysator

In den letzten Jahren war die Impedanzbestimmung von UHF-RFID-Chips Gegenstand mehrerer Forschungsarbeiten. Einige Autoren empfehlen den direkten Anschluss des RFID-Chips an den Netzwerkanalysator (Kapitel 5.1.1) [MS08, NRL+05, KGF10]. Dabei wird der Chip auf eine Testplatine aufgebracht, welche über einen SMA-Stecker und

[4]Durch De-embedding [BP74] bzw. anwenden einer „Port Extension“ [XGZ09] ist es möglich, diesen Einfluss zu minimieren.

[5]α: Dämpfungskonstante

einer Leitung mit dem Netzwerkanalysator verbunden ist [MS08]. Mit diesem wird der Reflexionsfaktor des Chips gemessen und daraus die Chipimpedanz berechnet [MS08, KGF10]. Die Einflüsse des SMA-Steckers und der Testplatine werden durch eine SOL-Kalibrierung[6] an den Verbindungspunkten des Chips berücksichtigt und haben damit keine Auswirkung auf das Messergebnis [MS08]. Um die Impedanz des UTPV10 mit dieser Methode zu bestimmen wurde eine entsprechende Messplatine (Abbildung 5.10) gefertigt.

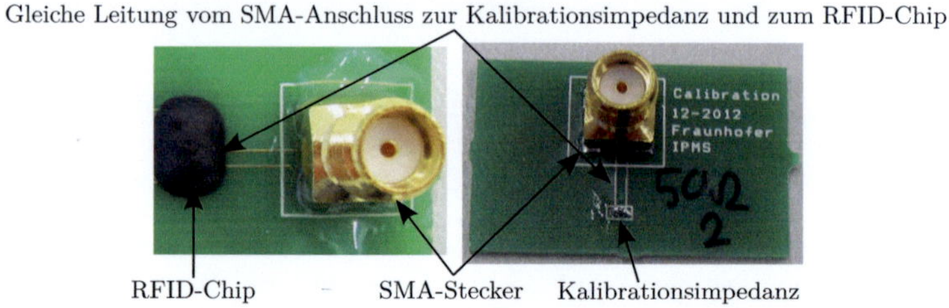

Abbildung 5.10.: Halterung zur Messung der Chipimpedanz

Die SOL-Kalibration erfolgt mittels zweier SMD[7]-Widerstände (0 Ω für den Short- und 50 Ω für den Load-Fall), der Open-Fall wird durch das Offenlassen der Lötpads realisiert. Allerdings entstehen dabei einige Messfehler, so ist der Antennenanschluss der meisten RFID-Chips nur einige 100 µm breit, z. B. sind es beim Monza® 5 Tag Chip von Impinj 365 µm [Imp11] und beim UTPV10 500 µm [Fra10]. Dies erzeugt anstatt des Opens (unendlicher Widerstand) einen kapazitiven Wert und verfälscht somit die Kalibration. Des Weiteren haben die verwendeten 0 Ω und 50 Ω Widerstände nicht exakt ihre Nennwerte. Die Abweichungen beeinflussen die Güte der Kalibration und folglich den Wert des gemessenen Reflexionsfaktors. Aufgrund der beschriebenen Problematik der Messung von hohen Reflexionsfaktoren (Kapitel 5.2) hat schon ein kleiner Fehler einen großen Einfluss auf die berechnete Chipimpedanz. In [GVW10] wird versucht die Schwierigkeiten der Kalibration mit einer LRL-Kalibration zu umgehen, allerdings ist dies nicht exakt an den Anschlusspunkten des Chips möglich. Die Kalibrationsebene befindet sich vor dem RFID-Chip und erzeugt dadurch einen Fehler in der Phase des Reflexionsfaktors, der sich stark auf die Impedanz auswirkt, wie in Kapitel 5.2.2.4 gezeigt wird. Der direkte Anschluss eines RFID-Chips an den Netzwerkanalysator führt damit zu großen Unsicherheiten in der bestimmten Impedanz.

5.3.2. Anschluss des RFID-Chips über einen Impedanzwandler

Der hohe Reflexionsfaktor, der bei einem direkten Anschluss des RFID-Chips auftritt, kann mittels eines Impedanzwandlers (Impedanztuner) verringert werden [MS08]. Dieser wird im Messaufbau zwischen den Netzwerkanalysator und den RFID-Chip eingebracht [MS08], wie in Abbildung 5.11 dargestellt. Der Impedanzwandler führt eine Impedanzanpassung der Chipimpedanz auf die 50 Ω Systemimpedanz durch [MS08]. Es wird eine S-Parameter-

[6] Short, Open, Load-Kalibrierung

[7] SMD (Surface Mounted Device): Bauteil zur oberflächigen Leiterplattenmontage.

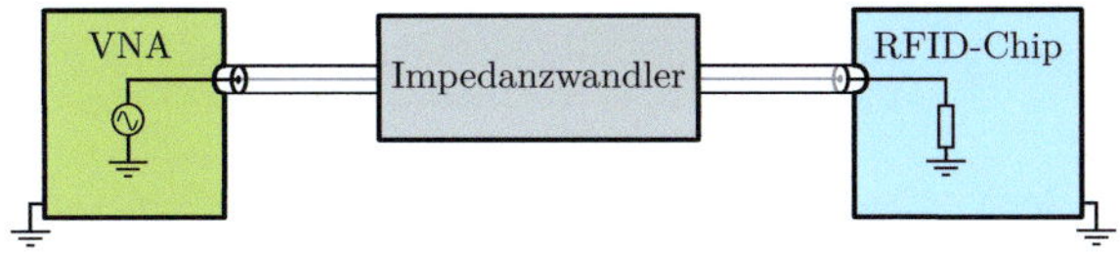

Abbildung 5.11.: Messaufbau zur Impedanzmessung eines RFID-Chips mittels eines Impedanzwandlers

Messung nach Kapitel 5.1.1 ausgeführt und mit dem Transformationsverhältnis des Impedanzwandlers kann die Chipimpedanz berechnet werden. Bei diesem Messaufbau ergeben sich zwei Möglichkeiten zur Messdurchführung:

Festlegen des Transformationsverhältnisses vor Anschluss des RFID-Chips

Bei dieser Methode wird der Impedanzwandler auf die geschätzte Impedanz des RFID-Chips eingestellt. Anschließend wird der gesamte Messaufbau (mit dem Impedanzwandler) kalibriert – die Kalibration erfolgt dabei durch den Impedanzwandler hindurch [MS08]. Der Messaufbau reduziert somit den am Netzwerkanalysator auftretenden Reflexionsfaktor, sodass eine genauere Messung als beim Messaufbau ohne Impedanzwandler möglich ist. Allerdings tritt nun bei der Kalibration mit einem 50 Ω-Kalibrationswiderstand ein hoher Reflexionsfaktor auf, da dieser mit dem Wert der Chipimpedanz transformiert wird. Dadurch verlagert sich das Problem der Impedanzbestimmung bei einem hohen Reflexionsfaktor von der Impedanzmessung zur Kalibration, wie das folgende Beispiel zeigt: In Abbildung 5.12 ist die Zusammenschaltung von RFID-Chip, Anpassnetzwerk und Netzwerkanalysator mit Beispielwerten dargestellt. Das Anpassnetzwerk transformiert eine

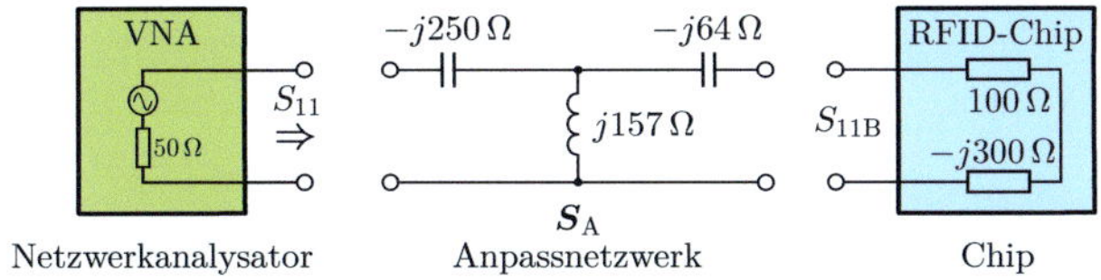

Abbildung 5.12.: Schaltung zur Erläuterung der Beispielrechnung

Impedanz von $\underline{Z}_c = (100 - 300\mathrm{j})\,\Omega$ auf eine Impedanz von 50 Ω. Der Netzwerkanalysator bestimmt den gesamten Reflexionsfaktor $\underline{S}_{11}$ der Schaltung, dieser kann mit den Formeln der Leitungstheorie angegeben werden [Nib96]:

$$\underline{S}_{11} = \underline{S}_{11\mathrm{A}} + \frac{\underline{S}_{21\mathrm{A}}\,\underline{S}_{11\mathrm{B}}\,\underline{S}_{12\mathrm{A}}}{1 - \underline{S}_{11\mathrm{B}}\,\underline{S}_{22\mathrm{A}}} \text{ mit } \underline{\boldsymbol{S}}_{\mathrm{A}} = \begin{pmatrix} \underline{S}_{11\mathrm{A}} & \underline{S}_{12\mathrm{A}} \\ \underline{S}_{21\mathrm{A}} & \underline{S}_{22\mathrm{A}} \end{pmatrix} . \tag{5.21}$$

Mit der Kenntnis von $\underline{S}_{11}$ und der S-Parameter des Anpassnetzwerkes $\underline{\boldsymbol{S}}_{\mathrm{A}}$ kann der S-Parameter des Chips $\underline{S}_{11\mathrm{B}}$ und damit dessen Impedanz berechnet werden. Dafür muss jedoch $\underline{\boldsymbol{S}}_{\mathrm{A}}$ per Messung bestimmt werden, in diesem Fall ist:

$$\underline{\boldsymbol{S}}_{\mathrm{A}} = \begin{pmatrix} 0{,}90\,e^{-0{,}29\mathrm{j}} & 0{,}44\,e^{1{,}57\mathrm{j}} \\ 0{,}44\,e^{1{,}57\mathrm{j}} & 0{,}90\,e^{0{,}29\mathrm{j}} \end{pmatrix} . \tag{5.22}$$

Das Beispiel zeigt, dass $\underline{\boldsymbol{S}}_{\mathrm{A}}$ ähnlich hohe Reflexionsfaktoren ($\underline{S}_{11\mathrm{A}}$ und $\underline{S}_{22\mathrm{A}}$) wie der Chip aufweist, d. h., das Messen von hohen Reflexionsfaktoren kann auf diese Weise nicht umgangen werden.

Um auch bei der Kalibration des Messaufbaus einen geringen Reflexionsfaktor zu erhalten, könnte mit einer Impedanz kalibriert werden, die ähnlich der Chipimpedanz ist. Diese müsste folglich einen großen kapazitiven Wert aufweisen. Solch spezielle Kalibrationsimpedanzen sind allerdings nur schwer verfügbar, zudem kann nicht mehr die im Netzwerkanalysator vorhandene Kalibrationsroutine verwendet werden. Die Kalibration müsste mit einer eigenen Berechnung der Korrekturfaktoren durchgeführt werden. Aufgrund der Komplexität ist dies nicht praktikabel.

Variieren des Transformationsverhältnisses während der Messung

Im Gegensatz zu den bisher genannten Methoden benötigt dieser Ansatz keine Kalibration auf der Chipplatine. Zuerst wird die Leitung bis zum Anschluss des Impedanzwandlers kalibriert, anschließend der Chip mit dem Impedanzwandler verbunden und der Reflexionsfaktor gemessen [CL09]. Dabei wird das Transformationsverhältnis des Impedanzwandlers solange verändert, bis der gemessene Reflexionsfaktor minimal ist [CL09]. Der Impedanzwandler transformiert dann die Chipimpedanz auf nahezu 50 Ω [CL09]. Durch Bestimmen des Transformationsverhältnisses und des gemessenen Reflexionsfaktors kann die Chipimpedanz nach Gleichung (5.21) berechnet werden [CL09]. Bei der messtechnischen Bestimmung des Transformationsverhältnisses (S-Parameter aus Gleichung (5.22)) des Impedanzwandlers wird allerdings wieder ein hoher Reflexionsfaktor (mit der genannten Problemstellung) gemessen. Des Weiteren bleibt bei der Messung die Verbindung von Impedanzwandler und RFID-Chip unberücksichtigt. Diese besteht aus der Leitung vom Impedanzwandler zur Chipplatine sowie der Chipplatine selbst. Dabei wird eine Phasenverschiebung und Dämpfung erzeugt. Alleine aus der Phasenverschiebung ergibt sich ein nicht vernachlässigbarer Fehler des gemessenen Reflexionsfaktors wie Kapitel 5.2.2.4 zeigt.

5.3.3. Verändern eines Matchingnetzwerkes

In [KGF10] wird gezeigt, dass mit einem variablen Matchingnetzwerk und einer Signalquelle die Impedanz von RFID-Chips bestimmt werden kann. Der dafür notwendige Messaufbau ist in Abbildung 5.13 dargestellt. Die Signalquelle erzeugt ein RFID-Querry-Frame,

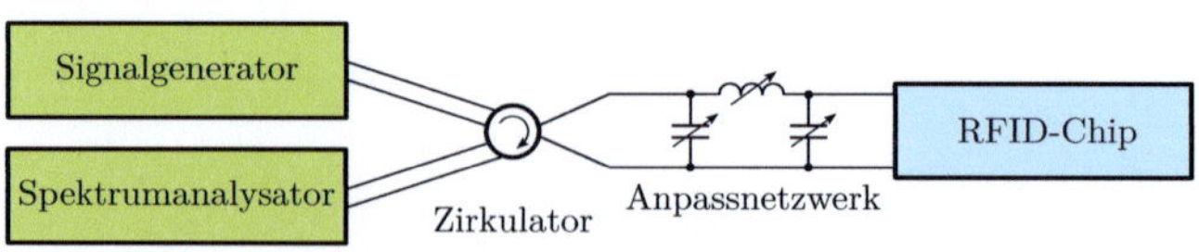

Abbildung 5.13.: Impedanzbestimmung mithilfe eines variablen Matchingnetzwerkes

auf das der Chip mit einer Antwort reagiert wenn er genügend Energie erhält [KGF10]. Mit dem Spektrumanalysator wird festgestellt ob der Chip antwortet [KGF10]. Die Ausgangsleistung der Signalquelle wird solange erhöht, bis eine Antwort des Chips detektiert werden kann [KGF10]. Dies wird für drei unterschiedliche Einstellungen des Matchingnetzwerkes durchgeführt [KGF10]. Mit den Ausgangsleistungen und den Werten des

Matchingnetzwerkes kann nun die Impedanz des RFID-Chips berechnet werden [KGF10]. Bei der Bestimmung des Transformationsverhältnisses des Matchingnetzwerkes entstehen die in Kapitel 5.3.2 genannten Schwierigkeiten. Der Messaufbau benötigt allerdings eine preisintensive HF-Ausrüstung: Einen Signalgenerator, der das RFID-Querry-Frame erzeugen kann, einen Zrikulator bzw. Richtkoppler und einen Spektrumanalysator.

5.3.4. Kontaktlose Messmethoden

Um die genannten Schwierigkeiten bei der Kontaktierung von RFID-Chips zu umgehen, wurden kontaktlose Messverfahren entwickelt. In [ZL10] wird ein Verfahren vorgestellt, das einen iterativen Prozess verwendet, bei dem Antennen mit verschiedenen Impedanzen nacheinander mit einem RFID-Chip verbunden werden. Von den so entstehenden Transpondern wird die Lesereichweite bestimmt [ZL10]. Die Antenne mit der besten Reichweite hat dabei den kleinsten Reflexionsfaktor zur Chipimpedanz [ZL10]. Damit liegt die Chipimpedanz am nächsten der konjugiert komplexen Impedanz dieser Antenne [ZL10]. Davon ausgehend werden weitere Antennen entworfen, deren Impedanzen im Bereich der bisherigen besten Antenne liegen [ZL10]. Die neuen Antennen werden wiederum mit dem RFID-Chip zu einem Transponder verbunden und dessen Lesereichweite bestimmt [ZL10]. Durch sukzessives Wiederholen dieser Schritte kann die optimale Antennenimpedanz immer genauer bestimmt werden [ZL10]. Dies wird so oft durchgeführt, bis eine Antenne gefunden wird, die eine vorab theoretisch berechnete Lesereichweite erreicht, oder bis keine bessere Antenne mehr gefunden werden kann [ZL10]. Die Chipimpedanz entspricht dann der konjugiert komplexen Antennenimpedanz der besten Antenne [ZL10]. Allerdings wird für die theoretische Berechnung der Lesereichweite die Threshold-Leistung des Chips benötigt [ZL10], d. h., diese muss vorab messtechnisch bestimmt worden sein. Die Messung der Leistungsaufnahme des RFID-Chips ist meistens auch eine Messung des Reflexionsfaktors und unterliegt damit der in Kapitel 5.2 beschriebenen Problemstellung. Dabei ergibt sich auch die Chipimpedanz (und ist damit bekannt) da sie aus dem Reflexionsfaktor nach Gleichung (5.2) berechnet werden kann. Aufgrund dessen wird das Verfahren auch zur Impedanzbestimmung (bzw. Bestimmung der Veränderung der Impedanz) von gehäusten RFID-Chips empfohlen [ZL10], die Threshold-Leistung wird dabei dem Datenblatt entnommen[8].

In [BLU+11] wird ein weiteres Verfahren zur kontaktlosen Impedanzmessung vorgestellt. Es verwendet eine Kombination aus zwei Transpondern, die Antennen mit unterschiedlichen Impedanzen besitzen (ähnlich wie in [ZL10]), einer genauen Charakterisierung der Funkübertragungsstrecke und einer Monte-Carlo-Simulation [BLU+11]. Die beiden Transponder werden nacheinander in bekannter Entfernung vor einer RFID-Teststation[9] platziert [BLU+11]. Für jeden Transponder wird die minimale Sendeleistung der Teststation bestimmt, bei dem er noch Antworten sendet [BLU+11]. Aus den Leistungen, den Antennenimpedanzen, der Übertragungscharakteristik der Funkübertragungsstrecke und der Threshold-Leistung wird die Chipimpedanz berechnet [BLU+11]. Mittels der Monte-Caro-Simulation findet eine Abschätzung der Genauigkeit statt [BLU+11]. Allerdings müssen für die Berechnung der Chipimpedanz die Übertragungscharakteristik der

[8] RFID-Chips werden zur Leiterplattenmontage häufig in Gehäusen untergebracht, dadurch kann sich die Chipimpedanz verändern.

[9] Dies ist ein Messgerät zur Bestimmung der Transponder Performance.

Funkübertragungsstrecke[10] und die Threshold-Leistung des Chips bekannt sein. Damit eignet sich auch diese Methode nur für RFID-Chips, deren Threshold-Leistung vorab bekannt ist.

5.3.5. Zusammenfassung

Es existieren mehrere Verfahren zur Messung der Chipimpedanz. Eine Möglichkeit ist der direkte Anschluss des Chips an den Netzwerkanalysator. Aufgrund des dadurch entstehenden hohen Reflexionsfaktors sollte dies jedoch vermieden werden. Mit einem Impedanzwandler lässt sich der Reflexionsfaktor zwar reduzieren, um die Chipimpedanz zu erhalten muss allerdings das Transformationsverhältnis bestimmt werden. Es wurde gezeigt, dass dabei ein ebenso hoher Reflexionsfaktor wie bei der direkten Messung des RFID-Chips auftritt. Nur wenn das Transformationsverhältnis des Impedanzwandlers vorab genau bekannt wäre (und nicht gemessen werden müsste), könnte die Verwendung eines Impedanzwandlers zu einer Verbesserung des Messergebnisses führen.

Die kontaktlosen Verfahren umgehen diese Schwierigkeiten, benötigen aber zusätzliche Informationen wie die Threshold-Leistung oder eine genaue Charakterisierung des Funkkanals. Diese sind meistens unbekannt und aufwendig zu ermitteln und stehen beim UTPV10 nicht zur Verfügung.

5.4. Impedanzbestimmung mittels der gleichgerichteten Spannung

Aufbauend auf den in Kapitel 5.3 diskutierten Methoden wird im Folgenden ein neues Verfahren zur kontaktlosen Impedanzbestimmung eines UHF-RFID-Chips vorgestellt[11]. Ausgehend von einer Abschätzung der Chipimpedanz anhand der Spannung nach dem Gleichrichter wird das Verfahren zur Berechnung der Impedanz erweitert. Mit einer statistischen Auswertung wird die Genauigkeit der Impedanzbestimmung analysiert. Das neue Verfahren ist eine Weiterentwicklung der kontaktlosen Methoden kombiniert mit dem Verändern eines Matchingnetzwerkes. Außer einem Signalgenerator werden keine kostenintensiven Geräte benötigt, allerdings kann es nur bei RFID-Chips angewendet werden, die einen Zugang zur Spannung nach dem Gleichrichter bieten. Um diese Beschränkung zu umgehen, wird die Anwendbarkeit der neuen Methode in Kapitel 5.5 auf allgemeine RFID-Chips angepasst.

5.4.1. Abhängigkeit der Impedanz eines RFID-Chips

Zur Erläuterung der neuen Methode wird das in Abbildung 5.14 dargestellte vereinfachte Modell eines RFID-Chips verwendet. Dabei ist der Chip auf die für die Impedanz maßgeblichen Teile – den Gleichrichter und den Spannungsregler des Frontends [KF03] – reduziert worden. Die Impedanz eines RFID-Chips hängt von mehreren Parametern ab: Der Leistung und der Frequenz des HF-Signals, dem Status des Modulators sowie dem

[10] D. h. es müssen die Verluste der Kabel, der Gewinn der Antennen und Ausrichtungsverluste bestimmt werden.

[11] Ein ähnliches Verfahren ist in [HGF11] gezeigt worden. In dieser Arbeit wird ein neuer Ansatz betrachtet und es findet eine ausführliche Betrachtung der Thematik statt.

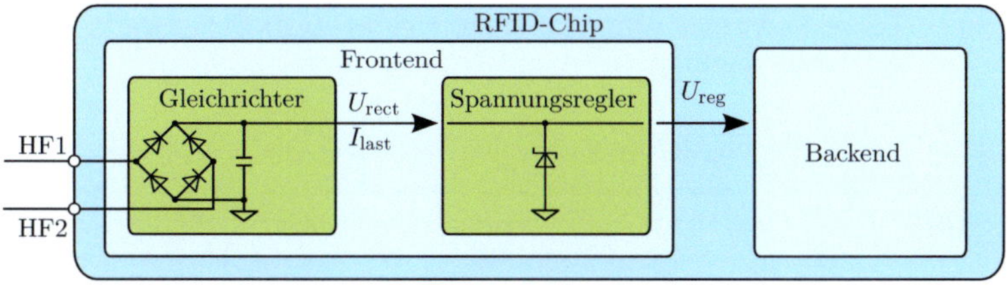

Abbildung 5.14.: Vereinfachtes Modell eines RFID-Chips, Grafik in Anlehnung an [HGF11]

Laststrom I_{last}, den das Backend über den Spannungsregler vom Frontend bezieht [KF03]. Der Laststrom hängt wiederum von der jeweiligen Tätigkeit des Backends ab [KF03] (z. B. erfordern Lese- oder Schreibzugriffe auf den Speicher unterschiedlich viel Energie). Die HF-Eingangsleistung ist von verschiedenen Umgebungsparametern wie z. B. der Readerleistung, der Entfernung zwischen Transponder und Reader sowie der Ausrichtung des Transponders abhängig [Dob08].

5.4.1.1. Impedanzbereiche eines RFID-Chips

Die Impedanz eines RFID-Chips kann in drei verschiedene Bereiche eingeteilt werden, die von der Eingangsleistung und dem internen Chipzustand wie folgt abhängen:

Modulator aktiv Während der RFID-Chip eine Backscatterantwort sendet, ist der Modulator kurzzeitig aktiv und erzeugt einen möglichst hohen Reflexionsfaktor zur Antenne. Die genaue Impedanz des RFID-Chips in diesem Zustand ist meistens nicht von Interesse, da heutzutage viele passive UHF-RFID-Transponder durch die Energieversorgung des RFID-Chips in ihrer Reichweite begrenzt werden (Forward-link-limited) [BDS10, Dob08]. Allerdings kann bei semi-passiven (oder sehr leistungsarmen) Transpondern eine genaue Kenntnis dieser Impedanz zur Optimierung ihres Radarrückstreuquerschnittes erforderlich sein [BDS10]. Der Modulator des UTPV10 erzeugt einen Kurzschluss der Antenne (Kapitel 2.3.2.4), daher ist die Impedanz in diesem Zustand nahezu Null. Zudem ist der UTPV10 Forward-link-limited, womit die exakte Impedanz in diesem Zustand nicht relevant ist: Eine genaue Kenntnis der Impedanz bzw. eine darauffolgende Optimierung führt zu keinem Reichweitengewinn.

Modulator inaktiv, Eingangsleistung unter der Threshold-Leistung Wenn der Modulator inaktiv ist, versorgt der Gleichrichter den RFID-Chip mit Energie. Aufgrund der Dioden[12] besitzt der Gleichrichter einen nichtlinearen Zusammenhang von Strom und Spannung, was zu einer laststromabhängigen Impedanz führt [VI05]. Bei einer Eingangsleistung unter der Threshold-Leistung ist der RFID-Chip nicht aktiv und das Backend

[12] Der UTPV10 besitzt anstatt eines Diodengleichrichters einen PMOS and NMOS Gate Cross-Connected Gleichrichter wie in Kapitel 2.3.2.1 gezeigt. Dieser hat ähnlich dem Diodengleichrichter ein nichtlineares Verhalten [FGB+08].

zieht nahezu keinen Laststrom. Da in diesem Zustand der RFID-Chip nicht kommuniziert, ist die Impedanz nicht von Interesse.

Modulator inaktiv, Eingangsleistung über der Threshold-Leistung Bei einer Eingangsleistung größer als der Threshold-Leistung und einem inaktivem Modulator wird der Chip mit genügend Energie versorgt um aktiv zu sein. Das Backend beginnt zu arbeiten und benötigt daher einen größeren Laststrom, was zu einer sprunghaften Veränderung der Impedanz führt [MS08]. Dieser Zustand ist der normale Betriebszustand des Chips, in dem er mit dem RFID-Reader kommunizieren kann [Dob08]. Um eine optimale Energieversorgung zu erreichen, ist die Antenne auf die Chipimpedanz in diesem Zustand anzupassen [Dob08]. Dazu, soll die Chipimpedanz in diesem Zustand ermittelt werden. Die Eingangsleistung hat nur noch einen geringen Einfluss auf die Impedanz, wie die Ergebnisse in [MS08] zeigen und eigene Messungen bestätigen. Dagegen hängt die Impedanz stark vom Laststrom I_{last} ab [KF03, CL09].

5.4.1.2. Konstanter Chip-Zustand für die Impedanzbestimmung

Für die Impedanzbestimmung des UTPV10 soll sich dessen Impedanz während der Messung nicht verändern. Alle Parameter, die eine Änderung der Impedanz bewirken, müssen deshalb konstant sein. Durch Stilllegen des Backends und Erzeugen eines konstanten Laststroms wird dessen Einfluss auf die Impedanz unterbunden. Dazu wird die Verbindung zwischen dem Gleichrichter und dem Spannungsregler aufgetrennt und durch einen festen Lastwiderstand R_{last} ersetzt, wie in Abbildung 5.15 dargestellt. Durch das Auftrennen der Verbindung wird das Backend deaktiviert, was zu einem dauerhaften inaktiven Zustand des Modulators führt (keine Kommunikation) und damit einen weiteren Punkt des konstanten Messaufbaus erfüllt. Die anderen Parameter müssen durch den restlichen Messaufbau konstant gehalten werden.

Beim UTPV10 werden die Verbindungen zwischen Gleichrichter, Spannungsregler und Backend über externe Brücken hergestellt (Abbildung 5.15), wodurch sie aufgetrennt werden können. Aufgrund dessen wird die hier entwickelte Methode zur Impedanzbestimmung erst möglich, da die gleichgerichtete Spannung direkt gemessen werden kann. Dies ist bei anderen RFID-Chips in der Regel nicht der Fall, daher wird die neue Methode in Kapitel 5.5 auf allgemeine RFID-Chips erweitert.

5.4.2. Messaufbau

Der Messaufbau für die Impedanzbestimmung ist in Abbildung 5.16 dargestellt, dabei ist ein Signalgenerator mit einer Generatorantenne verbunden. Im Abstand R vor der Generatorantenne befindet sich der RFID-Transponder, der aus einer Transponderantenne und dem UTPV10 besteht. Dieser ist wie in Abbildung 5.15 beschaltet, dabei wurde die Größe des Lastwiderstandes R_{last} aus der Stromaufnahme des Spannungsreglers bei reiner Identifikation bestimmt. Die über dem Lastwiderstand abfallende Spannung U_{rect} wird gemessen. Um äußere Störeinflüsse zu vermeiden, werden die Messungen in einer Absorberkammer durchgeführt. Dadurch soll vor allem ein Mehrwegempfang (engl. „Multipath“) vermieden werden. Solange keine anderen Geräte auf der verwendeten Frequenz senden und der Raum nicht verändert wird, ist es auch möglich, die Messungen

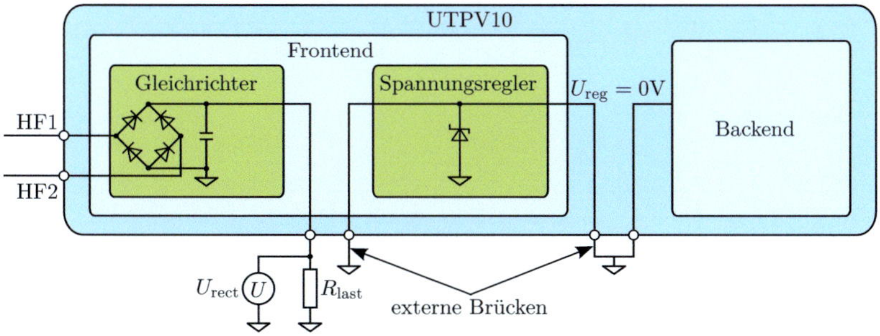

Abbildung 5.15.: UTPV10 mit externer Beschaltung für die Impedanzbestimmung, Grafik in Anlehnung an [HGF11]

ohne Absorberkammer durchzuführen. Ein eventueller Mehrwegempfang spielt dann keine Rolle, da er konstant ist.

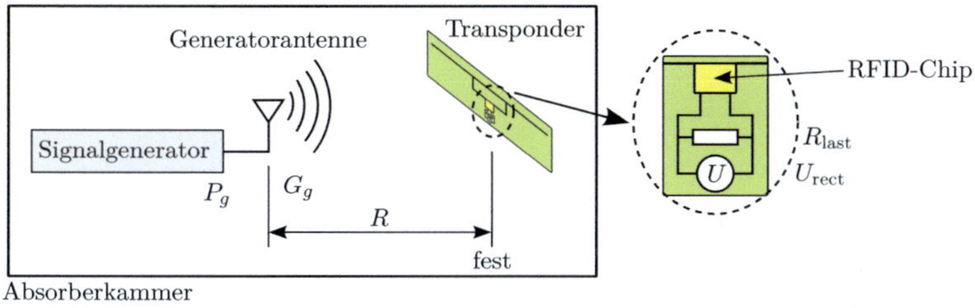

Abbildung 5.16.: Messaufbau

5.4.3. Entstehung der gleichgerichteten Spannung

5.4.3.1. Spannung an der Transponderantenne

Wie in Kapitel 2.3.4.1 beschrieben, lässt sich ein RFID-Transponder in einem elektrischen Ersatzschaltbild darstellen. Dabei wird die Transponderantenne durch eine Spannungsquelle mit in Reihe geschalteter Antennenimpedanz und der RFID-Chip durch seine Chipimpedanz repräsentiert, wie in Abbildung 5.17 gezeigt. Nach Gleichung (4.23) lautet die Spannung an der Antenne:

$$|U_a| = \lambda\sqrt{R_a S_i G_t \pi^{-1}}\ . \tag{5.23}$$

Mit Gleichung (4.33) wird sie zu:

$$|U_a| = \lambda\sqrt{R_a P_g G_g G_t \left(4\pi^2 R^2\right)^{-1} K_{\text{Verluste}}}\ . \tag{5.24}$$

P_g gibt die Leistung des Generators und G_g die Verstärkung der Generatorantenne an, die Transponderantenne hat die Impedanz $R_a + jX_a$ mit der Verstärkung G_t und befindet sich

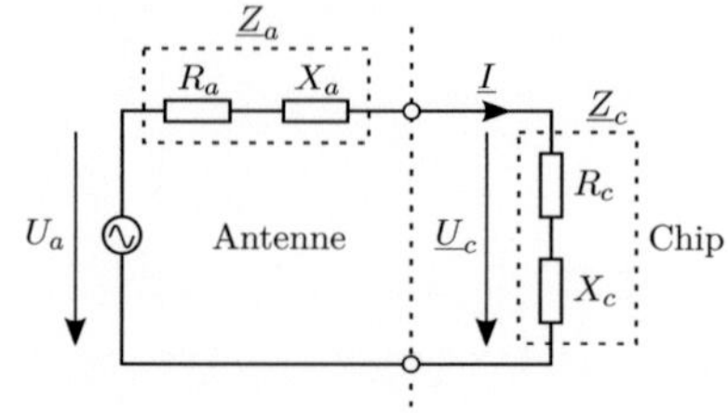

Abbildung 5.17.: Elektrisches Ersatzschaltbild eines RFID-Transponders, Grafik in Anlehnung an [NR06]

im Abstand R vor der Generatorantenne. Die Verluste (nicht optimale Ausrichtung der beiden Antennen, Polarisationsverluste und der Anpassungsverlust zwischen Generator und Generatorantenne) sind nicht einzeln aufgeführt, sondern werden durch K_{Verluste} berücksichtigt. Unter der Annahme eines festen Messaufbaus mit

- konstanter Frequenz bzw. Wellenlänge,
- konstantem Abstand und fester Ausrichtung der beiden Antennen,
- konstanter effektiver Strahlungsleistung des Generators mit Antenne sowie
- konstantem Gewinn der Transponderantenne

können diese Faktoren in Gleichung (5.24) zu einer Konstanten K_1 zusammengefasst werden:

$$K_1 = \lambda \sqrt{P_g G_g G_t \left(4\pi^2 R^2\right)^{-1} K_{\text{Verluste}}} \; . \tag{5.25}$$

Damit wird Gleichung (5.24) zu:

$$|U_a| = K_1 \sqrt{R_a} \; . \tag{5.26}$$

5.4.3.2. Spannung am RFID-Chip

Mit dem Ersatzschaltbild aus Abbildung 5.17 lässt sich die Spannung über dem RFID-Chip $\underline{U}_c$ bestimmen:

$$\underline{U}_c = U_a \frac{\underline{Z}_c}{\underline{Z}_a + \underline{Z}_c} = U_a \frac{R_c + jX_c}{R_a + R_c + j\left(X_a + X_c\right)} \; . \tag{5.27}$$

Mit Gleichung (5.26) wird daraus

$$\underline{U}_c = K_1 \sqrt{R_a} \frac{R_c + jX_c}{R_a + R_c + j\left(X_a + X_c\right)} \; , \tag{5.28}$$

der Betrag davon lautet

$$U_c = |\underline{U}_c| = K_1 \sqrt{R_a} \sqrt{\frac{R_c^2 + X_c^2}{\left(R_a + R_c\right)^2 + \left(X_a + X_c\right)^2}} \; . \tag{5.29}$$

5.4.3.3. Gleichgerichtete Spannung

Der UTPV10 verwendet einen dreifachen Gate cross-connected Gleichrichter wie in Kapitel 2.3.2.1 beschrieben. Dieser richtet die Spannung am Chipeingang U_c gleich und erhöht sie zur gleichgerichteten Spannung U_{rect}:

$$U_{\text{rect}} = f_{\text{Gleichrichter}} \left(U_c \right) \ . \tag{5.30}$$

U_{rect} ist somit ein Maß für die Spannung am Eingang des RFID-Chips. Die Funktion $f_{\text{Gleichrichter}}$ lässt sich aufgrund der komplexen Gleichrichterstruktur nicht analytisch beschreiben, jedoch kann mit der Messanordnung in Abbildung 5.18 dieser Zusammenhang (von Eingangsspannung am Chip U_c und Ausgangsspannung des Gleichrichters U_{rect}) untersucht werden. Dafür ist ein Signalgenerator an den UTPV10 angeschlossen, ein konstanter Chipzustand wird durch die Beschaltung nach Abbildung 5.15 erreicht.

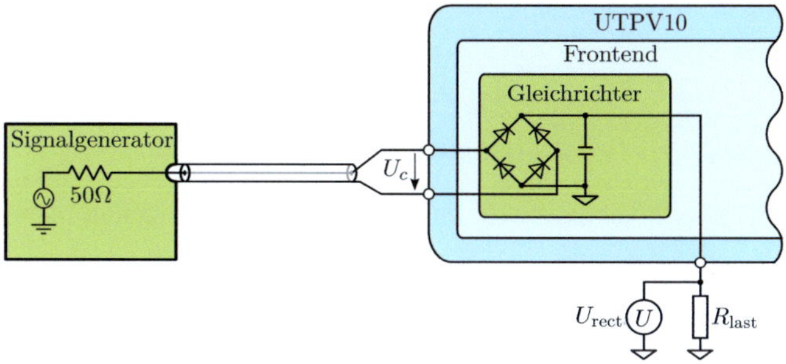

Abbildung 5.18.: Messanordnung für die Bestimmung des Zusammenhangs von gleichgerichteter Spannung U_{rect} und Spannung am Chip U_c

Der Signalgenerator versorgt den UTPV10 mit einer sinusförmigen Wechselspannung (mit 868 MHz). Die dadurch nach dem Gleichrichter entstehende Spannung U_{rect} wird mit einem Spannungsmessgerät bestimmt. Allerdings erlaubt der Messaufbau nur die Aufnahme der Kurve der gleichgerichteten Spannung gegenüber der Spannung des Signalgenerators (U_{rect} über $U_{\text{Signalgenerator}}$). Der Signalgenerator und die Anschlussleitung haben eine charakteristische Impedanz von 50 Ω, der RFID-Chip weicht stark davon ab. Mit den Gleichungen aus Kapitel 3.2.3.1 können die Verhältnisse auf der Leitung und damit die Spannung am Chip berechnet werden. Dafür wird jedoch die Chipimpedanz benötigt – gerade diese soll hier aber bestimmt werden und ist daher noch nicht bekannt. Somit lässt sich die über dem RFID-Chip auftretende Spannung nicht berechnen. Allerdings sind die Gleichungen für den Zusammenhang zwischen der Spannung über dem Chip und der Ausgangsspannung des Signalgenerators linear (Gleichung (3.23a)), sodass die Spannung am Chip der Ausgangsspannung des Signalgenerators multipliziert mit einem konstanten Faktor $K_{\text{Signalgenerator\_c}}$ entspricht:

$$U_c = U_{\text{Signalgenerator}} \, K_{\text{Signalgenerator\_c}} \ . \tag{5.31}$$

Die damit gemessene Abhängigkeit ist in Abbildung 5.19 dargestellt. Im Bereich der

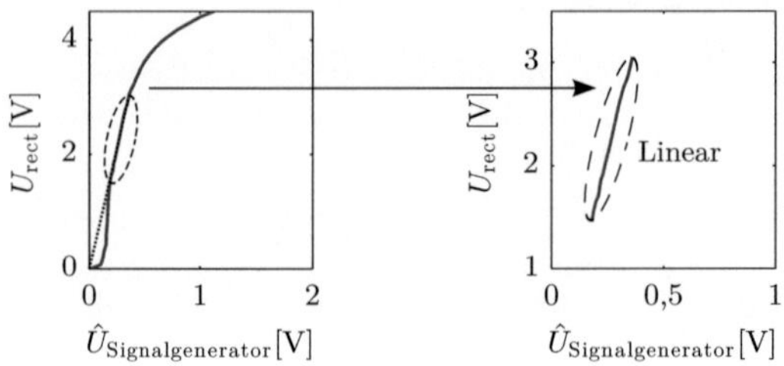

Abbildung 5.19.: Gemessene gleichgerichtete Spannung aufgetragen über der Spannung des Signalgenerators

gleichgerichteten Spannung von 1,5 V bis 3 V existiert eine lineare Abhängigkeit der beiden Spannungen:

$$U_{\mathrm{rect}} = K_{\mathrm{Signalgenerator\_rect}}\, U_{\mathrm{Signalgenerator}} \quad (+\mathrm{Offset} = 0) \ . \tag{5.32}$$

Die Geradengleichung für U_{rect} beinhaltet einen Offset. Allerdings zeigt die Verlängerung der Geraden, dass der Offset Null ist, was durch die Auswertung der Messung (Kapitel 5.4.6.3) bestätigt wird. Der Offset wird daher in der weiteren Betrachtung weggelassen. Mit Gleichung (5.31) wird die gleichgerichtete Spannung in Abhängigkeit von der Spannung am Chip zu

$$U_{\mathrm{rect}} = \frac{K_{\mathrm{Signalgenerator\_rect}}}{K_{\mathrm{Signalgenerator\_c}}}\, U_c \ . \tag{5.33}$$

Ersetzen von U_c durch Gleichung (5.29) führt zu

$$U_{\mathrm{rect}} = \frac{K_{\mathrm{Signalgenerator\_rect}}}{K_{\mathrm{Signalgenerator\_c}}} K_1 \sqrt{R_a} \sqrt{\frac{R_c^2 + X_c^2}{(R_a + R_c)^2 + (X_a + X_c)^2}} \ , \tag{5.34}$$

die einzelnen Konstanten dieser Gleichung lassen sich zu einer Konstanten K zusammenfassen:

$$K = \frac{K_{\mathrm{Signalgenerator\_rect}}}{K_{\mathrm{Signalgenerator\_c}}} K_1 \ . \tag{5.35}$$

Damit wird die gleichgerichtete Spannung zu

$$U_{\mathrm{rect}} = K \sqrt{R_a} \sqrt{\frac{R_c^2 + X_c^2}{(R_a + R_c)^2 + (X_a + X_c)^2}} \tag{5.36}$$

und ist in diesem Messaufbau nur noch abhängig von

- der Impedanz der Transponderantenne $\underline{Z}_a = R_a + jX_a$,
- der Impedanz des RFID-Chips $\underline{Z}_c = R_c + jX_c$ und
- dem konstanten Faktor K.

Eine ähnliche Gleichung lässt sich mit einem anderen Ansatz, welcher die Energieübertragung vom Reader zum Transponder betrachtet, erstellen [HGF11] (beide Ansätze führen zu den selben Chipimpedanzen).

5.4.4. Abschätzung der Eingangsimpedanz des UTPV10

Zur Abschätzung der Eingangsimpedanz des UTPV10 wird die Anpassung zwischen Antenne und Chip anhand der gleichgerichteten Spannung U_{rect} bewertet. Dafür wird der Messaufbau in Abbildung 5.16 verwendet. Wie bereits beschrieben hängt die gleichgerichtete Spannung von den Impedanzen der Transponderantenne und des Chips ab (Gleichung (5.36)). Die Antennenimpedanz wird durch Anschließen verschiedener Antennen an den Chip verändert. Pro Antenne(nimpedanz) ergibt sich jeweils ein Wert für die gleichgerichtete Spannung. Umso höher dieser Wert ist, desto besser ist die Anpassung und desto näher liegt die Impedanz der Antenne an der konjugiert komplexen Chipimpedanz (wie auch in [HGF11] gezeigt).

5.4.4.1. Aufbau des RFID-Transponders

Zur Abschätzung der Chipimpedanz müssen verschiedene Antennen mit dem RFID-Chip verbunden werden, dazu wird dieser auf einem Chipboard angebracht und für jede Antenne ein separates Antennenboard gefertigt. Durch Zusammenfügen von Chipboard und Antennenboard wird ein RFID-Transponder erstellt, wie Abbildung 5.20 schematisch zeigt. Die Verbindung von Chip und Antenne erfolgt über eine kleine Lötverbindung (Abbildung 5.21).

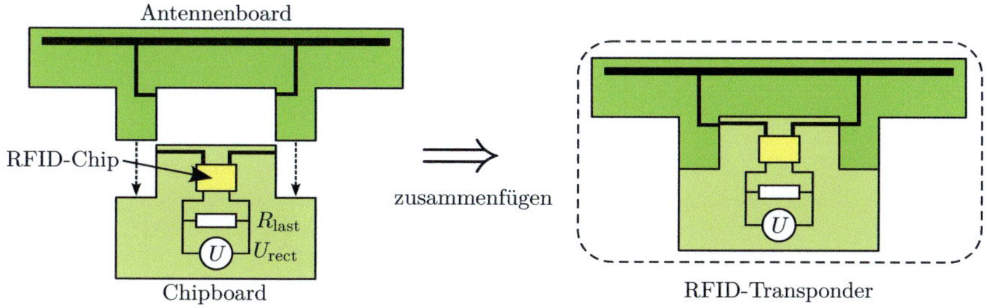

Abbildung 5.20.: Schematische Darstellung des RFID-Transponders bestehend aus dem Chip- und Antennenboard, Grafik in Anlehnung an [HGF11]

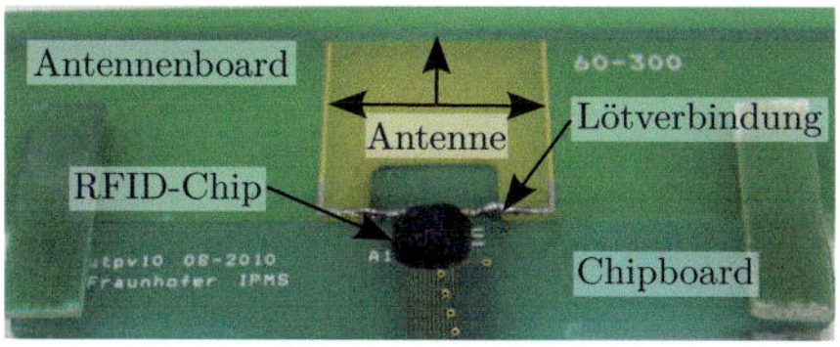

Abbildung 5.21.: Lötverbindung zwischen Antenne und RFID-Chip

Um eine andere Antenne anzubringen, muss der Transponder aus der Messkammer entnommen, die alte Antenne abgelötet, die neue Antenne angelötet und der Transponder wieder in der Messkammer angebracht werden. Durch das wiederholte Abnehmen und Anbringen entstehen kleine Positions- und Ausrichtungsabweichungen, die zu Ungenauigkeiten in der Annahme des konstanten Messaufbaus führen und damit einen Fehler in der gemessenen Spannung erzeugen. Zudem kann die Lötverbindung nicht immer exakt gleich ausgeführt werden, wodurch weitere Messfehler entstehen. Um den Einfluss dieser Messfehler zu bestimmen, wurde bei drei Antennen 100-mal der Transponder aus der Messkammer genommen, die Antenne ab- und angelötet, der Transponder wieder in der Messkammer platziert und dabei jeweils die Spannung gemessen. Tabelle 5.1 zeigt die Ergebnisse der Messungen. Anhand der Tabelle wird ersichtlich, dass durch diesen

Tabelle 5.1.: Gemessene gleichgerichtete Spannung in Volt bei 100-maligem Entnehmen des Transponders aus der Messkammer, Ab- und Anlöten der Antenne und Wiedereinbringen in die Messkammer

Antenne	Mittelwert	Min	Max	Standardabweichung[a]
Antenne 1	2,787	2,753	2,822	0,013
Antenne 2	1,159	1,152	1,163	0,003
Antenne 3	1,901	1,896	1,906	0,003

[a] Berechnet nach $\sqrt{\sum (x - \overline{x})^2 / (n-1)}$

Vorgang nahezu keine Messfehler in der gleichgerichteten Spannung entstehen. Während der Messungen mit Antenne 1 wurde deutlich, dass die Erwärmung des RFID-Chips durch den wiederholten Lötvorgang den größten Messfehler in der gleichgerichteten Spannung erzeugt. Dabei scheint die Temperatur einen nicht unerheblichen Einfluss auf die gleichgerichtete Spannung zu haben. Das Ab- und Anlöten der Antenne sowie das Entnehmen und Anbringen in der Messkammer führen hingegen zu geringen Messfehlern, wie die Daten von Antenne 2 und 3 zeigen. Hier wurde der Transponder vor jeder Spannungsmessung jeweils fünf Minuten abgekühlt, wodurch die Standardabweichung deutlich reduziert wird. Um Auszuschließen das dies ein Effekt der Antennen 2 und 3 ist, sind bei Antenne 1 ebenso 10 Messungen mit Abkühlen durchgeführt worden, dabei ergab sich eine Standardabweichung wie bei den anderen beiden Antennen.

Um den Einfluss der Lötverbindung auf den absoluten Wert der gleichgerichteten Spannung zu untersuchen, wurde sie von einem Transponder mit durchgehender Antenne gemessen. Danach wurde die Antenne abgeschnitten und mit der selben Lötverbindung wie in Abbildung 5.21 verbunden, das Ergebnis ist in Tabelle 5.2 dargestellt. Der Unterschied zwischen durchgehender Antenne und angelöteter Antenne liegt im Bereich des Fehlers, der durch das An- und Ablöten der Antenne entsteht. Die Lötverbindung zwischen Antennen- und Chipboard ist daher für die weiteren Messungen ausreichend.

Tabelle 5.2.: Vergleich der gemessenen gleichgerichteten Spannung in Volt eines Transponders bei durchgehender und angelöteter Antenne

Transponder mit durchgehender Antenne	Transponder mit angelöteter Antenne
3,446	3,438

5.4.4.2. Antennendesign

Die verwendeten Antennen dürfen sich nur in ihrer Impedanz unterscheiden, alle anderen Antennenparameter wie die Verstärkung oder die Richtcharakteristik müssen hingegen gleich bleiben, da sonst die Annahme des konstanten Messaufbaus aus Gleichung (5.35) nicht mehr gegeben ist. Für die Messung werden Dipolantennen mit einer T-Anpassung [Mar08] verwendet, ihre Struktur ist in Abbildung 5.22 dargestellt.

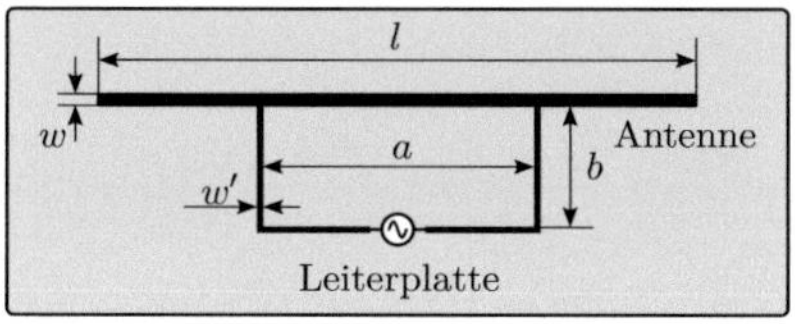

Abbildung 5.22.: Struktur der verwendeten Antennen, Grafik in Anlehnung an [Mar08]

Durch Verändern der Parameter a, b und w kann die Impedanz geändert werden [Mar08], während die Verstärkung und die Richtcharakteristik nahezu gleich bleiben. Ein Teil der T-Anpassung befindet sich auf dem Antennen- und der andere Teil auf dem Chipboard. Da der Teil auf dem Chipboard (Abbildung 5.20) nicht geändert werden kann, wird die Breite w' der T-Anpassung nicht zur Variation der Antennenimpedanz herangezogen. Im Anhang D.2 sind in Tabelle D.1 die verwendeten Antennen angegeben, dabei beruhen die Werte auf einer elektromagnetischen Simulation der Antennen. Diese haben eine Schrittweite ihrer Impedanz von $40\,\Omega$ im Real- und $50\,\Omega$ im Imaginärteil. Aufgrund bisheriger Erfahrungen wird davon Ausgegangen dass die simulierte Impedanz bei diesem Antennentyp der Realität sehr nahe kommt (Abweichungen von maximal $10\,\Omega$). Für die Abschätzung ist die Genauigkeit daher ausreichend, allerdings wird bei der späteren Impedanzberechnung die Impedanz der Antennen gemessen (Kapitel 5.4.5.2), dabei werden die simulierten Werte bestätigt. Die Verstärkungen liegen sehr nah beieinander, damit erfüllen die Antennen die Anforderung des konstanten Messaufbaus.

5.4.4.3. Messdurchführung

Für die Durchführung der Messungen wird der in Kapitel 5.4.2 beschriebene Messaufbau verwendet. Die Transponderantennen werden nacheinander mit dem Chipboard verbunden und die gleichgerichtete Spannung wird gemessen. Die Sendeleistung des Signalgenerators und der Abstand zwischen Generatorantenne und Transponder werden hierbei so gewählt, dass die gleichgerichtete Spannung in dem in Abbildung 5.19 skizzierten linearen Bereich liegt. Damit sind die Annahmen für Gleichung (5.36) erfüllt und eine Änderung der Anpassung führt zu einer sichtlichen Änderung der gleichgerichteten Spannung. Außerhalb des linearen Bereiches würde eine Änderung der Anpassung zu einer kleinen Änderung der gleichgerichteten Spannung führen, womit die Bewertung dass eine Antenne(nimpedanz) besser angepasst ist als eine andere, nicht mehr zuverlässig möglich ist.

5.4.4.4. Ergebnis der Abschätzung

Die gemessenen Werte der gleichgerichteten Spannungen sind in Tabelle 5.3 angegeben[13]. Mit einem Minimum von 1,55 V und einem Maximum von 2,88 V liegen die Spannungen im linearen Abschnitt von Abbildung 5.19 und nutzen diesen fast vollständig aus. Antennen mit Impedanzen im Bereich von $R_a = 60\,\Omega$ bis $100\,\Omega$ und $X_a = 250\,\Omega$ bis $350\,\Omega$ besitzen die höchsten Werte der gleichgerichteten Spannung. Diese Antennen erreichen auch die beste Performance/Reichweite, womit die Abschätzung durch den direkten praktischen Umgang mit den Antennen bestätigt wird. Daher liegt die Chipimpedanz in diesem Wertebereich (allerdings mit den konjugiert komplexen Werten), geht man von der Antenne mit der höchsten gleichgerichteten Spannung aus beträgt sie $(100 - 300\text{j})\,\Omega$. Durch einen iterativen Prozess, ähnlich der Methode in [ZL10] aus Kapitel 5.3.4, könnte

Tabelle 5.3.: Gemessene Werte der gleichgerichteten Spannung in Volt

		X_a [Ω]				
		250	300	350	400	450
R_a [Ω]	20	2,07	2,32	2,05	1,79	1,55
	60	2,67	2,82	2,74	2,36	2,09
	100	2,76	2,88	2,80	2,59	2,27
	140	2,74	2,72	2,60	2,62	2,37

mit neuen Antennen, deren Impedanzen immer feiner abgestuft wird, der Bereich der Chipimpedanz genauer bestimmt werden. Dies wurde jedoch nicht durchgeführt, da das anschließende Kapitel eine Methode zur exakten Berechnung der Chipimpedanz aus den gemessenen Spannungswerten beschreibt.

5.4.4.5. Diskussion der Impedanzabschätzung

Die Qualität der Anpassung zwischen Antennen- und Chipimpedanz wurde durch die gleichgerichtete Spannung abgeschätzt und daraus die Impedanz des RFID-Chips näherungsweise bestimmt. Anstatt der gleichgerichteten Spannung kann hier auch die maximale Lesereichweite des Transponders verwendet werden, wie in [ZL10] gezeigt. Allerdings wurde in eigenen Versuchen mit dem UTPV10 festgestellt, dass sich die maximale Lesereichweite nicht exakt bestimmen lässt, da der Transponder in dessen Nähe nur sporadisch antwortet. Dies dürfte daran liegen, dass der Transponder an dieser Position nur wenig Energie erhält, was zu einem langsamen Aufladen des Speicherkondensators führt. Die gesammelte Energie reicht dann häufig nur für eine einmalige Antwort. Danach wird der Speicherkondensator wieder langsam geladen, dies geschieht abhängig von der

[13] Der Einfluss des unterschiedlichen Gewinns der Transponderantennen (Anhang D.2) kann, wie später gezeigt wird (Kapitel 5.4.5), bei der gleichgerichteten Spannung berücksichtigt werden. Jedoch ist der Gewinn der verwendeten Antennen nahezu gleich – Minimum und Maximum betragen 1,48 und 1,56 – und hat damit keine Auswirkung auf das Ergebnis der Abschätzung.

Entfernung unterschiedlich schnell. Das daraus resultierende sporadische Antworten verhindert eine exakte Bestimmung der maximalen Lesereichweite, um damit die beste Antennenimpedanz immer weiter verfeinern zu können[14]. Alternativ könnte die Zeit zwischen zwei Antworten zur Beurteilung der Anpassung herangezogen werden. Allerdings kann diese aufgrund der langsamen und sich variierenden Kommunikationszeit zwischen PC und RFID-Reader[15] nicht genau genug bestimmt werden [Sch11]. Stattdessen wird in dieser Arbeit die gleichgerichtete Spannung zur Bewertung der Anpassung verwendet. Diese kann einfach gemessen werden und ermöglicht eine hohe Genauigkeit und Reproduzierbarkeit der Abschätzung. Das wird auch durch den Löttest mit einer Antenne in Kapitel 5.4.4.1 bestätigt.

5.4.5. Berechnung der Impedanz des UTPV10 aus der gleichgerichteten Spannung

Ausgehend von der in Kapitel 5.4.3.3 hergeleiteten Gleichung (5.36) und dem Messaufbau aus Kapitel 5.4.4.3 wird eine Methode vorgestellt, um die Chipimpedanz mithilfe den gleichgerichteten Spannungswerten aus Kapitel 5.4.4.4 zu berechnen und damit genau zu bestimmen.

5.4.5.1. Gleichungssystem

Zur Abschätzung der Impedanz wurde Gleichung (5.36) hergeleitet:

$$U_{\text{rect}} = K\sqrt{R_a}\sqrt{\frac{R_c^2 + X_c^2}{(R_a + R_c)^2 + (X_a + X_c)^2}} \,.$$

Bisher wurde angenommen das alle verwendeten Transponderantennen den selben Gewinn haben und dieser damit eine Konstante darstellt. In der folgenden Berechnung soll der Gewinn jedoch berücksichtigt werden. Deshalb wird er aus der Konstanten herausgelöst und es ergibt sich eine neue Konstante $K' = K/\sqrt{G_t}$, damit wird Gleichung (5.36) zu:

$$U_{\text{rect}} = K'\sqrt{R_a G_t}\sqrt{\frac{R_c^2 + X_c^2}{(R_a + R_c)^2 + (X_a + X_c)^2}} \,. \tag{5.37}$$

Die Gleichung besteht aus sieben Größen: Die Antennenimpedanz (Real- und Imaginärteil) und der Antennengewinn sind bekannt; die gleichgerichtete Spannung wird gemessen, die Chipimpedanz (Real- und Imaginärteil) und die Konstante sind unbekannt. Die Gleichung enthält somit drei Unbekannte, zwei veränderbare Werte und eine davon abhängige Größe; der Antennengewinn ist ein bekannter Parameter. Mit drei Antennenimpedanzen (R_{a1} und X_{a1}, R_{a2} und X_{a2} sowie R_{a3} und X_{a3}) kann folgendes Gleichungssystem

[14] Dieses Verhalten kann auch bei dem in [HGF11] verwendeten Ansatz der Betrachtung der Leistungen Beobachtet werden [HGF11].

[15] Verursacht durch die Hard- und Software von PC und Reader.

aufgestellt werden:

$$\begin{aligned} U_{\text{rect1}} &= K'\sqrt{R_{a1}G_{t1}}\sqrt{\frac{R_c^2+X_c^2}{(R_{a1}+R_c)^2+(X_{a1}+X_c)^2}} \\ U_{\text{rect2}} &= K'\sqrt{R_{a2}G_{t2}}\sqrt{\frac{R_c^2+X_c^2}{(R_{a2}+R_c)^2+(X_{a2}+X_c)^2}} \\ U_{\text{rect3}} &= K'\sqrt{R_{a3}G_{t3}}\sqrt{\frac{R_c^2+X_c^2}{(R_{a3}+R_c)^2+(X_{a3}+X_c)^2}} \end{aligned} \tag{5.38}$$

Es beinhaltet die drei Unbekannten und besteht aus drei Gleichungen. Damit ist es möglich, das Gleichungssystem nach den drei Unbekannten aufzulösen. Allerdings ist eine analytische Lösung aufgrund der Quadrate und der Wurzel nicht möglich. Das Gleichungssystem ist jedoch numerisch lösbar, wobei sich mehrere Lösungen ergeben. Die physikalisch richtige Lösung kann durch die Bedingungen

$$\begin{aligned} R_c &> 0 \ \ \& \ \ R_c \in \Re \\ X_c &< 0 \ \ \& \ \ X_c \in \Re \\ K' &> 0 \ \ \& \ \ K' \in \Re \end{aligned} \tag{5.39}$$

ausgewählt werden. Dadurch ist die Bestimmung der Chipimpedanz mit jeweils drei Kombinationen aus Tabelle 5.3 möglich.

5.4.5.2. Antennenimpedanz

Für die Berechnung der Chipimpedanz mit obigem Gleichungssystem ist die Impedanz der Antennen eine entscheidende Größe. Diese muss deshalb in einer hohen Genauigkeit bekannt sein und somit gemessen werden. Die Transponderantenne soll die konjugiert komplexe Impedanz der Chipimpedanz aufweisen und der Antennenanschluss entspricht dem des Chipanschlusses. Damit ähnelt die Impedanzbestimmung einer Transponderantenne der Impedanzbestimmung eines RFID-Chips. Somit ergibt sich die gleiche Problematik der Messung eines hohen Reflexionsfaktors sowie einer Kalibration möglichst nah am zu messenden Antennenanschluss.

Die verwendeten Antennen sind Dipolantennen und daher ein symmetrisches Bauteil. Die Messung der Antennenimpedanz kann folglich mit den Methoden der Messung einer symmetrischen Impedanz (Kapitel 5.1.2) durchgeführt werden. Bei der Impedanzmessung von Antennen ist zu Beachten dass von der Antenne eine Abstrahlung erfolgt und daher alle Materialien im Nahfeld die Impedanz beeinflussen. Darunter fallen auch die benötigten Kabel und Halterungen der Antenne [Bal05, RK06]. Besonders die Impedanzmessung einer Dipolantenne mit einer Koaxialleitung erzeugt einen nicht unerheblichen Fehler, da durch diese Anschlussart die Messleitung selbst zum Strahler wird [LW85] und damit die Messung beeinflusst.

Ebenso wie die Bestimmung der Impedanz von RFID-Chips ist auch die Impedanzmessung von Transponderantennen Gegenstand verschiedener Forschungsarbeiten. Diese beschäftigen sich großteils mit der Messung von dipolartigen Antennen, dem am häufigsten verwendeten Antennentyp bei UHF-RFID-Transpondern. Die veröffentlichten Messmethoden sind direkte oder leicht angepasste Anwendungen der in Kapitel 5.1.2

vorgestellten Verfahren:

- Verwendung eines Symmetriergliedes [KCL08] wie in Kapitel 5.1.2.4 dargestellt.
- Kombinieren zweier Einzelportmessungen [ZKY10] wie in Kapitel 5.1.2.5 erläutert – diese Methode wird auch als Verwendung einer virtuellen Masse bezeichnet.
- Messung einer Hälfte der Dipolantenne über einer großen „Groundplane" und Berechnung der Antennenimpedanz mittels der Spiegeltheorie [KMC07].

Alle Vorgehensweisen erfordern eine direkte Verbindung der Antenne mit einem Netzwerkanalysator. Dadurch entsteht ein hoher Reflexionsfaktor, der die in Kapitel 5.2 beschriebenen Messfehler mit sich bringt.

Die Problematik der Antennenkontaktierung kann durch eine kontaktlose Impedanzbestimmung umgangen werden, wie sie in [MDS94, PSJ08] gezeigt wird. Diese Methode basiert auf der Veränderung des Radarrückstreuquerschnittes der zu messenden Antenne (AUT = Antenna under test) durch Verwendung verschiedener Lastimpedanzen [MDS94, PSJ08]. Der Messaufbau ist in Abbildung 5.23 dargestellt und besteht aus einem Netzwerkanalysator, der den Reflexionsfaktor zur Messantenne bestimmt [PSJ08]. Die AUT befindet sich in einem, die Fernfeldbedingung für beide Antennen einhaltenden, festem Abstand vor der Messantenne [PSJ08]. Der Reflexionsfaktor zur Messantenne wird

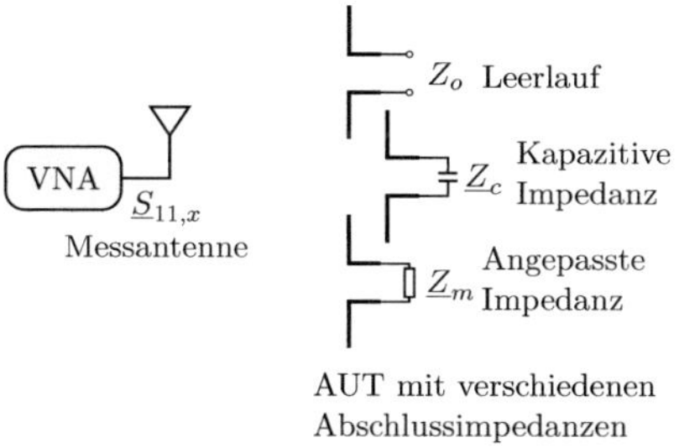

Abbildung 5.23.: Messaufbau zur kontaktlosen Impedanzmessung der Transponderantenne

jeweils bei drei unterschiedlichen Lastimpedanzen der AUT bestimmt. Die Impedanz $\underline{Z}_a$ der AUT kann nun [PSJ08] nach

$$\underline{Z}_a = \frac{\underline{Z}_m - \underline{A}\,\underline{Z}_c}{\underline{A} - 1} \tag{5.40}$$

mit

$$\underline{A} = \frac{\underline{S}_{11,c} - \underline{S}_{11,o}}{\underline{S}_{11,m} - \underline{S}_{11,o}} \tag{5.41}$$

berechnet werden. Dabei geben $\underline{Z}_m$, $\underline{Z}_c$ und Z_o die an die AUT angeschlossenen Impedanzen an: $\underline{Z}_m$ ist eine Impedanz mit dem ungefähren Wert der konjugiert komplexen (vermuteten) Impedanz der AUT, $\underline{Z}_c$ ist eine kapazitive Impedanz und Z_o stellt einen

Leerlauf der AUT dar [PSJ08]. $\underline{S}_{11,m}$, $\underline{S}_{11,c}$ und $\underline{S}_{11,o}$ sind die gemessenen Reflexionsfaktoren der Messantenne bei der jeweiligen Abschlussimpedanz der AUT [PSJ08]. Mit kleinen SMD-Bauteilen lassen sich die benötigten Impedanzen einfach an die AUT anbringen, die Antenne selbst wird dadurch kaum beeinflusst. Im Gegensatz dazu befindet sich die Messleitung bei einer Messung mit einem Netzwerkanalysator im Nahfeld der Antenne und beeinflusst ihre Impedanz.

Für die kontaktlose Messmethode wurde im Rahmen einer Diplomarbeit [Bra11] ein Messaufbau erstellt. Mit diesem wurden die Impedanzen der verwendeten Antennen bestimmt, zusätzlich wurde eine Messung durch eine direkte Kontaktierung nach der Methode der Kombination zweier Einzelportmessungen durchgeführt. Die Messwerte dieser Verfahren sind in Tabelle D.1 angegeben. Die Impedanzen der Simulation und der beiden Messmethoden stimmen gut überein, wobei die Messwerte der kontaktlosen Methode näher an den simulierten Impedanzen liegen. Für die weitere Berechnung der RFID-Chipimpedanz werden die Werte der kontaktlosen Methode verwendet.

5.4.6. Ergebnis der Berechnung

Die Berechnung der Chipimpedanz mit Gleichung (5.38) ist anhand der Werte der gleichgerichteten Spannungen aus Tabelle 5.3 geschehen. Die 20 Antennen ergeben dabei 1140 mögliche 3er Antennenkombinationen. Für eine Abschätzung der Qualität der Berechnung wird eine statistische Methode angewandt.

5.4.6.1. Auswertung einzelner Werte

Die (nach Gleichung (5.39) gültigen) Impedanzen aller Kombinationen mit drei Antennen sind in Abbildung 5.24 dargestellt. Bis auf wenige sehr große Ausreißer konzentrieren sie sich um den Bereich von ca. $(100 - 300\text{j})\,\Omega$. Dabei befindet sich der Großteil der Werte im Bereich $85\,\Omega$ bis $105\,\Omega$ für den Realteil und $-305\,\Omega$ bis $-290\,\Omega$ für den Imaginärteil, wie die Histogramme in Abbildung 5.25 zeigen. Das Ergebnis entspricht damit dem der Abschätzung. Der Mittelwert, die Standardabweichung und die maximalen/minimalen Werte sind in Tabelle 5.4 gelistet.

Die Daten zeigen eine breite Streuung der berechneten Impedanzen, sodass die Chipimpedanz nicht genau angegeben werden kann. Die Verwendung von zwei (oder drei) Antennen, die dieselbe oder eine eine ähnliche gleichgerichtete Spannung haben (z. B. Antennen 60-250[16] und 100-300), erzeugt eine numerische Instabilität der Impedanzberechnung und führt damit zu großen Ausschlägen. So führt die Kombination dieser beiden Antennen zu 18 breit streuenden Impedanzen wie in Abbildung 5.26a gezeigt. Jedoch gibt es ebenso Antennenkombinationen, die zu enger beieinanderliegenden Impedanzen führen, wie z. B. 20-250 und 100-300. Aber auch dort entstehen Ausreißer, wenn die beiden Antennen zusammen mit einer anderen Antenne kombiniert werden, die eine Spannung ähnlich einer der beiden Antennen erzeugt Abbildung 5.26b. Dies gilt ebenso, wenn die Impedanzen der Antennen sich gar nicht oder nur wenig unterscheiden, z. B. einen gleichen Real- oder Imaginärteil aufweisen. Ein Ausreißer links in Abbildung 5.26b ist z. B. in Kombination mit der Antenne 100-350 entstanden. Folglich ist diese Art

[16] Die Antennen werden nach ihrer Impedanz bezeichnet. So steht „60-250“ für die Antenne mit Realteil $60\,\Omega$ und Imaginärteil $250\,\Omega$ aus Tabelle 5.3 (und Tabelle D.1).

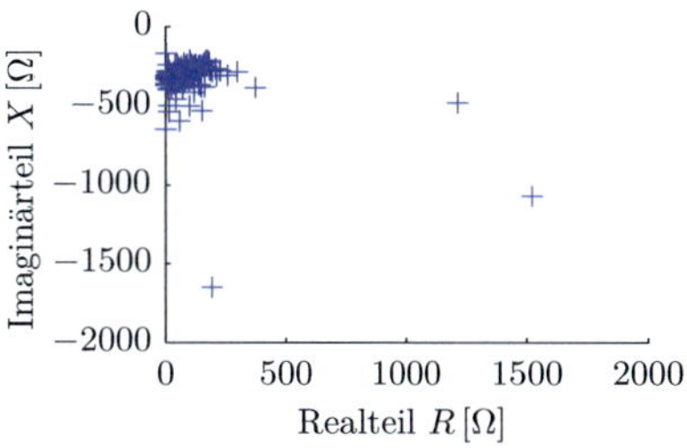

(a) Alle Werte

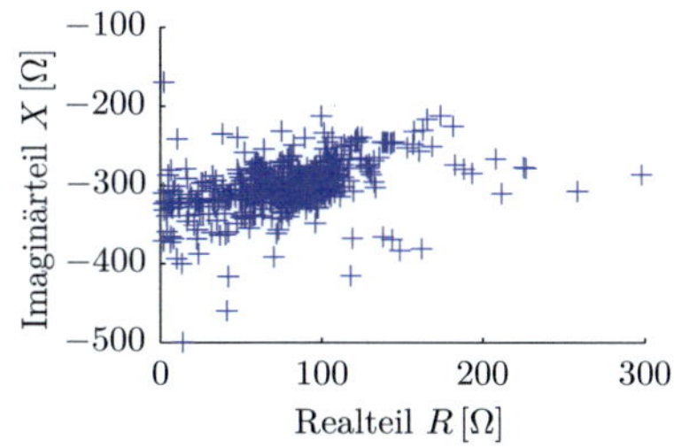

(b) Vergrößerter Ausschnitt

Abbildung 5.24.: Nach Gleichung (5.38) berechnete Impedanzen aller Antennenkombinationen

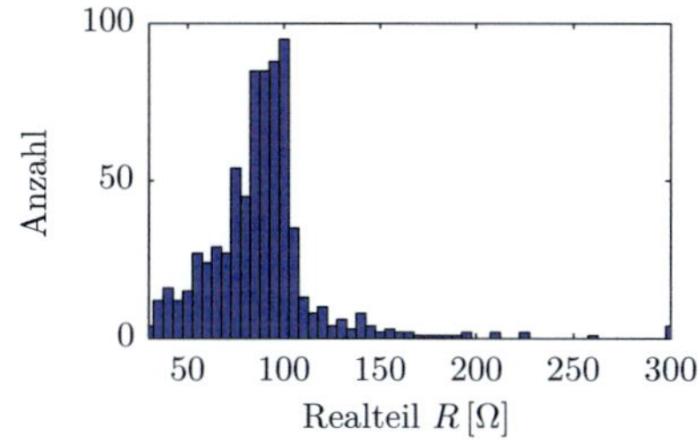

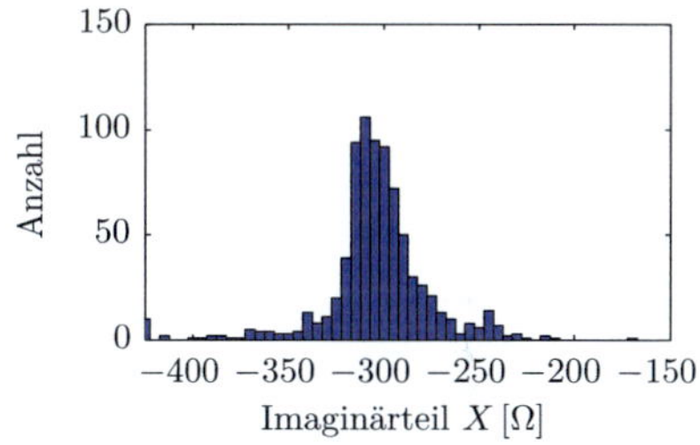

Abbildung 5.25.: Histogramm der Impedanz

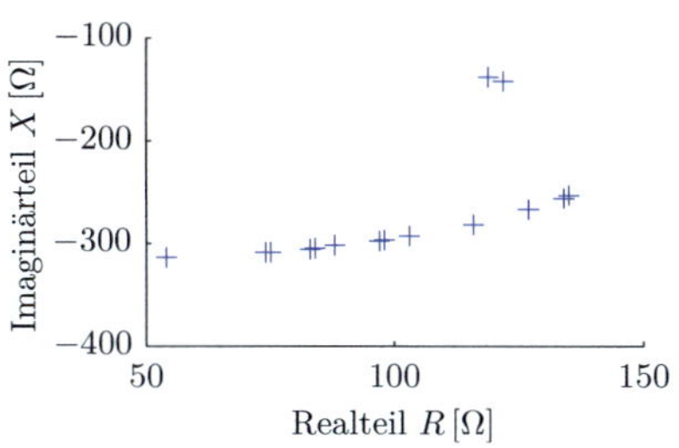

(a) „Schlechte“ Kombination 60-250 und 100-300

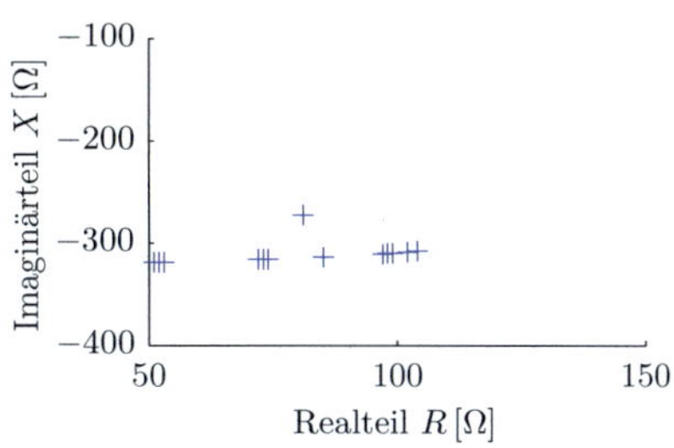

(b) „Gute“ Kombination 20-250 und 100-300

Abbildung 5.26.: Ergebnis eines Antennenpaares kombiniert mit allen anderen Antennen

Tabelle 5.4.: Ergebnis der Auswertung aller Antennenkombinationen

	R [Ω]	X [Ω]
Mittelwert	86	−307
Minimum	2	−1651
Maximum	1522	−170
Standardabweichung	74	65

der Messauswertung nicht geeignet, um die Chipimpedanz zu bestimmen. Es dürften immer nur Antennen kombiniert werden, die einen ausreichenden Unterschied in der gleichgerichteten Spannung erzeugen und unterschiedliche Impedanzen haben. Auf eine weitergehende Analyse des Fehlers bzw. Untersuchung der Eigenschaften der Impedanzberechnung wird verzichtet, da im nachfolgenden Kapitel eine besser geeignete Art der Auswertung durchgeführt wird.

5.4.6.2. Regressionsanalyse

Da sich die Berechnung der Chipimpedanz unter Verwendung von drei Antennen als nicht zuverlässig herausgestellt hat, wird im Folgenden eine Regressionsanalyse[17] (ähnlich dem Vorgehen in [Hei12b]) verwendet. Diese bestimmt den Zusammenhang zwischen bekannten und unbekannten Parametern bei einer frei gewählten oder bekannten Funktion (z. B. abgeleitet von einem physikalischen Modell). Die unbekannten Parameter werden so berechnet, dass ein möglichst kleiner Fehler über dem gesamten Datensatz auftritt. Dies wird mit verschiedenen Verfahren wie z. B. der „Methode der kleinsten Quadrate" erreicht [Pap11].

Für die Regressionsanalyse wird Gleichung (5.36) als Modell/Funktion verwendet, dabei werden die unbekannten Parameter R_c, X_c und K in Abhängigkeit der Größe U_{rect} bestimmt. Im Gegensatz zur Berechnung der Impedanz mit den Werten von drei Antennen verwendet die Regressionsanalyse die Werte aller 20 Antennen. Anhand des Modells werden die Chipimpedanz (und die Konstante) so bestimmt, dass ein möglichst kleiner Fehler für alle Antennen auftritt. Außerdem kann aus der Abweichung der Werte der einzelnen Antennen zu dem gelösten Modell ein Konfidenzintervall der Impedanz angegeben werden. Die Regressionsanalyse wurde mithilfe der Funktion „Nonlinear Regression" aus Mathematica durchgeführt. Als Ergebnis wird der Wert der drei Unbekannten und ihr 95 %-Konfidenzintervall ausgegeben. Die berechneten Werte sind in Tabelle 5.5 aufgeführt. Die Impedanz entspricht nahezu dem Mittelwert der Auswertung der einzelnen Werte.

Tabelle 5.5.: Ergebnis der Regressionsanalyse für die gleichgerichtete Spannung

	Impedanz [Ω]	Konfidenzintervall	
		Absoluter Wert [Ω]	Relativer Wert [%]
Realteil R_c	89	±6	7
Imaginärteil X_c	−302	±5	2

[17] Dies entspricht der Ausgleichsrechnung und wird auch als „Curve fitting" bezeichnet.

Alle drei Verfahren (Abschätzung, Auswertung einzelner Werte und Regressionsanalyse) ergeben die gleiche Chipimpedanz. Das absolute Konfidenzintervall des Real- und Imaginärteils ist in etwa gleich und gering.

Die Betrachtung des relativen Konfidenzintervalls im Vergleich zum absoluten Wert zeigt eine genauere Bestimmung des Imaginärteils als des Realteils. Neben Messungenauigkeiten oder zufälligen Fehlern ist eine mögliche Erklärung, dass der Realteil stärker von der Eingangsleistung des Chips abhängt als der Imaginärteil, wie es auch in [KF03] beschrieben wird. Die Eingangsleistung schwankt pro Antenne in einem kleinen Bereich, da die unterschiedlichen Antennenimpedanzen verschiedene Anpassungen erzeugen. Andererseits könnte dies auch ein anderer systematischer Effekt der Methode sein. Da der Fehler insgesamt sehr gering[18] und daher nicht relevant ist, kann auf eine weitergehende Analyse verzichtet werden. Zudem führen die gemessenen Werte zu einer guten Reichweite des Transponders wie die Ergebnisse in Kapitel 5.6 zeigen.

5.4.6.3. Betrachtung des Offsets

In Kapitel 5.4.3.3 wurde angenommen, dass der Offset aus Gleichung (5.32) Null ist. Um dies zu Verifizieren, wird Gleichung (5.36) um den Offset erweitert:

$$U_{\text{rect}} = K\sqrt{R_a}\sqrt{\frac{R_c^2 + X_c^2}{(R_a + R_c)^2 + (X_a + X_c)^2}} + \text{Offset} \,. \tag{5.42}$$

Damit ist es möglich, ein Gleichungssystem ähnlich dem in Gleichung (5.38) zu erstellen – allerdings mit vier Gleichungen, denen am Ende ein „+ Offset" hinzugefügt wird. Mit den Werten von vier Antennen lassen sich damit alle Unbekannten bestimmen. Dies führt bei der Einzelauswertung sowie bei der Regressionsanalyse zu keiner Änderung der Impedanz und der Offset ergibt sich zu Null. Die Festlegung von Offset $= 0$ in Gleichung (5.32) war folglich korrekt.

5.4.7. Zusammenfassung

Ausgehend von der Betrachtung der Abhängigkeit der RFID-Chipimpedanz wurde ein Messaufbau erstellt, der eine nahezu konstante Impedanz des UTPV10 gewährleistet und anhand der verwendeten Dipolantennen eine symmetrische Anregung erzeugt. Dies wird durch externe Brücken des UTPV10 möglich und erlaubt die Messung der Spannung nach dem Gleichrichter. Dabei wurde gezeigt, dass diese Spannung von der Chipimpedanz und der Antennenimpedanz abhängt. Mithilfe mehrerer Antennen mit verschiedenen Impedanzen wurde die Chipimpedanz abgeschätzt und anschließend berechnet. Mit einer Regressionsanalyse wurde eine verbesserte Auswertung erreicht. Die Ergebnisse der drei Auswertungen sind konsistent und werden durch den praktischen Umgang mit den Antennen bestätigt.

[18] Eine Abweichung von ca. 10 Ω würde zu einer Reduzierung der Reichweite um 1 % führen. Des weiteren kann die Impedanz der Transponderantenne oftmals nicht so genau Hergestellt werden.

5.5. Erweiterung der Methode auf allgemeine RFID-Chips

Die vorgestellte Methode zur Bestimmung der Impedanz von RFID-Chips verwendet die gleichgerichtete Spannung und ist damit direkt auf den UTPV10 abgestimmt. Bei üblichen kommerziellen RFID-Chips sind solche interne Signale (wie die gleichgerichtete Spannung) nicht von außen erreichbar, daher kann die Methode für diese Chips nicht angewendet werden. Um deren Impedanz zu bestimmen, wird die Methode so verändert dass anstatt der gleichgerichteten Spannung die Lesereichweite und die Leistung eines RFID-Readers verwendet werden[19].

5.5.1. Theoretische Betrachtung

Mit dem Ersatzschaltbild des Transponders (Abbildung 5.17) und der Spannung am Chip U_c (Gleichung (5.28)) kann die vom Chip aufgenommene Leistung berechnet werden:

$$P_c = \mathrm{Re}\left\{\underline{U}_c \cdot \underline{I}^*\right\} = K_1^2 \frac{R_a R_c}{(R_a + R_c)^2 + (X_a + X_c)^2} \,. \tag{5.43}$$

In der Konstanten K_1 ($K_1 = \lambda\sqrt{P_g G_g G_t \left(4\pi^2 R^2\right)^{-1} K_{\text{Verluste}}}$, Gleichung (5.25)) sind die Readerleistung P_g und der Abstand R enthalten:

$$K_1 \sim \sqrt{\frac{P_g}{R^2}} \,. \tag{5.44}$$

Diese können ebenso wie der Gewinn der Transponderantenne G_t (Kapitel 5.4.5.1) aus K_1 herausgelöst werden und Gleichung (5.43) wird zu

$$P_c = \frac{P_g}{R^2}\, K_2^2\, G_t\, \frac{R_a R_c}{(R_a + R_c)^2 + (X_a + X_c)^2} \tag{5.45}$$

mit

$$K_2 = \lambda\sqrt{G_g \left(4\pi^2\right)^{-1} K_{\text{Verluste}}} \,. \tag{5.46}$$

Anstatt der bisher verwendeten gleichgerichteten Spannung zur Bewertung der Anpassung, wird für die modifizierte Methode ein anderes Kriterium herangezogen. Dazu dient nun der minimale Wert von[20] P_g/R^2, bei dem der Transponder noch eine Antwort an den Reader übermittelt. Dafür wird im Messaufbau aus Abbildung 5.16 der Signalgenerator durch einen RFID-Reader ersetzt und der Abstand variabel gestaltet; dies führt zu dem Messaufbau in Abbildung 5.27.

Es wird der Fall betrachtet, bei dem der Chip gerade noch soviel Energie erhält, dass er auf das Querry-Kommando des Readers antworten kann. Die Leistung am Chip entspricht dann exakt der Threshold-Leistung P_{th} des Chips und ist damit konstant (die

[19] Ein ähnliches Verfahren ist in [HF12b] vorgestellt worden, in dieser Arbeit wird ein neuer Ansatz gezeigt.

[20] Dieser entspricht z. B. der minimal benötigten Readerleistung bei konstantem Abstand oder der maximalen Lesereichweite bei konstanter Readerleistung.

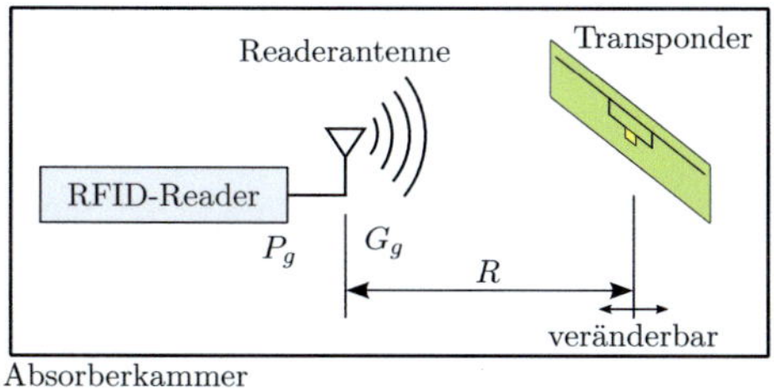

Abbildung 5.27.: Modifizierter Messaufbau

Threshold-Leistung wird in Kapitel 2.3.4.2 beschrieben):

$$P_c = P_{\text{th}} = \text{konstant} \; . \tag{5.47}$$

In Gleichung (5.45) wird nun P_{th} als Leistung des Chips verwendet:

$$P_{\text{th}} = \frac{P_g}{R^2} \, K_2^2 \, G_t \, \frac{R_a R_c}{(R_a + R_c)^2 + (X_a + X_c)^2} \; . \tag{5.48}$$

Zusammenfassen der Konstanten zu

$$K_3 = \frac{K_2^2}{P_{\text{th}}} \tag{5.49}$$

und Umstellen der Gleichung ergibt

$$\frac{R^2}{P_g} = K_3 \, G_t \, \frac{R_a R_c}{(R_a + R_c)^2 + (X_a + X_c)^2} \; . \tag{5.50}$$

Diese Gleichung besteht aus drei Unbekannten (R_c, X_c und K_3), der bekannten Antennenimpedanz bzw. Antennengewinn (R_a, X_a und G_t) und dem abhängigen maximalen Wert von R^2/P_g, bei dem der Transponder gerade noch eine Antwort an den Reader sendet. Analog zu dem Vorgehen aus Kapitel 5.4.5.1 lässt sich damit ein Gleichungssystem mit drei Gleichungen zur Bestimmung der Unbekannten und folglich der Chipimpedanz aufstellen:

$$\begin{aligned}
\left(\frac{R^2}{P_g}\right)_1 &= \frac{R_{a1} R_c}{(R_{a1} + R_c)^2 + (X_{a1} + X_c)^2} \, G_{t1} \, K_3 \\
\left(\frac{R^2}{P_g}\right)_2 &= \frac{R_{a2} R_c}{(R_{a2} + R_c)^2 + (X_{a2} + X_c)^2} \, G_{t2} \, K_3 \\
\left(\frac{R^2}{P_g}\right)_3 &= \frac{R_{a3} R_c}{(R_{a3} + R_c)^2 + (X_{a3} + X_c)^2} \, G_{t3} \, K_3
\end{aligned} \tag{5.51}$$

Ein ähnliches Gleichungssystem kann mit einem Ansatz der Energieübertragung vom Reader zum Transponder erstellt werden [Hei12b] (beide Gleichungssysteme ergeben dieselbe Chipimpedanz).

5.5.2. Messablauf

Zur Bestimmung der Chipimpedanz wird jeweils eine Antenne mit dem RFID-Chip verbunden, wie in Kapitel 5.4.4.1 beschrieben. Der daraus entstehende Transponder wird in den Messaufbau (Abbildung 5.27) eingebracht und das maximale Verhältnis von R^2/P_r, bei dem der Reader gerade noch eine Antwort des Transponders erhält, ermittelt. RFID-Reader führen in der Regel einen Frequenzdurchlauf über das jeweilige RFID-Spektrum durch, allerdings geht die Frequenz in die Betrachtung als Konstante ein. Daher muss der Frequenzdurchlauf des Readers für die Messungen deaktiviert und auf eine feste Frequenz bzw. Kanal eingestellt werden. Die Veränderung R^2/P_r kann durch Variation des Abstandes und/oder der Readerleistung erfolgen.

Die Readerleistung lässt sich in der Reader-Software einstellen, damit ist ein automatisiertes Bestimmen von R^2/P_r bei festem Abstand möglich. Allerdings ist die Leistung der getesteten RFID-Reader nicht stufenlos veränderbar und die vorhandenen Abstufungen haben sich als zu groß herausgestellt um R^2/P_r fein genug zu bestimmen. Dagegen kann der Abstand kontinuierlich verändert werden. Deshalb wurde der RFID-Reader bei den Messungen auf eine feste Leistung eingestellt und die Entfernung variiert. Beim Verändern der Entfernung muss die Messung zwingend in einer Absorberkammer durchgeführt werden da Multipath-Effekte auszuschließen sind. Wird nur die Readerleistung variiert ist dies nicht erforderlich, da die Multipathausbreitung konstant ist[21].

Das sporadische Antworten des Transponders in der Nähe der maximalen Reichweite (wie in Kapitel 5.4.4.5 beschrieben) hat sich als Schwierigkeit bei dessen Bestimmung herausgestellt. Der Einfluss wurde durch mehrfache Bestimmung des maximalen Leseabstandes mit Mittelwertbildung minimiert. Bei den Messung wurde der Transponder bei deaktivierten Feld des Readers an einer Stelle positioniert, das Feld aktiviert, 10 Ausleseversuche gestartet und dann das Feld wieder deaktiviert. Ein Transponder galt als auslesbar, wenn 5 von 10 Ausleseversuchen erfolgreich waren. Allerdings ergibt sich damit immer noch eine von Messung zu Messung schwankende maximale Lesereichweite. Daher ist zu erwarten, dass die Genauigkeit dieses Verfahrens etwas geringer ist als bei der Verwendung der gleichgerichteten Spannung.

5.5.3. Ergebnisse

Die Auswertung wird anhand der Regressionsanalyse durchgeführt, da sich diese bei der Auswertung der gleichgerichteten Spannung bewährt hat. Die Ergebnisse sind in Tabelle 5.6 aufgeführt und ergeben ähnliche Werte wie bei Verwendung der gleichgerichteten Spannung. Allerdings ist das Konfidenzintervall nahezu dreimal so groß. Die Genauigkeit der allgemeinen Methode angewendet auf den UTPV10 ist folglich geringer. Dies entspricht der Erwartung, da die maximale Lesereichweite nicht gut bestimmt werden konnte. Bei Transpondern mit kleineren Kapazitäten kann die Lesereichweite eventuell besser gemessen und ihre Impedanz somit genauer berechnet werden. Aus der Tabelle geht auch hervor, dass der Imaginärteil genauer bestimmt wird als der Realteil, das Verhältnis entspricht dem bei Verwendung der gleichgerichteten Spannung.

[21] Allerdings darf in dem Raum, in dem die Messung durchgeführt wird, nichts verändert werden!

Tabelle 5.6.: Ergebnis der Regressionsanalyse für die allgemeine Methode

	Impedanz [Ω]	Konfidenzintervall	
		Absoluter Wert [Ω]	Relativer Wert [%]
Realteil R_c	94	±17	18
Imaginärteil X_c	−299	±14	5

5.6. Vergleich der Verfahren und Diskussion

5.6.1. Vergleich der Verfahren

Die Impedanz des UTPV10 wurde anhand einer Auswahl der hier vorgestellten Verfahren bestimmt. Für jede der ermittelten Impedanzen wurde dazu eine Antenne hergestellt (anhand des Layouts von Kapitel 5.4.4.2 und mit einem Gewinn von ca. 1,6 dBi), mit dem Chip verbunden und die Reichweite gemessen. Die Ergebnisse sind in Tabelle 5.7 dargestellt. Die unsymmetrische Messung erfolgte mit der Testplatine aus Abbildung 5.10,

Tabelle 5.7.: Vergleich der beim UTPV10 gemessenen Impedanzen

Methode	Impedanz [Ω]		Reichweite [m]
Unsymmetrische Messung	68	-j 326	1,14
Kombinieren zweier Einzelportmessungen	58	-j 127	0,32
True Differentialmessung	23	-j 175	0,22
Abschätzung (Kapitel 5.4.4.4)	≈100	-j≈300	1,36
Gleichgerichtete Spannung (Kapitel 5.4.5)	89	-j 302	1,45
Allgemeines Verfahren (Kapitel 5.5)	94	-j 299	1,43

für die Kombination zweier Einzelportmessungen und der True Differentialmessung wurden jeweils ähnliche Testplatinen verwendet.

Die Ergebnisse zeigen, dass die Impedanzbestimmung mit der gleichgerichteten Spannung die größte Reichweite ergibt. Das auf allgemeine RFID-Chips erweiterte Verfahren kommt etwa zur gleichen Impedanz und erreicht somit ebenfalls eine hohe Reichweite. Die Abschätzung erzielt ein ähnlich gutes Ergebnis, allerdings nur aufgrund der Tatsache, dass mit der Antenne 100-300 nahezu die Chipimpedanz getroffen wird. Mit einer anderen Antennenauswahl, die von der Chipimpedanz stärker abweicht, wäre das Ergebnis womöglich weniger eindeutig. Die unsymmetrische Messung erzeugt eine akzeptable Reichweite, während das Kombinieren zweier Einzelportmessungen und die True Differentialmessung zu keinen guten Ergebnissen führen. Ein Grund dafür dürfte die ungünstige Anregung des UTPV10 bei der Messung mit diesen Verfahren sein. Wie in Kapitel 5.1.2.5 beschrieben, beeinflusst eventuell auch die Nichtlinearität des Gleichrichters die Messergebnisse bei der Kombination zweier Einzelportmessungen. Bei der True Differentialmessung hat beim verwendeten Netzwerkanalysator neben der differenziellen auch eine Common-Mode Anregung stattgefunden (Kapitel 5.1.2.6), dies dürfte ebenfalls das Messergebnis beeinflusst haben.

5.6.2. Diskussion

Die neue Methode konnte erfolgreich zur Bestimmung der Impedanz eines RFID-Chips am Beispiel des UTPV10 eingesetzt werden. Das Verfahren ist jedoch Arbeitsaufwendig: Es müssen verschiedene Antennen hergestellt, nacheinander mit dem Chip verbunden und die gleichgerichtete Spannung oder die maximale Lesereichweite bestimmt werden. Andererseits werden die Schwierigkeiten des Anschlusses des Messequipments an den RFID-Chip und den dadurch entstehenden hohen Reflexionsfaktor umgangen und es wird eine symmetrische Anregung erzeugt. Zudem werden keine Vorkenntnisse über den Chip (wie z. B. die Threshold-Leistung) oder eine Charakterisierung des Funkkanals benötigt. Das vorgestellte Verfahren ist außerdem praktisch veranlagt und benötigt kein teures HF-Equipment wie z. B. einen Netzwerkanalysator. Die Chipimpedanz wird von einem aufgebauten Chip bestimmt (im Gegensatz zur Messung von Chips auf Wafern), sodass die Effekte des Chip-Packagings und das Aufbringen auf der Leiterplatte berücksichtigt werden. Durch den Umgang mit den entstehenden Transpondern wird direkt die maximale Reichweite von verschiedenen Antennenimpedanzen ermittelt und kann zur Verifizierung der Berechnung verwendet werden. Die neue Methode eignet sich auch für die Entwicklung von Transpondern um z. B. die Einflüsse von verschiedenen Montagetechniken oder Substraten auf die Chipimpedanz zu bestimmen.

5.7. Schluss

5.7.1. Zusammenfassung

Für den Entwurf einer angepassten Transponderantenne muss die Impedanz des RFID-Chips bekannt sein und dafür gemessen werden. Es wurde gezeigt dass bei der Impedanzbestimmung von RFID-Chips ein hoher Reflexionsfaktor auftritt. Dieser führt bei der Kontaktierung des Chips zu nicht vernachlässigbaren Messunsicherheiten. Die Schwierigkeiten der Kontaktierung kann mit kontaktlosen Messverfahren umgangen werden, wofür allerdings zusätzliche Kenntnisse über den RFID-Chip benötigt werden. Da diese beim UTPV10 jedoch nicht zur Verfügung standen, konnten die Verfahren nicht verwendet werden. Aufbauend auf den diskutierten Methoden wurde eine neue kontaktlose Messmethode entwickelt. Dabei wird der Chip nacheinander mit verschiedenen Antennen verbunden, die sich in ihrer Impedanz unterscheiden. Für jede Antenne wird die Spannung nach dem Gleichrichter bestimmt. Mit diesen Werten und den Impedanzen der verwendeten Antennen wird die Impedanz des Chips berechnet. Für das Messen von anderen RFID-Chips (als dem UTPV10) kann die maximale Reichweite bzw. die minimale Reader-Leistung anstatt der gleichgerichteten Spannung verwendet werden. Die Methode wurde anhand des UTPV10 verifiziert und liefert dort gute Ergebnisse. Dabei erreichen Antennen, die auf die Werte der neuen Methode angepasst wurden, höhere Reichweiten als die der Vergleichsmethoden. Auch konnte anhand dieses Verfahrens die Impedanz von Nachfolgern des UTPV10 bestimmt werden. Das Verfahren wird bei den UHF-RFID-Chips des IPMS für die Messung der Chipimpedanz eingesetzt und liefert damit die Basis für ein angepasstes Antennendesign.

5.7.2. Ausblick

Die neue Methode zur Impedanzbestimmung ist vielseitig erweiterbar. So wird die Chipimpedanz bei nur einer Frequenz bestimmt, dabei ist die Modifikation auf mehrere Frequenzen trivial: Es müssen bei den gewünschten Frequenzen die gleichgerichtete Spannung (bzw. Reichweite) gemessen werden (allerdings sollten auch die Antennen für die verwendeten Frequenzen charakterisiert sein). Ebenso ist eine Änderung des Laststromes durch Variieren des Lastwiderstandes möglich. Damit kann die Chipimpedanz in Abhängigkeit vom Laststrom bestimmt werden, dies könnte die Grundlage einer Antennenoptimierung für Schreibzugriffe auf den EPROM oder spezielle Sensoren (mit hohem Stromverbrauch) sein. Bei der Verwendung der Reichweite bzw. Readerleistung muss nach dem Anbringen der Antenne manuell der Abstand zwischen Reader und Transponder verändert werden. Anstatt dessen ist auch eine Variation der Sendeleistung möglich. Da RFID-Reader oftmals keine feine Einstellung derer bieten, kann dazu ein steuerbares Dämpfungsglied verwendet werden. Dies würde eine automatisierte Ermittlung der Readerleistung ermöglichen. Das Ändern der Antennenimpedanz durch Anschluss verschiedener Antennen an den RFID-Chip ist ein zeitintensiver Vorgang, daher kann eine Optimierung zur Reduzierung des Aufwandes hier ansetzen. Um die Impedanz zu verändern, könnte z. B. ein variables Matchingnetzwerk zwischen Antenne und Chip eingesetzt werden. Eine weitere Möglichkeit ist die Verwendung eines Transponders, bei dem die Antenne mit verschiedenen Materialien in Verbindung gebracht wird, wie in Abbildung 5.28 gezeigt. Die Materialien sollen die Impedanz der Antenne verändern, dazu bieten sich Substrate mit verschiedenen relativen Permittivitäten an. Dadurch wird jedoch ebenso der Gewinn der Antenne beeinflusst, weshalb dieser (wie in Gleichung (5.37) gezeigt) in der Berechnung berücksichtigt werden muss. Anstatt der relativen Permittivität könnte zur Beeinflussung der Antennenimpedanz auch die Höhe des Substrates variiert werden. Um Antennen zeitnah zu fabrizieren, können sie z. B. aus einer Lötlitze gefertigt werden [HF12b]. Dazu wird die Lötlitze als metallische Struktur der Antenne verwendet und auf eine FR4-Leiterplatte aufgebracht (Abbildung 5.29). Mit solchen Antennen kann ebenfalls die Chipimpedanz bestimmt werden, allerdings ergibt sich aufgrund der höheren Fertigungstoleranzen eine größere Unsicherheit in der bestimmten Chipimpedanz [HF12b].

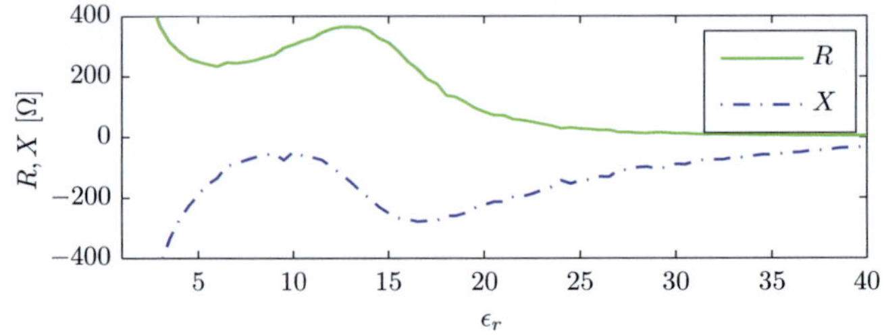

Abbildung 5.28.: Veränderung der Antennenimpedanz bei Verwendung verschiedener Materialien dargestellt durch verschiedene relative Primitivitäten. Simulation mit der Antenne aus Abbildung 5.22 mit $l = 130\,\text{mm}$, $a = 90\,\text{mm}$, $b = 4\,\text{mm}$, $w = w' = 1\,\text{mm}$ und einem Substrat mit der Dicke $t = 1{,}55\,\text{mm}$ und verschiedenem ϵ_r.

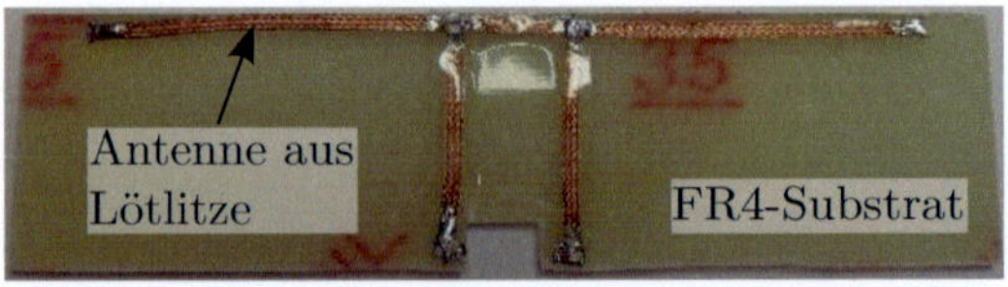

Abbildung 5.29.: Aus einer Lötlitze erstellte Antenne, Grafik in Anlehnung an [HF12b]

6. Demonstrator mit Dipolantenne

Um die Fähigkeiten des UTPV10 zu präsentieren, soll ein Konzept für einen Transponder als Demonstrator erarbeitet werden. Der Transponder ist auf die Größe einer Kreditkarte (85,69 x 53,98 mm) ausgelegt und verwendet eine FR4-Leiterplatte mit einer Dicke von 1,5 mm als kostengünstiges Substrat. Die Antenne besteht aus einem Dipol mit einer Anpassschaltung. Sie muss in die Leiterplatte eingepasst werden und genügend Platz für den Transponder und die Sensoren inklusive ihrer Beschaltung lassen. Um eine hohe Reichweite des Demonstrators zu erzielen soll die Antennen einen möglichst hohen Gewinn haben. Der UTPV10 wird kontinuierlich weiterentwickelt, daher werden regelmäßig Nachfolger des Chips produziert. Um die Antenne an die neuen Chips anzupassen, sind Modifikationen der Antenne nötig. Für deren zeitnahe Umsetzung liegt der Fokus beim Antennendesign auf einfachen Strukturen, die außerdem eine gute Möglichkeit der Impedanzanpassung bieten. Des Weiteren sollen Methoden zur analytischen Berechnung der ausgewählten Antennenstruktur untersucht werden. Auf diese Weise wird auch eine schnelle Anpassung der Antenne auf andere Substrate wie z. B. Folien oder Keramiken ermöglicht. Zudem soll der Einfluss der an den UTPV10 angeschlossenen Sensoren auf die Antenne mit der dazu notwendigen Beschaltung bestimmt werden. Die für den Demonstrator verwendeten Sensoren sind der TMP112, SHT21 und der BMP085. Diese benötigen weitere Widerstände und Kondensatoren (z. B. TMP112 [Tex09]) mit Anschlussleitungen.

Aufgrund der festen Vorgabe des Antennenmaterials beziehen sich alle in diesem Kapitel gezeigten Abbildungen auf Antennen mit einem 1,5 mm dicken FR4-Substrat ($\epsilon_r = 4{,}4$). Bei Antenneneigenschaften ohne Angabe der Frequenz ist der Wert bei 868 MHz gemeint. Sämtliche simulierte Ergebnisse sind mit der Software HFSS erstellt worden.

6.1. Einführung

Die Dipolantenne ist eine klassische Drahtantenne und einfach aufgebaut (Kapitel 4.1.1). Die Eingangsimpedanz eines dünnen Halbwellendipols liegt bei $(73 + 42{,}5\mathrm{j})\,\Omega$ [Bal05], das Strahlungsdiagramm entspricht dem eines Ringes [Bal05] und ist in Abbildung 6.1 dargestellt. Ein idealer Dipol hat eine Verstärkung von 2,2 dBi [Bal05]. Der Halbwellendipol ist aufgrund seines einfachen Aufbaus, einer guten Rundstrahlcharakteristik und einer Eingangsimpedanz von fast 50 Ω zur bevorzugten Antenne für viele Anwendungen geworden [Bal05]. Bei kleinen, mobilen Systemen werden anstatt eines Drahtdipols aus einer Leiterbahn bestehende Dipolantennen eingesetzt, womit die Antenne mit einer Leiterplattenfertigung herstellbar ist [Bal05]. Der Dipol wird dabei zu einer flachen Struktur (Abbildung 6.2). Die Eigenschaften dieser Antenne werden durch ihre Maße – Länge l und Breite w – sowie die elektrischen Eigenschaften und die Dicke t des Substrates bestimmt [Bal05]. Die Strahlungseigenschaften verhalten sich ähnlich denen des Drahtdipols [Bal05]. Diese Antenne wird in vielen verschiedenen Varianten bei UHF-RFID-

Transpondern eingesetzt [Dob08]. Das Antennendesign muss dabei die Anforderungen an die Transpondergröße berücksichtigen und den Dipol an die Chipimpedanz anpassen.

Abbildung 6.1.: Strahlungsdiagramm eines Halbwellendipols

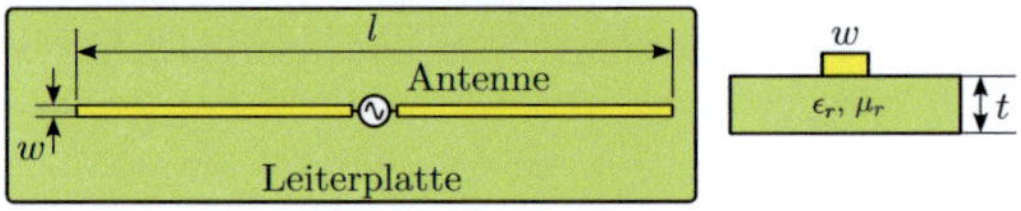

Abbildung 6.2.: Dipolantenne auf einer Leiterplatte

6.2. Impedanzverhalten - Anpassmöglichkeiten

In der HF-Technik wird die Impedanzanpassung im Frequenzbereich von UHF-RFID üblicherweise durch ein Anpassnetzwerk aus konzentrierten Bauelementen durchgeführt (Abbildung 6.3) [Poz05]. Die Bauteile eines solchen Anpassnetzwerkes benötigen allerdings

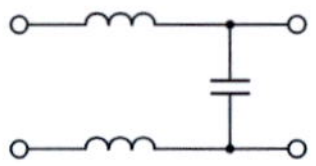

Symmetrisches L-Glied

Abbildung 6.3.: Anpassnetzwerk aus konzentrierten Bauelementen

Platz und verursachen Kosten – dies ist bei RFID-Transpondern nicht gewünscht [Dob08]. Daher erfolgt die Anpassung hier durch in die Antenne integrierte Strukturen bzw. Modifikationen der Antenne. Im Folgenden werden einige gängige Methoden zur Anpassung einer Dipolantenne an einen RFID-Chip betrachtet.

6.2.1. Variation von Länge und Breite

Aufgrund ihres einfachen Aufbaus bietet eine Dipolantenne wenig Möglichkeiten zur Veränderung ihrer Impedanz – zwei veränderbare Parameter sind die Länge und der Querschnitt der Antenne [Bal05]. In Abbildung 6.4 ist die Eingangsimpedanz einer Dipolantenne auf einem FR4-Substrat über der Länge l bei verschiedenen Leiterbahnbreiten w aufgetragen. Eine Änderung der Höhe der Leiterbahn hat nur einen geringen Einfluss und ist deshalb nicht dargestellt. Die Anpassung an den RFID-Chip kann eventuell durch Auswahl einer entsprechenden Längen-/Breiten- Kombination der Antenne erreicht werden. Allerdings

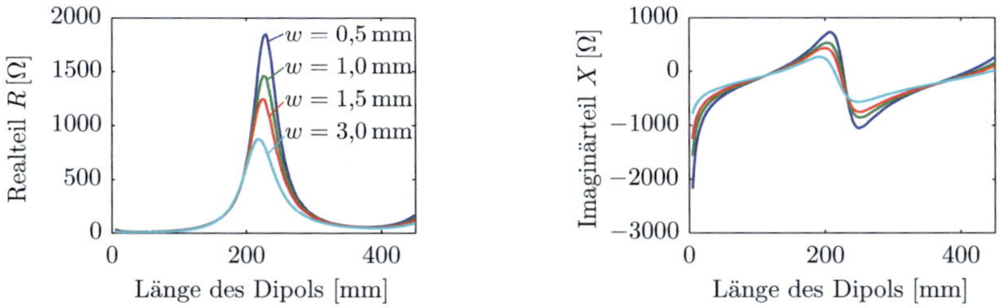

Abbildung 6.4.: Real- und Imaginärteil einer Dipolantenne in Abhängigkeit der Länge und Leiterbahnbreite

ist dies nur sehr begrenzt möglich, wie Abbildung E.1 im Anhang darlegt. Die Grafik zeigt die Eingangsimpedanz der Antenne bei Variation der Länge l und Breite w, dabei ist der für RFID-Chips interessante Impedanzbereich von $R = 0\,\Omega$ bis $400\,\Omega$ und $X = 0\,\Omega$ bis $400\,\Omega$ dargestellt. Es werden nur bestimmte Impedanzen von der Antenne angenommen – die Antenne kann somit an einen RFID-Chip mit einer entsprechenden Impedanz angepasst werden, bei RFID-Chips mit anderen Impedanzen (z. B. $(100 - 300\mathrm{j})\,\Omega$) ist dies jedoch nicht möglich. Des Weiteren ist zu beachten, dass große Änderungen der Länge die Strahlungseigenschaften beeinflussen. In Abbildung 6.5 sind die Strahlungsdiagramme für einen sehr kurzen ($l = 1/6\lambda$), einen „normalen“ ($\lambda/2$) und einen langen ($l = 1{,}5\lambda$) Dipol dargestellt. Bei langen Dipolen ist das Strahlungsdiagramm stark verändert: Anstatt

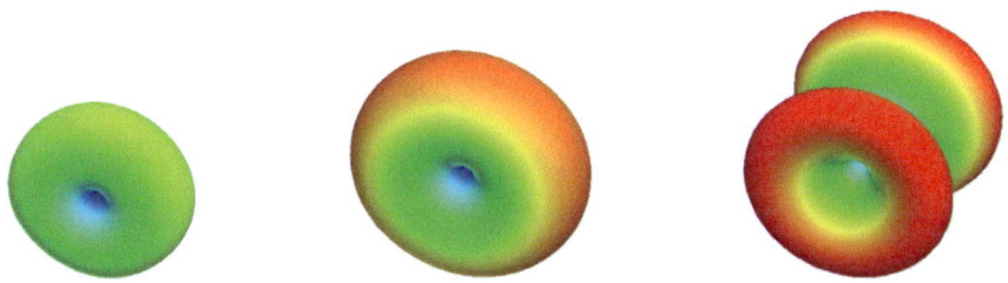

(a) Kurz (b) $\lambda/2$ (c) Lang

Abbildung 6.5.: Strahlungsdiagramm (Gewinn) einer Dipolantenne bei verschiedenen Längen

der Rundstrahlcharakteristik existieren nun zwei gebündelte Strahlungskeulen. Um ein Auslesen von möglichst vielen Seiten zu gewährleisten, ist für RFID-Transponder jedoch eine gute Rundstrahlcharakteristik von Vorteil, zudem sind lange bzw. große Antennen unerwünscht [Dob08]. Kurze Dipole sind wiederum wegen ihrer geringen Effizienz und vor allem aufgrund des geringen Imaginärteils nicht für RFID-Chips geeignet, wie die spätere Betrachtung in Kapitel 6.3.1 zeigt. Daher kann die Antennenlänge nur um einen gewissen Bereich um $\lambda/2$ variiert werden. Länge und Breite des Dipols eignen sich somit nur in sehr begrenztem Umfang zur Anpassung an den RFID-Chip.

6.2.2. Loading

Die Impedanz der Antenne kann auch mit im Nahfeld befindlichen Materialien geändert werden, einem sogenannten „Loading“ mit Materialien [Bal05]. Ein Loading ist ebenso mit Induktivitäten, Kapazitäten oder nicht angeschlossenen Leitungen möglich [Bal05]. Beim kapazitiven bzw. induktiven Loading werden an das Antennenende oder in die Antenne Kapazitäten oder Induktivitäten angebracht [RNL05] (Abbildung 6.6a). Mit der dadurch entstehenden Verstimmung ist eine Anpassung möglich. Um den Effekt ohne konzentrierte Bauelemente zu erreichen, können z. B. nicht angeschlossene Leitungen verwendet werden (Abbildung 6.6b), dies wird als Bar-Loading bezeichnet [RNL05]. Das Loading verringert allerdings oftmals die Effizienz der Antenne [Smi77]. Außerdem erfordert das Anbringen von Materialien oder konzentrierten Bauelementen meistens einen weiteren Fertigungsschritt bei der Herstellung des Transponders, was im RFID-Bereich aufgrund der zusätzlichen Kosten nicht erwünscht ist.

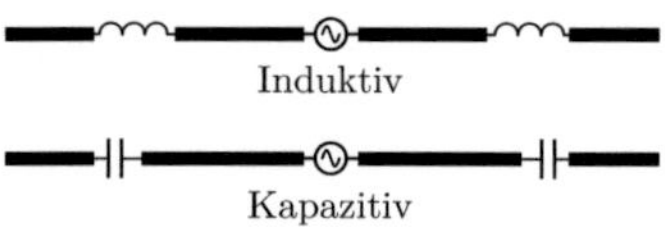

(a) Kapazitiv bzw. Induktiv

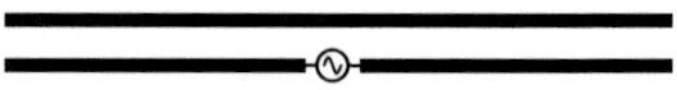

(b) Bar-Loading

Abbildung 6.6.: Dipolantenne mit kapazitivem und induktivem Loading

6.2.3. Gefalteter Dipol

Der gefaltete Dipol besteht aus einem Draht bzw. einer Leiterbahn, die zu einer engen Schleife gebogen ist [Bal05] (Abbildung 6.7). Wenn die Breite (bzw. der Radius beim Draht) überall gleich ist, wird dies als symmetrisch gefalteter Dipol bezeichnet, bei unterschiedlichen Breiten als asymmetrisch gefalteter Dipol [Bal05]. Neben Länge und Breite gibt es beim asymmetrisch gefalteten Dipol zwei weitere Parameter zur Impedanzanpassung: Den Abstand zwischen den Leiterbahnen b und die Breite der gefalteten Leiterbahn w'. Damit lässt sich ein größerer Bereich an Antennenimpedanzen erzielen (Abbildung E.2) als nur durch die Änderung von Länge und Breite.

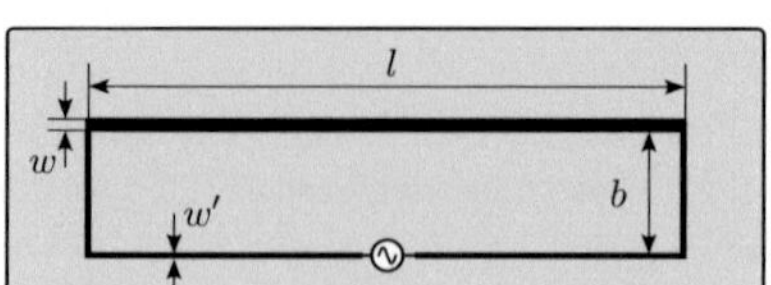

Abbildung 6.7.: Gefalteter Dipol auf einer Leiterplatte, Grafik in Anlehnung an [Mar08]

6.2.4. Direkt verbundene Leiterschleifen – T-Anpassung

Es sind weitere, sich ähnelnde Möglichkeiten zur Anpassung von Drahtantennen bekannt, beispielsweise die Delta-, Gamma-, Omega- und T-Anpassung [RK06]. Die Umsetzung dieser Anpassschaltungen mit Leiterbahnen auf einer Leiterplatte ergibt die T-Anpassung (engl. „T-Match") wie in Abbildung 6.8 gezeigt. Die T-Anpassung ist eine Art gefalteter

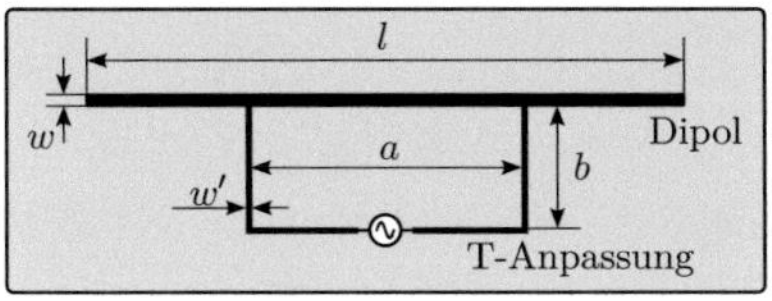

Abbildung 6.8.: T-Anpassung, Grafik in Anlehnung an [Mar08]

Dipol, bei dem die Länge der Schleife a variabel ist. Dadurch gibt es einen weiteren Parameter zur Beeinflussung der Impedanz, und es sind mehr Impedanzen der Antenne erzielbar, wie der Vergleich von Abbildung E.3 mit Abbildung E.2 im Anhang zeigt.

6.2.5. Induktiv gekoppelte Leiterschleife

Eine andere Möglichkeit der Anpassung stellt die induktiv gekoppelte Leiterschleife (engl. „inductively coupled loop") [SP05] aus Abbildung 6.9 dar. Die Dipolarme werden

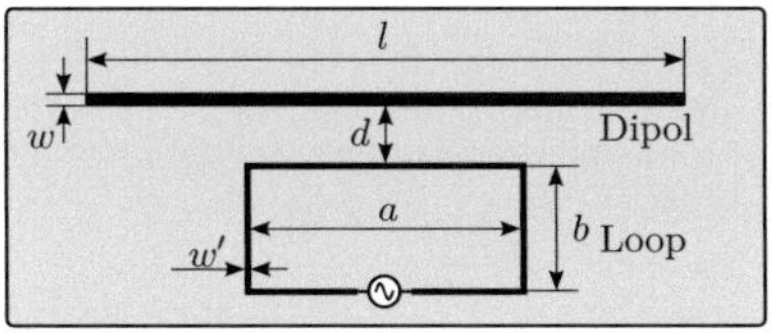

Abbildung 6.9.: Dipol mit induktiv gekoppelter Leiterschleife, Grafik in Anlehnung an [Mar08]

miteinander verbunden, Speisung und Anpassung geschehen über eine Leiterschleife. Diese hat jedoch keine direkte Verbindung mit dem Dipol, sondern befindet sich in einem kleinen Abstand zu diesem. Dadurch entsteht eine induktive Kopplung der Schleife und des Dipols. Durch verändern der Parameter lässt sich die Antenne an verschiedenste Chipimpedanzen anpassen. Diese Anpassung eignet sich besonders für Chipimpedanzen mit einem großen Phasenwinkel [Mar08]. Bei zunehmender Entfernung d der Leiterschleife vom Dipol nimmt die Effizienz der Kopplung und damit die Strahlungseffizienz (und damit die Verstärkung) der Antenne ab. Dies wird in Abbildung 6.10 gezeigt.

6.3. Verkürzung der Antenne

Auf einem FR4-Substrat hat eine resonante Dipolantenne eine Länge von ca. 111 mm, dies ist für viele Anwendungen jedoch zu groß. Daher werden oftmals kürzere Dipolantennen eingesetzt.

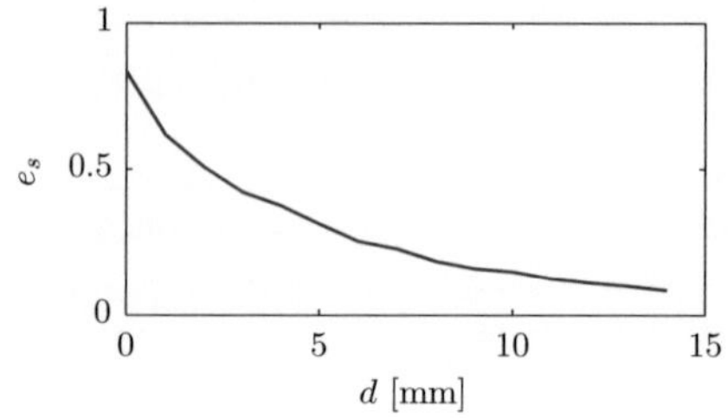

Abbildung 6.10.: Strahlungseffizienz e_s einer induktiv gekoppelten Leiterschleife in Abhängigkeit des Abstandes d mit $l = 148\,\text{mm}$, $a = 12\,\text{mm}$, $b = 10\,\text{mm}$ und $w = w' = 1\,\text{mm}$

6.3.1. Effekt der Verkürzung

Die Verkürzung eines Dipols beeinflusst die Impedanz und die Effizienz bzw. die Verstärkung der Antenne[1] [Bal05]. In Abbildung 6.11a ist die Effizienz in Abhängigkeit der Länge aufgetragen. Das Diagramm zeigt, dass eine kurze Antenne eine geringe Effizienz hat, weshalb die Verwendung kurzer Antennen nicht möglich ist, wenn ein hoher Antennengewinn erreicht werden soll. Die Veränderung der Impedanz hat dagegen wesentlich mehr Auswirkung auf das Antennendesign. Umso kürzer die Antenne ist, desto kleiner sind Real- und Imaginärteil wie es die Kurven in Abbildung 6.11b zeigen. Folglich können verkürzte Antennen nur über Anpassschaltungen mit RFID-Chips verbunden werden. Allerdings ist die notwendige hohe Transformation mit den in Kapitel 6.2 beschriebenen Methoden nur schwer realisierbar und nicht praktikabel.

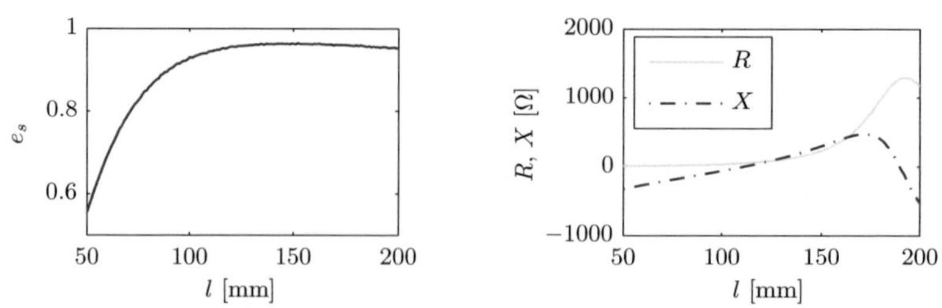

(a) Strahlungseffizienz (b) Impedanz

Abbildung 6.11.: Strahlungseffizienz und Impedanz einer Dipolantenne in Abhängigkeit der Länge l mit $w = 1\,\text{mm}$

[1] Die Direktivität einer sehr kurzen Dipolantenne ist unabhängig von deren Länge und beträgt 1,5 ($\approx$ 1,76 dB) [Bal05].

6.3.2. Erhöhung der Impedanz eines verkürzten Dipols

Die Länge der Leiterbahn einer Dipolantenne kann durch Mäandern (Abbildung 6.12a) vergrößert werden, während die gesamte Länge konstant bleibt [RC82]. Eine so elektrisch verlängerte Dipolantenne erreicht höhere Real- und Imaginärteile ihrer Antennenimpedanz [Dob08]. Daher wird das Verfahren unter anderem im RFID-Bereich zur Verkleinerung von Transpondern eingesetzt wie z. B. in [MY06, WSC+06] gezeigt. Allerdings

(a) Mäanderte Dipolantenne (b) Dipolantenne mit Knick

Abbildung 6.12.: Einpassen einer Dipolantenne in einen vorgegebenen Bereich mit Mäandern und Abknicken der Antenne

wird in [Mar03] nachgewiesen, dass die Verstärkung der Antenne durch das Mäandern abnimmt. Die größte Verstärkung wird mit einem möglichst langen und geraden Antennenstück nach der mittigen Speisung erreicht, der Rest des Dipolarms sollte am Rand abgenickt werden [Mar03], wie es Abbildung 6.12b zeigt. Der Dipol setzt sich nun aus den Leitungsstücken l_1 und l_2 zusammen. Aufgrund der sinusförmigen Stromverteilung bei Dipolantennen ist der Strom am Ort der Speisung am größten und nimmt nach außen hin ab, bis er am Ende null ist, weshalb hauptsächlich das Leitungsstück l_1 zur Abstrahlung beiträgt [Mar03, Bal05]. Durch l_2 wird vor allem die Impedanz erhöht, wie die Simulation einer Dipolantenne mit länger werdendem l_2 in Abbildung 6.13 zeigt. Umso länger das abgeknickte Stück l_2 ist, desto größer werden der Real- und Imaginärteil der Antenne, der Gewinn hingegen schwankt nahezu unabhängig zwischen 1,5 dBi und 2 dBi (Abbildung E.4).

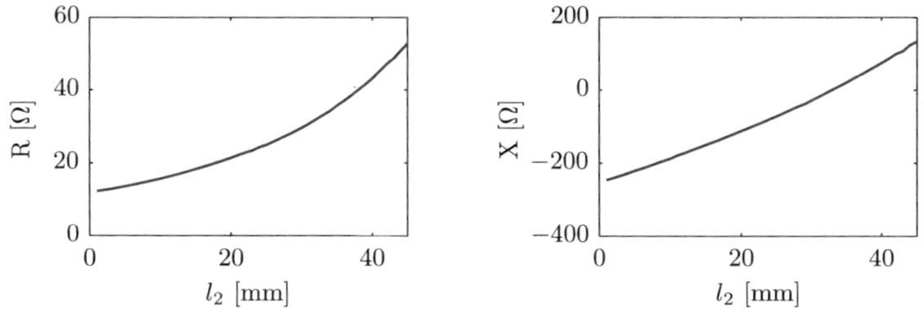

Abbildung 6.13.: Impedanz einer Dipolantenne in Abhängigkeit der Länge des Knicks l_2 mit $l_1 = 41\,\text{mm}$ und $w = 1\,\text{mm}$

Eine weitere Möglichkeit, die Antenne elektrisch zu verlängern und vor allem die Induktivität zu erhöhen, ist das Aufweiten des Antennenendes [Dob08]. Dies wird durch Anbringen einer Kupferfläche (in beliebiger Form) am Ende der Antenne erreicht (Abbildung 6.14). Die dadurch hervorgerufene Impedanzveränderung ist in Abbildung 6.15

dargestellt: Der Imaginärteil wird mit größer werdender Box größer, wohingegen der Realteil gleich bleibt. Wie beim Abknicken wird der Gewinn dadurch kaum beeinflusst (Abbildung E.5).

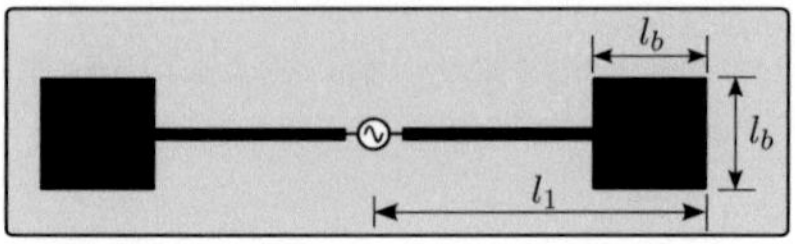

Abbildung 6.14.: Dipolantenne mit Endkapazität

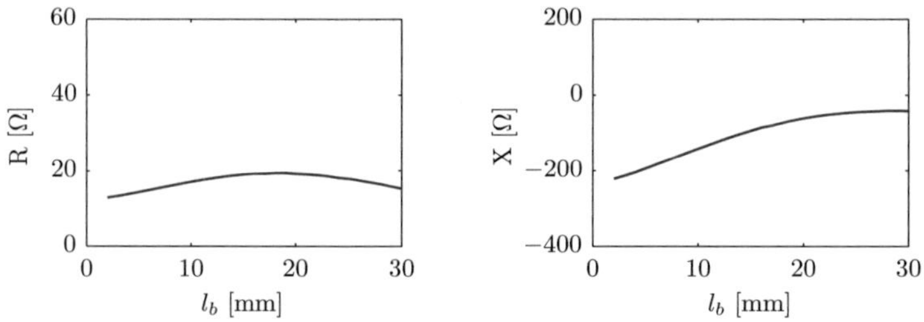

Abbildung 6.15.: Impedanz einer Dipolantenne in Abhängigkeit der Größe der Enkapazität l_b mit $l_1 = 41\,\text{mm}$ und $w = 1\,\text{mm}$

6.4. Ausgewähltes Modell

Für den Demonstrator wird eine Dipolantenne auf einer FR4-Leiterplatte in der Größe einer Kreditkarte erstellt, dazu muss die Antenne auf dieser Fläche untergebracht und an den RFID-Chip angepasst werden. Laut der Betrachtung in Kapitel 6.3 bedingt ein möglichst langes gerades Antennenstück den größten Antennengewinn. Um die Antenne in die vorgegebene Fläche einzupassen, wird sie daher am Rand abgeknickt (Abbildung 6.16). Die Antenne besteht aus einer geraden Leiterbahn mit einer Länge von 81 mm, einem abgeknickten Teil mit einer Länge von 31,5 mm und den Endkapazitäten mit einer Seitenlänge von 4 mm. Damit ist sie zwar länger als die resonante Länge auf diesem Substrat (ca. 111 mm), erreicht jedoch einen höheren Real- und Imaginärteil der Antennenimpedanz ($(100 + 240\text{j})\,\Omega$), was zu einer leichteren Anpassung an den UTPV10 führt. Die Anpassung wird mit der T-Anpassung realisiert, da sie einen sehr großen Impedanzbereich der Antenne erzeugen kann und keinen Verlust wie die induktiv gekoppelte Leiterschleife[2] oder das Loading bedingt. Um den Chip und die Schaltung vom Dipol abzusetzen und damit den Einfluss auf die Antenne zu verringern, wird ein großer Abstand b verwendet. Mit einer diagonalen Anordnung wäre das gerade Antennenstück zwar länger, allerdings

[2] Zudem zeigten mehrere eigene Entwürfe einer induktiv gekoppelten Leiterschleife für den UTPV10, dass die Leiterschleife sehr nahe an den Dipol herangebracht werden muss, um den hohen Realteil des UTPV10 zu erreichen – dieses Verhalten geht auch aus Abbildung 5 in [Mar08] hervor. Dabei konvergiert die Leiterschleife für diesen Fall zur T-Anpassung.

könnte der Dipol nicht mehr senkrecht abgeknickt werden. Zudem wäre der Platz für die T-Anpassung, den RFID-Chip und die Sensoren geringer. Das daraus entstandene Modell ist in Abbildung 6.16 dargestellt, die Maße der Antenne sind in Tabelle 6.1 angegeben.

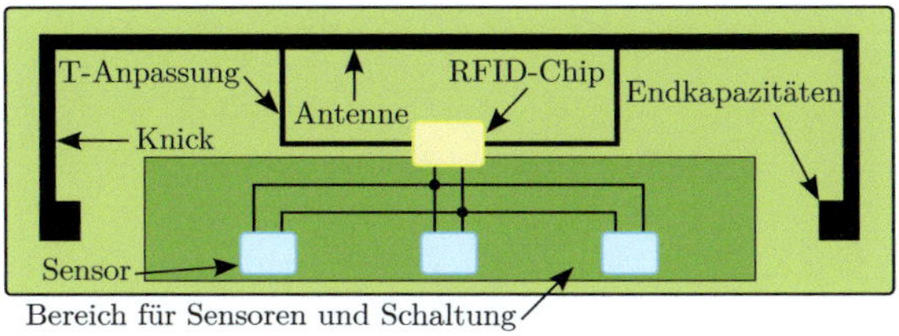

Abbildung 6.16.: Modell des Transponders

Tabelle 6.1.: Abmessungen der im Modell verwendeten Antenne, Maße in mm

l_1	l_2	l_b	a	b	w	w'
81	31,5	4	11	21	1,2	0,8

6.5. Modellierung

Die Transponderantenne muss so dimensioniert werden, dass die Antennenimpedanz an die Chipimpedanz angepasst ist, dies geschieht durch eine Änderung der T-Anpassung. Die Struktur der Antenne ist durch das vorige Kapitel festgelegt. Um eine zeitnahe Optimierung an verschiedene Chipimpedanzen zu ermöglichen, werden analytische Modelle zur Berechnung der T-Anpassung hinsichtlich ihre Eignung für das Transponderdesign untersucht. Dabei ist die gerade Dipolantenne auf einer Leiterplatte (ohne Knick und Endkapazität) Ausgangspunkt der Modellierung. Dieses Modell wird über den gefalteten Dipol zur T-Anpassung erweitert.

6.5.1. Dipol

6.5.1.1. Drahtdipol

Die Impedanz eines elektrisch perfekt leitenden Drahtdipols mit kleinem Radius[3] kann mittels der *induced emf method* [Bal05] abgeschätzt werden. Mithilfe der *three-term theory* [KHA66, KW66, KHA67, KW67] kann unter Verwendung einer komplexen Kreiswellenzahl die Impedanz einer nicht perfekt leitenden zylindrischen Dipolantenne in einer geschlossenen Gleichung angegeben werden [Vis09]. Die Admittanz $\underline{Y}_D$ der Dipolantenne mit der Länge $l = 2h$ und dem Radius r_1 in Abbildung 6.17 lautet demnach [KW66]:

$$\underline{Y}_D = j\frac{2\pi k_0}{\eta_0 \underline{k} \Psi_{dR} \cos(\underline{k}h)} \left\{ \sin(\underline{k}h) + T_U \left[1 - \cos(\underline{k}h)\right] + T_D \left[1 - \cos(0{,}5 k_0 h)\right] \right\} \ . \quad (6.1)$$

[3] Der Radius ist wesentlich kleiner als die Länge.

Dabei ist $\eta_0 = \epsilon_0/\mu_0$ der Wellenwiderstand des Freiraumes (377 Ω) und k_0 ist die Freiraum-

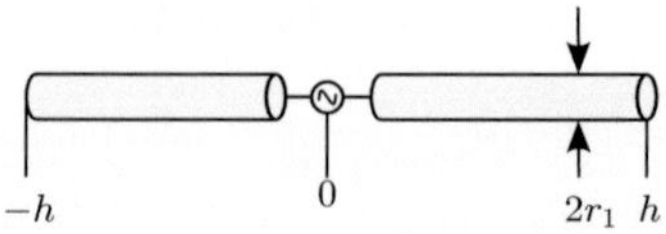

Abbildung 6.17.: Modell des Drahtdipols

Kreiswellenzahl ($k_0 = \omega\sqrt{\epsilon_0\mu_0}$) mit $\omega = 2\pi f$ als Kreisfrequenz. Um die Verluste durch den elektrischen Widerstand zu berücksichtigen, wird eine komplexe Kreiswellenzahl $\underline{k}$ verwendet [KW66]:

$$\underline{k}^2 = k_0^2 \left[1 - j\frac{4\pi z^i}{k_0\eta_0\Psi_{dR}}\right] . \tag{6.2}$$

Durch z^i wird die Impedanz des Drahtes/Drahtzylinders per Einheitslänge angegeben [KW66]:

$$z^i = \frac{1}{\pi r_1^2\sigma_1}\left(\frac{\kappa r_1}{2}\right)\frac{J_0(\kappa r_1)}{J_1(\kappa r_1)} . \tag{6.3}$$

Die Berechnung der Parameter für obige Formeln ist in Anhang E.3.1 angegeben. Die Impedanz der Dipolantenne $\underline{Z}_D$ entspricht dem Kehrwert der Admittanz [Bal05]:

$$\underline{Z}_D = \frac{1}{\underline{Y}_D} . \tag{6.4}$$

6.5.1.2. Planarer Dipol auf einer Leiterplatte

Bei kleinen, mobilen Systemen wird die Antenne direkt auf der Leiterplatte mit der Schaltung aufgebracht. Dazu muss sie aus planaren Leiterbahnzügen bzw. Kupferflächen auf der Leiterplatte bestehen. Eine solche Dipolantenne hat anstatt eines Radius eine Breite w, wie Abbildung 6.18 zeigt. Um die Eigenschaften dieses Dipols bestimmen zu können, wird eine äquivalente Drahtantenne mit der Länge l und einem äquivalenten Radius r verwendet [Bal05]. Damit kann die Impedanz nach Gleichung (6.4) berechnet werden. Für eine Dipolantenne auf einer Leiterplatte[4] lautet der äquivalente Radius [Bal05]:

$$r_1 = 0{,}25\, w . \tag{6.5}$$

Dabei wird allerdings nur die planare Leiterbahn berücksichtigt. Der Einfluss des Substrates (Leiterplatte), auf der sich die Leiterbahn befindet, muss zusätzlich beachtet werden. In [PN84] wird gezeigt, dass sich die Antenne in eine äquivalente zylindrische Drahtantenne mit einem dielektrischem Belag und daraus weiter in eine Drahtantenne mit magnetischen Belag überführen lässt [Vis09]. Diese Transformationen sind in Abbildung 6.18 dargestellt. Die Antenne (Abbildung 6.18a) kann als zwei parallele Leiterbahnen mit unendlichem Abstand $d = \infty$ aufgefasst werden (Abbildung 6.18b). Bei dieser Struktur lässt sich die

[4] Die Höhe einer Leiterbahn ist wesentlich kleiner als ihre Breite und damit unerheblich [Bal05].

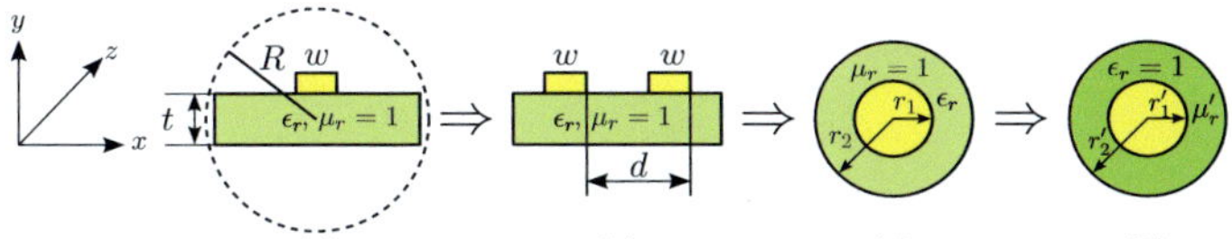

Abbildung 6.18.: Erzeugung einer äquivalenten zylindrischen Dipolantenne aus einer Dipolantenne auf einer Leiterplatte

Kapazität zwischen den Leiterbahnen pro Längeneinheit mithilfe der Gleichung[5] [YY68]

$$\frac{1}{C_a'} = \frac{1}{\pi\epsilon_r\epsilon_0}\int_{z=0}^{\infty}\frac{16}{z^3w^2}\sin^2\left(\frac{zw}{2}\right)\sin^2\left(\frac{zd}{2}\right)\frac{\epsilon_r^2\cosh(zt)+\epsilon_r\sinh(zt)}{(\epsilon_r^2+1)\sinh(zt)+2\epsilon_r\cosh(zt)}dz \tag{6.6}$$

berechnen [Vis09]. Ein unendliches d führt in obiger Gleichung allerdings zu einem unendlichen $1/C_a'$. In [PN84] wird die Verwendung von $d = 20$ bis 100 mal R empfohlen, in dieser Arbeit wird $d = 100\ R$ gesetzt. Mit der Kapazität pro Längeneinheit können die Radien in Abbildung 6.18c bestimmt werden[6] [PN84]:

$$\frac{r_2}{r_1} = \exp\left\{\frac{\epsilon_r}{\epsilon_r - 1}\left[\ln\left(\frac{d}{r_1}\right) - \frac{\pi\epsilon_0}{C_a'}\right]\right\}\ . \tag{6.7}$$

Mit $r_1 = w/4$ [PN84] ergibt sich daraus:

$$r_2 = \exp\left\{\frac{\epsilon_r}{\epsilon_r - 1}\left[\ln\left(\frac{4d}{w}\right) - \frac{\pi\epsilon_0}{C_a'}\right]\right\}\frac{w}{4}\ . \tag{6.8}$$

Dadurch erhält man den Dipol in Abbildung 6.18c, der aus einem Leiter mit Radius r_1 umgeben von einem dielektrischen Belag mit dem Radius r_2 und der relativen Permittivität ϵ_r besteht. Zudem wird in [PN84] empfohlen, den dielektrischen Belag in einen magnetischen „umzuwandeln“ da dies zu dünneren Belägen führt und somit die Impedanzberechnung genauer wird. Es ergibt sich der Dipol in Abbildung 6.18d mit [PN84]:

$$r_1' = r_2\left(\frac{r_1}{r_2}\right)^{1/\epsilon_r} = r_2\left(\frac{w}{4r_2}\right)^{1/\epsilon_r} \tag{6.9}$$

$$r_2' = r_2 \tag{6.10}$$

$$\mu_r' = \mu_r\ \epsilon_r \tag{6.11}$$

Das Verfahren wird in [MW95] erweitert, um die Dipolantenne mit magnetischem Belag in eine Dipolantenne mit einer Impedanz pro Längeneinheit umzurechnen [Vis09], wie in Abbildung 6.19 dargestellt. Die Impedanz des Zylinders z^i (in Gleichung (6.3)) und der magnetische Belag μ_r werden in eine Impedanz pro Längeneinheit des Zylinders

[5] Aus [YY68] Gleichung (1); dabei wurde $h_1 = 0$ und damit $h = h_2$ gesetzt, da sich über den Leiterbahnen kein Substrat befindet.

[6] Aus [PN84] Gleichung (11): Es gilt $k = 1$, da das Zwei-Leitungen-Modell verwendet wird.

überführt – der Belag des Zylinders entfällt [MW95]:

$$z^{im} = z^i + \frac{j\omega\mu_0}{2\pi}(\mu_r' - 1)\ln\left(\frac{r_2'}{r_1'}\right) . \tag{6.12}$$

Durch Verwendung von r_1' und z^{im} anstatt r_1 und z^i in Gleichung (6.1) kann nun die Impedanz eines planaren Dipols auf einer Leiterplatte berechnet werden [Vis09].

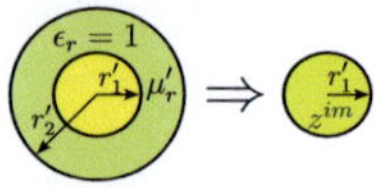

Abbildung 6.19.: Umwandlung der Dipolantenne aus Abbildung 6.18d mit magnetischem Belag in eine Dipolantenne mit einer spezifischen Impedanz

6.5.1.3. Evaluation des Modells

Das Modell zur Berechnung der Impedanz wird anhand zweier Dipole mit einer Simulation verglichen. Die Dipole haben das in Abbildung 6.20 dargestellte Layout, die Maße sind in Tabelle 6.2 aufgeführt. Variante 1 entspricht dem Monopol auf einer Groundplane aus [PN84], anstatt diesem wird in dieser Arbeit jedoch ein äquivalenter Dipol (ohne Groundplane und doppelt so lang) verwendet. Die Impedanz des Dipols ist dabei doppelt so groß wie die eines äquivalenten Monopols [Bal05], weshalb die Admittanz des Dipols nur halb so groß ist. Neben der Antenne in [PN84] wird als zweiter Vergleich ein bei 868 MHz resonanter Dipol auf einer FR4-Leiterplatte verwendet. Das zweite Modell entspricht dem Frequenzbereich bei UHF-RFID, weshalb die Qualität dieses Modells hier entscheidend ist. Die Ergebnisse sind in Abbildung 6.21 dargestellt.

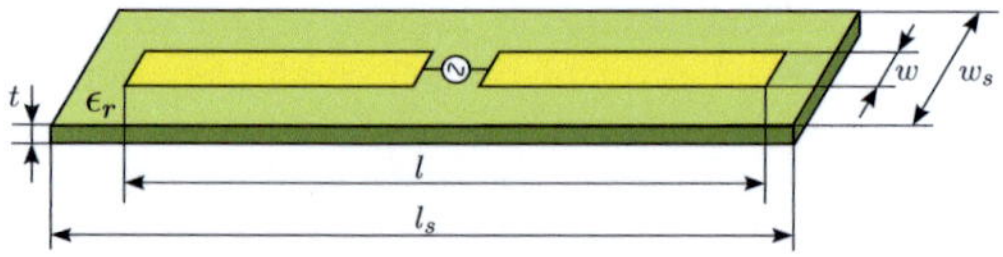

Abbildung 6.20.: Modell zur Evaluation der analytischen Berechnung

Tabelle 6.2.: Abmessungen der zum Vergleich verwendeten Modelle, Maße in mm

	l	w	t	l_s	w_s	ϵ_r
Variante 1: Dipol aus [PN84]	600	12	1,5	600	51	4,7
Variante 2: Bei 868 MHz resonanter Dipol	130	1	1,5	200	100	4,4

Wie auch in [PN84] gezeigt, stimmt das Modell für Variante 1 (innerhalb des gezeigten Frequenzbereichs) gut mit der Simulation bzw. der Messung in [PN84] überein. Allerdings entstehen bei Variante 2 im UHF-RFID-Frequenzbereich große Abweichungen zwischen

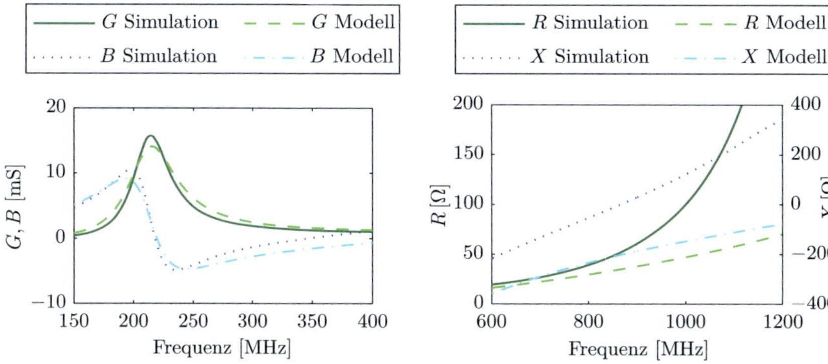

(a) Variante 1 (b) Variante 2

Abbildung 6.21.: Vergleich des Modells aus Gleichung (6.12) und einer Simulation

dem Modell und der Simulation. Das Modell kann daher nur als grobe Abschätzung für den angegebenen Bereich verwendet werden. Es ist nicht für das Antennendesign der hier betrachteten Dipolantenne einsetzbar und kann daher auch nicht als Basis der folgenden Betrachtung des gefalteten Dipols dienen. Hierfür ist eine elektromagnetische Simulation nötig.

6.5.2. Gefalteter Dipol

6.5.2.1. Modellierung eines gefalteten Dipols

Die analytische Betrachtung der T-Anpassung erfolgt ausgehend von einem gefalteten Drahtdipol, der zur T-Anpassung auf einer Leiterplatte erweitert wird. Ein gefalteter Drahtdipol besteht aus einem gebogenen Zylinder [Bal05], wie Abbildung 6.22a zeigt. Der darin fließende Strom wird in einen Transmissionline-Mode und einen Antenna-Mode aufgeteilt [Jas61], Abbildung 6.22b.

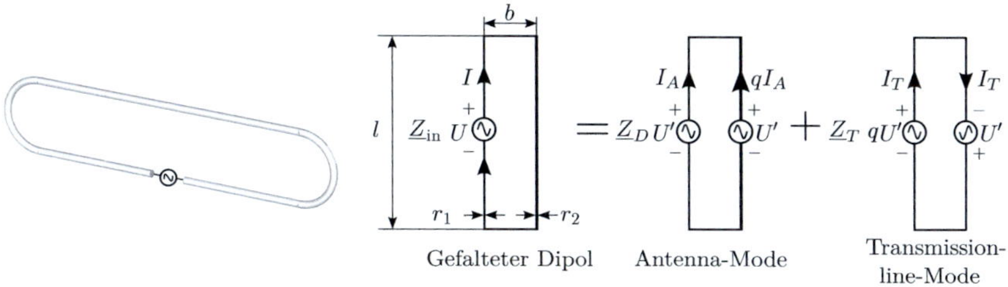

(a) Modell (b) Aufteilung des Stromes in einen Transmissionline-Mode und einen Antenna-Mode

Abbildung 6.22.: Gefalteter Drahtdipol, Grafik in Anlehnung an [Vis09]

Die Impedanz des gefalteten Dipols kann nach [Jas61]

$$\underline{Z}_{\text{in}} = \frac{2\,(1+\alpha)^2\,\underline{Z}_D\,\underline{Z}_T}{(1+\alpha)^2\,\underline{Z}_D + 2\,\underline{Z}_T} \tag{6.13}$$

berechnet werden. Die Gleichung besteht aus:

- $\underline{Z}_D$: Impedanz des Antenna-Modes; diese entspricht der Impedanz einer äquivalenten Dipolantenne mit dem Radius r_e [Jas61].
- $\underline{Z}_T$: Impedanz des Transmissionline-Modes; diese entspricht der Impedanz einer kurzgeschlossenen Transmissionline, die aus den beiden Drähten gebildet wird [Jas61].
- $(1+\alpha)^2$: Impedanz-Step-Up-Verhältnis [Jas61]

Der Antenna-Mode setzt sich aus zwei symmetrischen Quellen zusammen [Jas61]. Dessen Impedanz $\underline{Z}_D$ entspricht der einer Dipolantenne mit der Länge l und einem äquivalenten Radius r_e mit [Jas61]

$$\log r_e = \log r_1 + \frac{1}{(1+u)^2}\left(u^2 \log u + 2u \log v\right) \tag{6.14}$$

und

$$u = \frac{r_2}{r_1} \quad \text{und} \quad v = \frac{b}{r_1}\ . \tag{6.15}$$

Der Transmissionline-Mode besteht aus zwei asymmetrischen Quellen, daher ist dessen Impedanz $\underline{Z}_T$ gleich der einer kurzgeschlossenen Transmissionline mit der Länge l [Jas61]. Diese ergibt sich zu [Jas61]

$$\underline{Z}_T = jZ_0 \tan\left(0{,}5\ k_0\ l\right)\ , \tag{6.16}$$

darin ist k_0 die Freiraum-Wellennummer ($k_0 = 2\pi/\lambda$) und Z_0 die charakteristische Impedanz der Zweidrahtleitung [Jas61]:

$$Z_0 = \frac{120}{\sqrt{\epsilon}} \cosh^{-1}\left(\frac{b}{2\sqrt{r_1 r_2}}\right)\ . \tag{6.17}$$

Wenn die beiden Radien r_1 und r_2 klein gegenüber dem Abstand b sind, lautet das Step-Up-Verhältnis [Jas61]:

$$\alpha = \frac{\log\left(b/r_1\right)}{\log\left(b/r_2\right)}\ . \tag{6.18}$$

In [TEH80] wird gezeigt, dass dieses Modell für einen symmetrischen gefalteten Drahtdipol ($r_1 = r_2$) bis zu einem Abstand der beiden Antennenarme von $b \leq 0{,}01\lambda$ sehr gut mit einer numerischen Simulation übereinstimmt. Bei einem Abstand größer als $0{,}01\lambda$ wird das Modell allerdings ungenau und kann nicht mehr zur Berechnung der Impedanz verwendet werden [TEH80]. Die Gültigkeit des Models kann bis zu einem Abstand von $b \leq 1/6\lambda$ durch Anbringen einer Verlängerung an den Dipol für den Antenna- und den Transmissionline-Mode erhöht werden [CF91]. Das bisher nur auf den Drahtdipol angewendete Modell wird in [Lam85] auf einen planaren gefalteten Dipol umgesetzt. Die dafür verwendeten Gleichungen sind in Anhang E.4.1 gegeben. Dieses Modell wird durch Verwendung einer genaueren Methode zur Berechnung der charakteristischen Impedanz der Transmissionline in [Vis07] weiter verbessert (Gleichungen siehe Anhang E.4.2). Zudem wird darin gezeigt, dass die Impedanz des Antenna-Modes anstatt mit dem Verfahren in Kapitel 6.5.1.2 auch mit einer Berechnung nach den Polynomfit-Gleichungen des King-Middleton-Modells [Ell03] (Anhang E.3.2) unter Verwendung einer modifizierten Länge und eines äquivalenten Radius gute Ergebnisse liefert.

6.5.2.2. Evaluation des Modells

Das analytische Modell kann die Impedanz eines gefalteten Dipols im Allgemeinen gut nachbilden. Die Impedanz des Antenna-Modes $\underline{Z}_D$ kann mit Gleichung (6.1), dem King-Middleton-Modell sowie einer elektromagnetischen Simulation erhalten werden. Dazu sind die in den Modellen angegebene äquivalente Länge und der entsprechende Radius zu verwenden. Für einen kleinen Abstand b ergibt sich eine gute Übereinstimmung des analytischen Modells mit einer elektromagnetischen Simulation. Abbildung 6.23a vergleicht das Modell eines gefalteten Dipols, mit den Abmessungen wie in [Vis07] angegeben, mit einer Simulation. Die Impedanz des Antenna-Modes $\underline{Z}_D$ wird mittels des King-Middleton-Modells berechnet. Die Verwendung von Gleichung (6.1) ergäbe eine größere Abweichung (die Antennenimpedanz kann damit nicht gut nachgebildet werden – Kapitel 6.5.1.3), während eine elektromagnetische Simulation für $\underline{Z}_D$ eine etwas bessere Übereinstimmung zeigen würde.

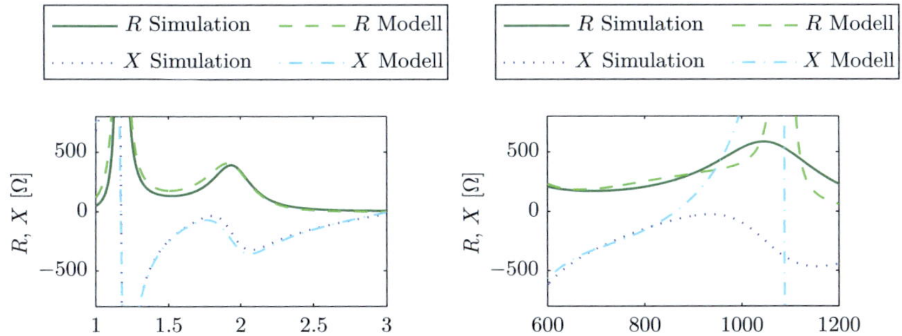

(a) Modell nach [Vis07]

(b) Modell für den Demonstrator

Abbildung 6.23.: Vergleich der analytischen Berechnung des gefalteten Dipols mit einer Simulation. Links: $l = 62{,}5\,\mathrm{mm}$, $b = 0{,}5\,\mathrm{mm}$, $w = w' = 1\,\mathrm{mm}$, $t = 1{,}6\,\mathrm{mm}$, $\epsilon_r = 4{,}28$. Rechts: $l = 130\,\mathrm{mm}$, $b = 14\,\mathrm{mm}$, $w = w' = 1\,\mathrm{mm}$, $t = 1{,}5\,\mathrm{mm}$, $\epsilon_r = 4{,}4$.

Allerdings kann das analytische Modell den gefalteten Dipol nur bei kleinem Abstand b der Leiterbahnen gut nachbilden (wie auch in [Lam85] erwähnt). Wird der Abstand größer, stimmt das Modell nicht mehr mit der elektromagnetischen Simulation überein. Dies zeigt die Anwendung des Modells bei einer Antenne mit für den Demonstrator typischen Maßen in Abbildung 6.23b: Das Modell kann den grundsätzlichen Verlauf der Kurven nicht mehr nachbilden (unabhängig ob eine elektromagnetische Simulation oder das King-Middleton-Modell für $\underline{Z}_D$ verwendet wird). Eine Abweichung der Kurven bei ähnlichem Verlauf könnte evtl. durch Modifikation der äquivalenten Länge und des Radius ausgeglichen werden, dies ist hier jedoch nicht möglich. Daher kann das Modell nicht zur Berechnung der Impedanz eines gefalteten Dipols verwendet werden.

6.5.3. T-Anpassung

Der gefaltete Dipol kann in eine T-Anpassung überführt werden (Abbildung 6.24). Dabei wird der Abstand der senkrechten Arme verkürzt und besitzt nun die variable Länge a. Die analytische Berechnung der T-Anpassung geschieht durch Substituieren von l mit a in Gleichung (6.16) [Mar08], dadurch ergibt sich:

$$\underline{Z}_T = jZ_0 \tan\left(\frac{ka}{2}\right). \tag{6.19}$$

Die Impedanz kann dann anhand der Gleichung (6.13) berechnet werden. Für $a = l$ stellt der gefaltete Dipol einen Sonderfall der T-Anpassung dar.

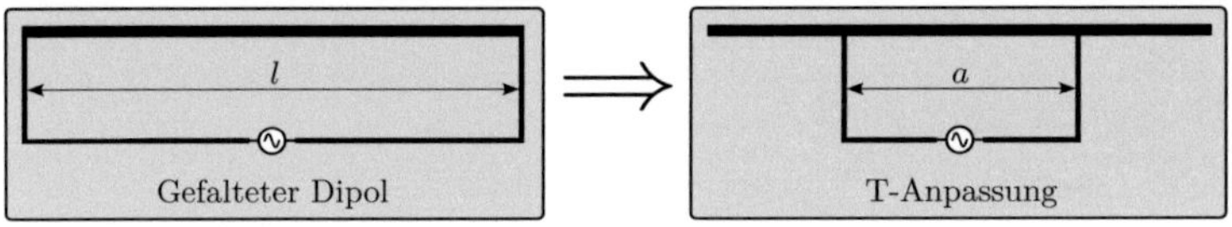

Abbildung 6.24.: Übergang vom gefalteten Dipol zur T-Anpassung

Wenn das analytische Modell des gefalteten Dipols mit der Simulation übereinstimmt, zeigt auch das analytische Modell der T-Anpassung eine gute Übereinstimmung. Analog ergibt sich eine große Abweichung bei der T-Anpassung, wenn das Modell des gefalteten Dipols eine große Abweichung zeigt. Dieses Verhalten wird mittels Gleichung (6.19) ersichtlich: Durch die Substitution von l mit a wird nur die Länge der Transmissionline verändert, das zugrunde liegende analytische Modell bleibt gleich.

Da das analytische Modell des gefalteten Dipols in dem hier betrachteten Bereich eine große Abweichung (Kapitel 6.5.2.2) zur Realität ergibt, kann die Berechnung der T-Anpassung nicht nach Gleichung (6.19) durchgeführt werden. Stattdessen wird im nächsten Kapitel eine Kombination aus einer elektromagnetischen Simulation und einer Kurvennäherung zur beschleunigten Berechnung verwendet.

6.6. Modellierung der Impedanz mittels eines Curve-Fittings

Wie die bisherigen Betrachtungen zeigten, können mit den analytischen Verfahren die Eingangsimpedanz eines planaren Dipols sowie die eines planaren gefalteten Dipols auf einer Leiterplatte im Allgemeinen gut nachgebildet werden. Allerdings erzeugen sie bei der gewünschten Antennenstruktur und dem verwendeten Frequenzbereich große Abweichungen und können daher nicht für den Antennenentwurf verwendet werden. Für einen beschleunigten Entwicklungsprozess wird hier ein Hybridverfahren (Definition siehe

Kapitel 4.4.3.4) vorgestellt, das durch eine elektromagnetische Simulation gekoppelt mit einem Curve-Fitting eine Bestimmung der Impedanz der T-Anpassung durchführt. Da die Eigenschaften der Leiterplatte (Dicke und Material) und damit auch die Länge des Dipols sowie die des Knicks vorgegeben sind, werden nur die Parameter der T-Anpassung betrachtet. Beim gezeigten Verfahren wird die Auswirkung einer Parameteränderung der T-Anpassung auf die Impedanzkurve über der Frequenz herangezogen. Diese wird dann mittels einer Kurvenanpassung nachgebildet.

6.6.1. Verhalten der T-Anpassung bei Veränderung des Abstandes

Der Parameter a der T-Anpassung hat den größten Wertebereich, somit führt eine analytische Berechnung bei verändertem a zur größten Zeitersparnis. Daher findet eine Betrachtung dieses Parameters statt. Das Verhalten der Antennenimpedanz mit T-Anpassung für verschiedene Werte von a ist in Abbildung 6.25 dargestellt. Ein kleiner

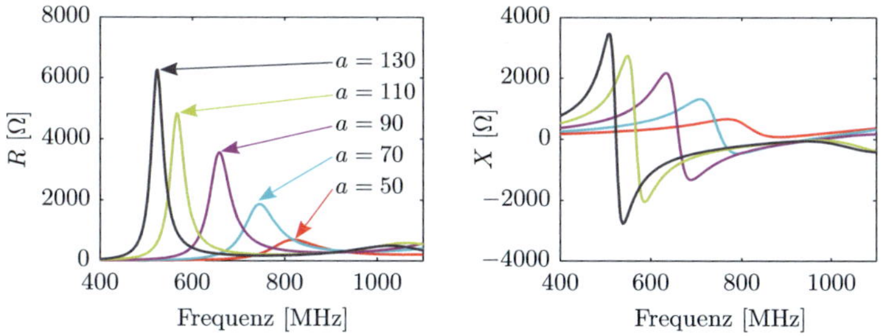

Abbildung 6.25.: Impedanzen einer T-Anpassung bei verschiedenem a mit $l = 130$ mm, $b = 4$ mm und $w = w' = 1$ mm

werdendes a verschiebt die Kurven nach rechts und verändert die Höhe. So kann z. B. die Kurve des Realteils von $a = 90$ mm aus der Kurve von $a = 130$ mm mit entsprechender Frequenzverschiebung und Modifikation der Höhe bestimmt werden. Dasselbe gilt für die anderen Kurven.

Die folgende Betrachtung geschieht anhand einer geraden Dipolantenne (ohne Knick und Endkapazität) mit T-Anpassung (Abbildung 6.7) und einer Länge von 130 mm. Für einen großen Wertebereich[7] von a, b, w und w' wurde die Antennenimpedanz über der Frequenz anhand einer elektromagnetischen Simulation bestimmt. Aus diesen Daten wird die nötige Verschiebung der Frequenz ermittelt um die Kurve des gefalteten Dipols (hier $a = 130$ mm) auf eine andere Kurve mit unterschiedlichem Wert von a (bei gleichen b, w und w') zu verschieben. In Abbildung 6.25 beträgt die Verschiebung von $a = 130$ mm auf $a = 110$ mm 52 MHz und auf $a = 90$ mm 130 MHz. Durch Anwendung dieses Verfahrens auf den gesamten Parameterraum entsteht die in Abbildung 6.26 dargestellte Frequenzverschiebung. Die eingetragenen Daten geben die benötigte Frequenzverschiebung in Abhängigkeit von a bei einem Satz von b, w und w' an (dargestellt durch eine einzelne Linie). Sie zeigen eine geringe Spreizung, daher kann die Frequenzverschiebung als nahezu

[7] Der Wertebereich wird durch die Größe der Leiterplatte vorgegeben: a bis 130 mm, b bis 20 mm, w und w' bis 2 mm.

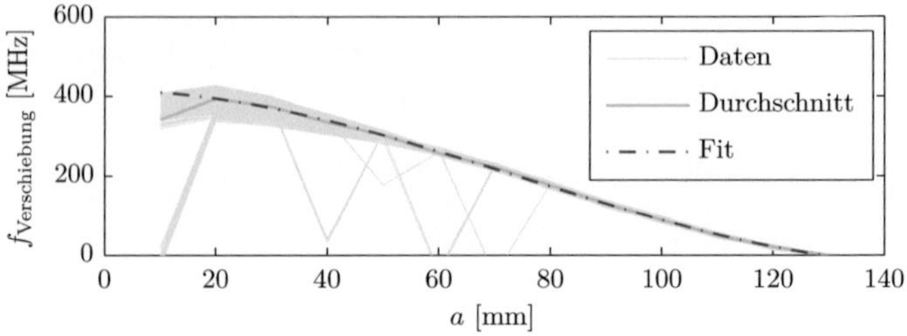

Abbildung 6.26.: Benötigte Frequenzverschiebung in Abhängigkeit von a bezogen auf $a = 130\,\text{mm}$

nur von a Abhängig betrachtet werden. Aus den Daten lässt sich der Mittelwert bilden und mit einem Polynom 3. Grades annähern. Die Gleichung dafür lautet:

$$f_{\text{Verschiebung}} = 2{,}8 \cdot 10^{11}\, a^3 - 6{,}2 \cdot 10^{10}\, a^2 + 1{,}7 \cdot 10^8\, a + 4{,}1 \cdot 10^8\ . \tag{6.20}$$

Nun ist es möglich für genau diese Antennenstruktur die nötige Frequenzverschiebung aus obiger Gleichung zu berechnen. Damit kann aus der (simulierten) Kurve der Antennenimpedanz über der Frequenz für $a = 130\,\text{mm}$ (mit b_1, w_1 und w'_1) die ungefähre Kurve der Antennenimpedanz für beliebiges a (mit b_1, w_1 und w'_1) ohne Simulation gewonnen werden, wie das Beispiel in Anhang E.5 zeigt. Bei den vereinzelten Ausreißern nach unten hat der verwendete Algorithmus die Frequenzverschiebung oftmals falsch bestimmt[8]. Der korrekte Wert der Frequenzverschiebung hat jedoch meistens den Wert des Fittes, sodass auch dort das Verfahren funktioniert.

Ebenso kann die Veränderung der Höhe der Kurve berücksichtigt werden. Dazu wird aus der verschobenen Kurve ein Faktor für die Modifikation der Höhe von R und X so bestimmt, dass die verschobene Kurve (von $a = 130\,\text{mm}$) sowie eine andere Kurve im Bereich von 750 MHz bis 950 MHz (entspricht dem für RFID relevanten Bereich) übereinanderliegen und dabei die geringste Abweichung aufweisen (dies ist in Abbildung E.12 in Anhang E.5 dargestellt). Für die Kurven in Abbildung 6.25 ergibt sich für $a = 110\,\text{mm}$ ein Faktor für R von 1,2 und für $a = 90\,\text{mm}$ ein Faktor von 1,5. Für X lauten die Faktoren 0,76 und 0,69. Die Anwendung dieses Verfahrens auf den betrachteten Parameterraum ergeben die in den Abbildungen 6.27 und 6.28 gezeigten Daten. Diese haben eine größere Spreizung als die Frequenzverschiebung und zeigen damit eine größere Abhängigkeit von den Parametern b, w und w'. Es kann wiederum der Durchschnitt gebildet und dieser mit den Näherungsformeln in den Gleichungen (6.21) und (6.22) beschrieben werden.

$$R_{\text{Faktor}} = -2{,}6 \cdot 10^6\, a^5 + 1{,}1 \cdot 10^6\, a^4 - 1{,}5 \cdot 10^5\, a^3 + 9{,}3 \cdot 10^3\, a^2 - 190\, a + 1{,}1 \tag{6.21}$$

$$X_{\text{Faktor}} = 1{,}1 \cdot 10^6\, a^5 - 4{,}1 \cdot 10^5\, a^4 + 5{,}0 \cdot 10^4\, a^3 - 2{,}4 \cdot 10^3\, a^2 + 47\, a - 0{,}26 \tag{6.22}$$

Mit der gezeigten Methode können aus der (simulierten) Impedanzkurve eines gefalteten Dipols mit b_1, w_1 und w'_1 die Impedanzkurven einer T-Anpassung mit beliebigen a (bei

[8]Es ist möglich die falsch erkannten Werte zu korrigieren. Dies wurde jedoch nicht durchgeführt, da das Verfahren soweit wie möglich automatisiert werden sollte.

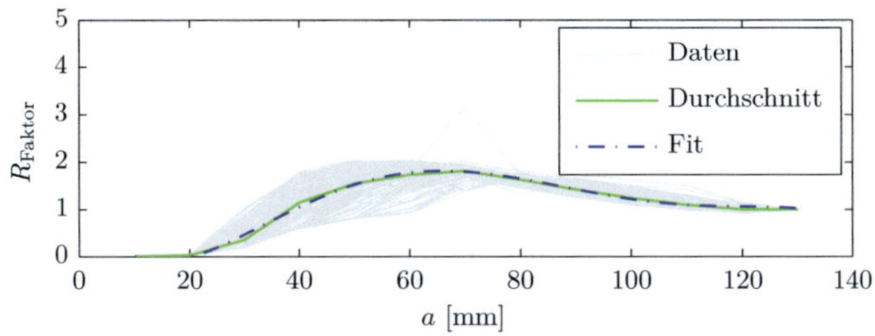

Abbildung 6.27.: Faktor für R in Abhängigkeit von a

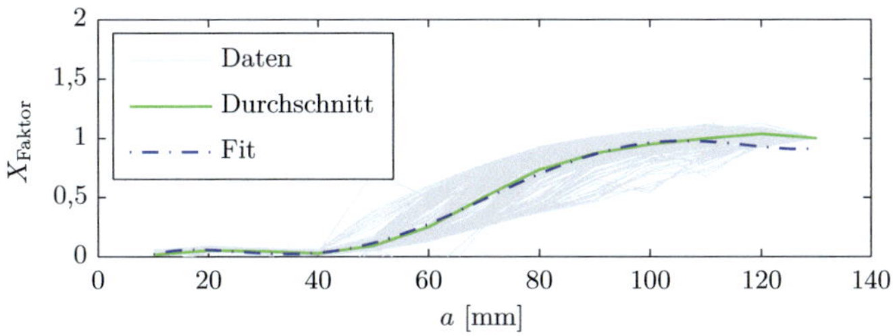

Abbildung 6.28.: Faktor für X in Abhängigkeit von a

b_1, w_1 und w'_1) in einem schmalen Frequenzbereich ohne Simulation bestimmt werden. Die Impedanzkurve für den gefalteten Dipol ist allerdings mit einer elektromagnetischen Simulation zu ermitteln. Da insgesamt nun weniger elektromagnetische Simulationen nötig sind, ist ein schnelleres Antennendesign möglich.

Während dieses Verfahren die Frequenzverschiebung gut nachbilden kann, ergeben sich beim Faktor für R und X größere Abweichungen aufgrund der breiteren Spreizung der Daten. Um den dadurch entstehenden Fehler zu verringern, kann der Bereich von a halbiert werden. Für den oberen Bereich kann die nötige Frequenzverschiebung und die Modifikation der Höhe anhand der Kurve von $a = 130\,\text{mm}$ bestimmt werden. Für den unteren Bereich anhand der Kurve von $a = 75\,\text{mm}$. Folglich liegen die Daten in beiden Bereichen näher beieinander und werden besser durch den Fit wiedergegeben. Zudem hat es sich bewährt die Gleichungen für die Frequenzverschiebung und Anpassung der Höhe während des Antennenentwurfs an den aktuell betrachteten Wertebereich anzupassen. Für die überwiegende Anzahl der hier durchgeführten Antennenentwürfe belief sich der Fehler durch diese Herangehensweise im Schnitt auf ca. 5 % bis 30 %. Eine nach diesem Verfahren gute Antenne (mit $|S_{11}| < -10\,\text{dB}$)[9] kam nach Überprüfung durch eine elektromagnetische Simulation meistens noch auf einen Reflexionsfaktor von $-7\,\text{dB}$ oder besser. Eine weitere Optimierung der Antenne kann anschließend mittels elektromagnetischen Simulationen erfolgen.

[9]Reflexionsfaktor zwischen der Antennen- und Chipimpedanz, berechnet nach Gleichung (3.45). Ein Wert von $-10\,\text{dB}$ bedeutet eine Energieübertragung von 90 % und wird im Allgemeinen als gut erachtet.

6.6.2. Verhalten der T-Anpassung bei Veränderung weiterer Parameter

Eine Veränderung des Parameters b zeigt ein ähnliches Verhalten wie Parameter a (Abbildung E.6), daher kann das beschriebene Verfahren auch bei diesem Parameter angewendet werden. Mit einer Aneinanderreihung könnte aus der simulierten Kurve eines gefalteten Dipols mit a_1 und b_1 die Kurve einer T-Anpassung mit a_2 und b_2 ohne Simulation ermittelt werden, wie Abbildung 6.29 zeigt. Allerdings hat sich dies als nicht praktikabel herausgestellt, da durch die wiederholte Anwendung mitunter eine sehr große Abweichung entsteht. Der Parameter a hat zudem den größten Wertebereich, sodass allein mit diesem Parameter eine Reduzierung der nötigen Simulationen erreicht werden konnte. Außer den Parametern a und b könnte das Verfahren auch auf andere Parameter angewendet werden, wie die Abbildungen (E.7) und (E.8) zeigen.

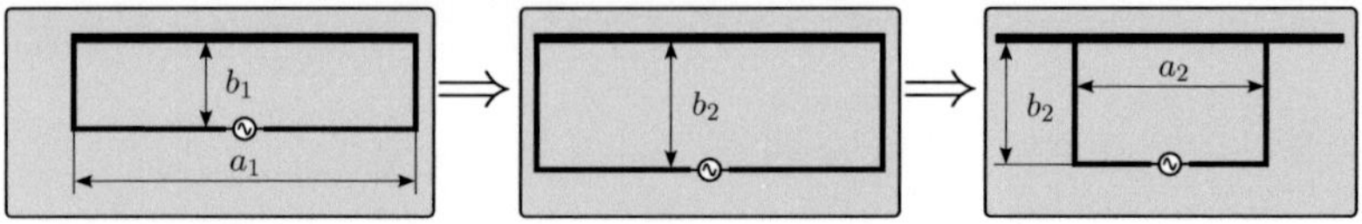

Abbildung 6.29.: Aneinanderreihung der Modifikationen von b und a

6.6.3. Diskussion

Die gezeigten Formeln für die Verschiebung der Frequenz und Anpassung des Wertes gelten nur für den angegebenen Dipol mit dem Substrat, womit dies kein allgemeingültiges Verfahren darstellt. Beim Entwurf der Antenne bzw. der T-Anpassung fallen die hier verwendeten Frequenzkurven an, d. h. für deren Erzeugung ist kein zusätzlicher Arbeitsschritt nötig. Daraus können dann die Gleichungen bestimmt und zur schnellen Beurteilung der Auswirkung einer Parameteränderung herangezogen werden. Herkömmliche Optimierungsverfahren wie z. B. das Quasi-Newton-Verfahren oder die Verwendung neuronaler Netze [WM97] benötigen meistens einen große Anzahl elektromagnetischer Simulationen. Im Gegensatz zu rein analytischen Methoden zur Berechnung von Dipolantennen mit T-Anpassung kann die hier vorgestellte Herangehensweise auch bei Antennen in verschiedenen Umgebungen wie z. B. in Schaltschränken angewendet werden. So wurde dieses Verfahren bei der in [HH13b, HH13a] entwickelten Antenne eingesetzt. Es ist einfach Anzuwenden und sehr flexibel. Mit diesem Verfahren wurden die Antennen für die Impedanzbestimmung (Kapitel 5) entworfen. Es kann darüber hinaus zum Entwurf der Endkapazitäten oder des Knicks verwendet werden.

6.7. Einfluss der Schaltung auf die Antenne

Auf die Leiterplatte mit der Antenne werden der RFID-Chip und die Sensoren aufgebracht, wie das Modell in Abbildung 6.16 und das Foto der hergestellten Antenne bzw. des Transponders in Abbildung 6.30 zeigen. Die Schaltung ist im Vergleich zur Antenne relativ klein und durch die T-Anpassung vom waagrechten Teil der Antenne abgesetzt. Zudem ist der größte Teil der Schaltung etwas unterhalb der abgeknickten Dipolarme und seitlich davon entfernt, daher ist zu erwarten, dass der Einfluss auf die Eigenschaften der

Antenne – insbesondere die Antennenimpedanz – gering ist. Mit dem in Kapitel 5.4.5.2 beschriebenen Verfahren ist es möglich, die Antennenimpedanz des Transponders ohne Kontaktierung eines Messgerätes zu ermitteln. Allerdings ist der Anschluss des Chips zu klein, um dort die benötigten Bauelemente anzubringen, sodass ein Durchführen der Impedanzmessung nicht möglich ist. Daher wird hier der Einfluss der Schaltung mit einer Simulation abgeschätzt. Dies geschieht über einen Import der Leiterbahnen und Durchkontaktierungen in die Simulationsumgebung. Das Simulationsmodell entspricht damit dem Transponder in Abbildung 6.30a, dabei sind keine Bauteile bestückt. Durch Anbringen der Sensoren und Bauteile verändert sich der Stromkreis auf der Platine, dies wird durch ein erweitertes Simulationsmodell berücksichtigt, bei dem die entsprechenden Widerstände und Kondensatoren eingefügt sind, die Sensoren werden durch kleine Metallrechtecke modelliert. Die Simulation bestätigt, dass die Schaltung nur einen geringen Einfluss auf die Antenne hat. Dies zeigt auch der praktische Einsatz des Transponders: Die Reichweite liegt mit ca. 1,4 m im Bereich der Werte, die der Transponder ohne Schaltung bei den Messungen für die Impedanzbestimmung erreicht hat.

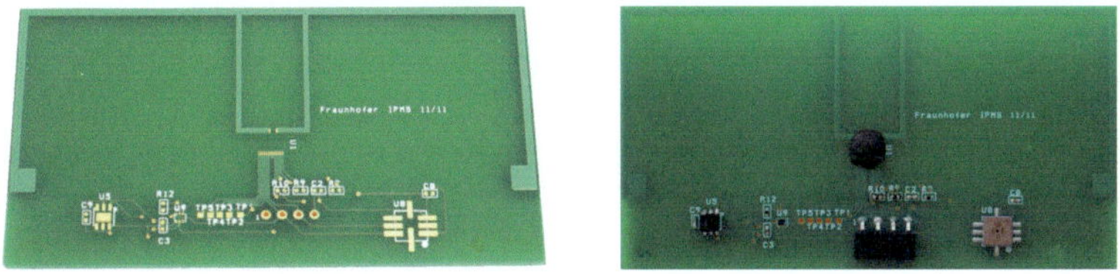

(a) Ohne Bauteile (b) Mit Bauteilen

Abbildung 6.30.: Foto des Demonstrators

Tabelle 6.3.: Auswirkung der Schaltung auf die Antenne

	Z [Ω]	G [dBi]	S_{11} [dB][10]
Nur die Antenne	93 + 263j	2,0	−16,0
Mit Leiterbahnen wie in Abbildung 6.16	75 + 258j	2,0	−12,3
Mit Leiterbahnen und bestückten Bauteilen	72 + 251j	2,0	−10,9

6.8. Schluss

6.8.1. Zusammenfassung

Für den UTPV10 ist ein Demonstrator in der Größe einer Kreditkarte erstellt worden. Um die Dipolantenne auf die geforderten Maße einzupassen, wurden die Antennenarme abgeknickt. Die Anpassung an den Chip geschieht mit einer T-Anpassung. Dieses Layout bietet genügend Platz, um verschiedene Sensoren an den UTPV10 anzuschließen. Dabei

[10] Reflexionsfaktor zwischen der Antennen- und Chipimpedanz, berechnet nach Gleichung (3.45).

wurde gezeigt, dass die Leiterbahnen nur einen geringen Einfluss auf die Antenneneigenschaften, insbesondere die Impedanz, haben. Die Dipolantenne mit der T-Anpassung kann durch eine analytische Berechnung modelliert werden. Es hat sich jedoch herausgestellt, dass die untersuchten Methoden im UHF-RFID-Bereich die Impedanz der Antenne nicht genügend genau nachbilden können. Daher muss die Antenne mithilfe einer elektromagnetischen Simulation entworfen werden. Da kontinuierlich neue Chips entwickelt werden, wird eine zeitnahe Anpassung der Antenne benötigt. Eine Reduzierung der notwendigen elektromagnetischen Simulationen kann hierbei durch ein Curve-Fitting des Parameters a der T-Anpassung erreicht werden. Dabei wird die Verschiebung der Kurven des Real- und Imaginärteils über der Frequenz durch das Curve-Fitting nachgebildet. Dadurch können anhand von simulierten Kurven eines gefalteten Dipols alle Impedanzkurven der daraus entstehenden T-Anpassung ohne weitere elektromagnetische Simulation ermittelt werden. Dieses Verfahren hat sich zur zeitnahen Anpassung der Antenne an andere Chipimpedanzen, andere Antennenformen (z. B. runde Transponder) andere Antennensubstrate und andere Umgebungen wie z. B. den Einsatz in einem Schaltschrank, bewährt. Zudem wurden damit die Antennen für die Impedanzbestimmung entworfen.

6.8.2. Ausblick

Das Curve-Fitting beschränkte sich auf die Untersuchung der Parameter der T-Anpassung. Andere Eigenschaften der Antenne (Länge, Substrat) wurden nicht betrachtet, da sie vorgegeben waren. Es spricht jedoch viel dafür dass das Curve-Fitting auch bei diesen Parametern eingesetzt werden kann. Der aufgebaute Demonstrator kann beliebig mit Sensoren erweitert werden, wobei jedoch mehr Leiterbahnen zur Verbindung nötig werden. Ab einer gewissen Leitungsbahnlänge dürfte ihr Einfluss nicht mehr unerheblich sein und müsste beim Antennendesign berücksichtigt werden.

7. Microstripantenne mit integriertem RFID-Chip und Sensor

Mit Microstripantennen kann ein Transponder für metallische Oberflächen aufgebaut werden. Microstripantennen für UHF-RFID-Transponder sind in der Praxis selten und spezielle Antennen für die RFID-Sensorik nahezu nicht zu finden. Daraus ergibt sich die Zielstellung ein Konzept für einen kompakten RFID-Sensor-Transponder mit einer Microstripantenne zu erstellen. Als Sensor wird beispielhaft der externe Temperatursensor TMP112 verwendet, dieser ist ein eigener Chip und wird an den UTPV10 angeschlossen (Kapitel 2.4.2). Diese Anordnung erfordert eine hohe Integration des RFID-Chips, des Sensors sowie aller sonstigen benötigten Bauteile und Leitungen in die Antenne. Um eine kostengünstige Lösung zu erhalten, soll der Transponder aus dem Leiterplattenmaterial FR4 bestehen und mit einem standardmäßigen Fertigungsprozess hergestellt werden können. Des Weiteren benötigt der UTPV10 mit angeschlossenem TMP112 einen relativ[1] hohen Antennengewinn von >0 dBi, um akzeptable Reichweiten zur erhalten. Dabei muss die Antenne so gestaltet werden, dass dieser Gewinn bei einer möglichst kleinen Bauform erzielt wird. Die Bandbreite beschränkt sich auf das europäische RFID-Band (868 MHz - 870 MHz). Die Polarisation der Transponderantenne ist aufgrund von zirkular polarisierten Readerantennen unerheblich. Die Aufgabenstellung ist daher ein Konzept unter Berücksichtigung der genannten Randbedingungen zu erstellen. Ein Test des Konzepts soll mit einem dadurch erstellten Transponder erfolgen. Die in diesem Kapitel dargestellten Antenneneigenschaften ohne Angabe der Frequenz beziehen sich immer auf 868 MHz.

7.1. Die Microstripantenne

Microstripelemente wurden schon 1953 als Antennenstrukturen vorgeschlagen [Des53, BMSM03], allerdings gibt es erst ab Mitte der 1970er Jahre praktisch verwendbare Microstripantennen [Gar01, How73, Mun74]. Heutzutage werden sie in vielen verschiedenen Anwendungsfeldern eingesetzt [Bal05].

7.1.1. Aufbau

Eine allgemeine Form der Microstripantenne ist in Abbildung 7.1a dargestellt. Sie besteht aus einem leitenden Patch auf einem dielektrischen Substrat, dieses wiederum befindet sich auf einer größeren leitenden Fläche, der sogenannten Groundplane [Gar01]. Das Patch, das Substrat und die Groundplane können beliebig geformt sein, allerdings werden reguläre Formen – z. B. rechteckige (Abbildung 4.3) oder runde – bevorzugt, um das Design der Antenne zu vereinfachen [Gar01]. Aufgrund des Patches werden

[1] Im Vergleich zu anderen RFID-Chips.

Microstripantennen auch als „Patchantennen“ bezeichnet [Gar01]. Durch ihren Aufbau und den daraus resultierenden Eigenschaften eignen sich Microstripantennen zum Einsatz auf metallischen Gegenständen bzw. Flächen. Materialien hinter der Groundplane haben nahezu keinen Einfluss auf die Antenneneigenschaften [Gar01]. Der Aufbau der Microstripantenne begünstigt die Speisung mittels einer an das Patch angeschlossenen Microstripleitung (Abbildung 7.1b) oder einer koaxialen Probe durch die Groundplane hindurch (Abbildung 7.1c), darüber hinaus sind andere (meist komplexere) Arten der Speisung möglich [Gar01].

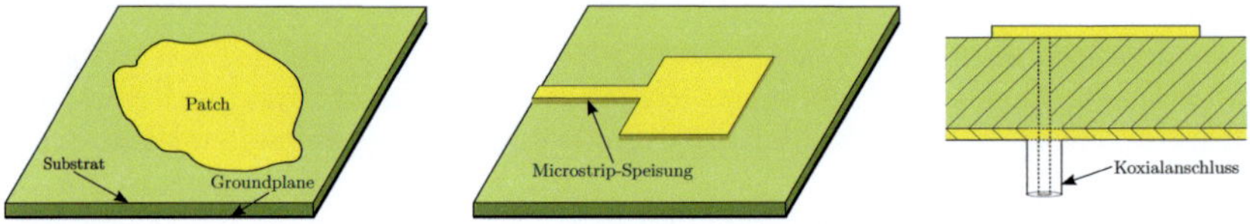

(a) Allgemeine Microstripantenne (b) Speisung mit Microstripleitung (c) Speisung mittels koaxialer Probe

Abbildung 7.1.: Aufbau und Speisung einer Microstripantenne, Grafik in Anlehnung an [Gar01]

7.1.2. Eigenschaften

Microstripantennen sind leicht, haben ein kleines Volumen und ein niedriges Profil [Gar01]. Ihre Herstellungskosten sind gering und eine Massenproduktion kann mit der Leiterplattenfertigung erreicht werden, dadurch ist eine einfache Integration in Schaltkreise möglich [Gar01]. Verschiedene Eigenschaften wie z. B. die Polarisation sind mit wenig Aufwand veränderbar, ebenso können Dual-Band-Antennen erstellt werden [Gar01]. Andererseits haben Microstripantennen eine geringe Bandbreite, eine mittlere Direktivität bzw. Verstärkung und können nicht für große Leistungen verwendet werden [Gar01]. Außerdem ist eine hohe Güte der Polarisation nur schwer erreichbar [Gar01]. Für den Einsatz bei RFID-Transpondern sind die ersten drei Vorteile von Bedeutung: Hierfür werden kleine, leichte und kostengünstige Antennen benötigt die sich einfach mit dem RFID-Chip verbinden lassen. Die weiteren Punkte sind nicht relevant, ebenso treffen die aufgeführten Nachteile bei RFID im Allgemeinen nicht zu.

Die Abstrahlung einer Microstripantenne kann anhand der Verteilung des Feldes zwischen dem Patch und der Groundplane bestimmt werden [Gar01]. Eine exakte Berechnung des Feldes ist kompliziert [Gar01], daher wird oftmals ein einfaches Modell wie z. B. in [Bal05] verwendet. Die Antenne wird in diesem als ein Hohlraumresonator mit fehlenden Seitenwänden beschrieben, wobei die Abstrahlung durch einen Verlust an den Seitenwänden entsteht [Gar01]. Aufgrund der Groundplane wird eine gerichtete Abstrahlung nach „oben“ erzeugt [Gar01], wie es auch das Strahlungsdiagramm in Abbildung 7.2 zeigt. Dadurch haben Materialien unterhalb der Groundplane (nahezu) keinen Einfluss auf die Antenne, daher eignet sie sich zur Verwendung auf metallischen Flächen.

Abbildung 7.2.: 3d-Strahlungsdiagramm einer Microstripantenne

7.1.3. Analysemethoden

Heutzutage werden Antennen üblicherweise mithilfe einer elektromagnetischen Simulation entworfen, allerdings sind auch analytische Modelle zur schnellen Abschätzung der Antennenparameter in Verwendung (Kapitel 4.4). Für Microstripantennen existieren mehrere Modelle, von denen sich die meisten den Modelltypen des „transmisson line model“ und des „cavity model“ zuordnen lassen [Gar01]. Mit analytischen Methoden können bei einfachen geometrischen Formen des Patches (Rechteck, Kreis) die Strahlungseigenschaften und die Impedanz berechnet werden [Gar01]. Bei komplizierteren Formen ist dies nicht mehr (ohne eine Anpassung der Modelle) möglich [Gar01]. Die im Rahmen dieser Arbeit behandelte Microstripantenne verwendet eine nicht reguläre Form des Patches und wird daher mittels einer elektromagnetischen Simulation entworfen. Dafür wird das Programm HFSS eingesetzt. Alle hier gezeigten simulierten Grafiken wurden damit erstellt.

7.1.4. Microstripantennen bei RFID-Transpondern

Für den Einsatz von Microstripantennen bei RFID-Transpondern müssen die typischen UHF-RFID Anforderungen der Anpassung der Antennenimpedanz an die Chipimpedanz sowie einer möglichst kleinen Antenne erfüllt werden. Dafür bieten sich die allgemein bekannten Strategien beim Microstripantennendesign (z. B. [Gar01, JH89]) an. Des Weiteren sind speziell für die Thematik der Anpassung verschiedene Methoden entwickelt oder von anderen Antennenarten auf die Anwendung bei Microstripantennen übertragen worden. Diese und Techniken um die Antenne zu Verkleinern werden in den Kapiteln 7.2.1 und 7.2.2 beschrieben. Um einen akzeptablen Antennengewinn zu erzielen, benötigen Microstripantennen für das 868 MHz- bzw. das 900 MHz-Band eine Dicke von wenigen Millimetern. Aufgrund der Dicke und der Größe der Antenne (und der damit verbundenen Steifigkeit) werden Microstripantennen in der Praxis eher selten für RFID-Transponder eingesetzt. Den Markt dominieren dünne Transponder mit Dipolantennen auf einem flexiblen Substrat. Transponder mit Microstripantennen kommen in Marktnischen zum Einsatz – vor allem dann, wenn Transponder auf Metalloberflächen anzubringen sind.

Auch für das spezielle Einsatzgebiet der UHF-RFID-Sensorik gibt es Microstripantennen, dabei existieren überwiegend Antennen für chiplose RFID-Transponder oder Sensoren, die einen reinen ID-RFID-Chip besitzen und die Sensorwerte durch Veränderung der Antennenparameter (Kapitel 2.4) übertragen. Die Integration eines RFID-Chips neben einem externen Sensor auf einer Microstripantenne hat bisher nicht viel Aufmerksamkeit erfahren (verschiedene Verfahren werden in Kapitel 7.3.1 beschrieben). In den folgenden Kapiteln wird ein Konzept einer Microstripantenne mit geringer Größe entwickelt, die den RFID-Chip und Sensoren (sowie weitere notwendige Bauteile) auf der Antenne integriert und eine Leitungsführung innerhalb der Antenne ermöglicht.

7.2. Verkleinerung und Anpassung einer Microstripantenne

RFID-Transponder benötigen kleine Antennen, die an die Impedanz des RFID-Chips angepasst sind. Dazu gebräuchliche Verfahren werden nachfolgend beschrieben.

7.2.1. Verkleinerung der Antenne

Die Seitenlängen einer rechteckigen Microstripantenne sind gewöhnlicherweise ca. $\lambda/2$ lang [Gar01]. Da dies bei niedrigen Frequenzen eine erhebliche Antennengröße darstellt, wird oftmals eine Verkleinerung der Antenne angestrebt [Gar01].

7.2.1.1. Halbierung des Patches

Das elektrische Feld eines $\lambda/2$-großen rechteckigen Patches kann durch eine Kosinus-Funktion beschrieben werden [Gar01]. Dabei ist der Betrag des Feldes an den abstrahlenden Ecken maximal und in der Mitte ($y = L/2$) gleich Null [Gar01]. Die Platzierung einer senkrechten elektrischen Wand in der Mitte ändert daher das elektrische Feld nicht [Gar01]. Eine Seite des Patches kann nun weggelassen werden (Abbildung 7.3a), ohne dass sich die Resonanzfrequenz verändert [Gar01]. Solch ein Patch wird als $\lambda/4$-Patch bezeichnet [Gar01]. Die elektrische Wand kann durch eine metallisierte Wand an dieser Stelle

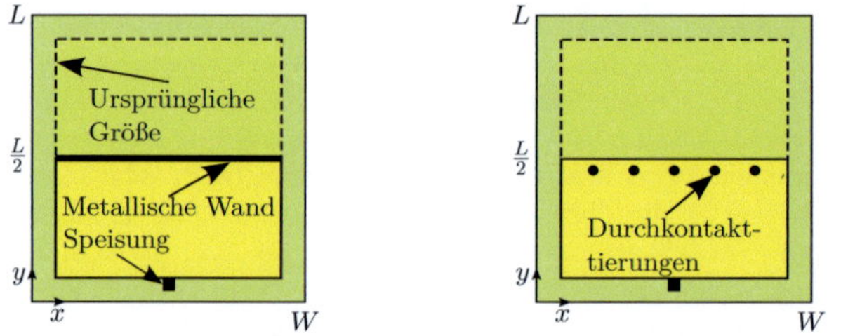

(a) Mit metallisierter Wand (b) Mit Durchkontaktierungen

Abbildung 7.3.: Halbiertes Patch, Grafik in Anlehnung an [Gar01]

realisiert werden, allerdings ist ihre Herstellung aufwendig, da ein langer Schlitz mit einer Metallisierung in die Leiterplatte eingebracht werden muss [Gar01]. Um die Antenne mit einer gewöhnlichen Leiterplattenfertigung herzustellen, wird die elektrische Wand durch Kurzschlüsse mit Durchkontaktierungen (Vias) ersetzt (Abbildung 7.3b) [Sai96]. Durch die Verkürzung verringert sich der Gewinn der Antenne und der Strahlungswiderstand erhöht sich [Gar01].

7.2.1.2. Schlitze im Patch

Eine weitere Möglichkeit, die Größe einer Patchantenne zu verringern, ist die Verwendung von Schlitzen am Rand oder innerhalb des Patches, wie in Abbildung 7.4 dargestellt.

So kann mit Schlitzen am Rand (Abbildung 7.4a) die Größe des Patches halbiert werden [RDTT01]. Ebenso lässt sich mit Schlitzen im Patch (Abbildung 7.4b) die Antenne verkleinern [GCV+08]. Durch die Schlitze verringert sich der Gewinn der Antenne und die Antennenimpedanz wird verändert [Gar01].

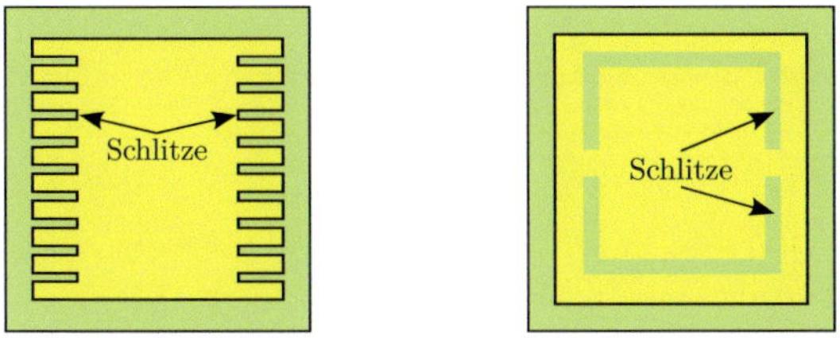

(a) Am Rand des Patches (b) Im Patch integriert

Abbildung 7.4.: Patch mit Schlitzen, Grafiken in Anlehnung an [Gar01, RDTT01]

7.2.1.3. Weitere Möglichkeiten der Verkleinerung der Antenne

Weitere Möglichkeiten zur Größenreduzierung sind das Einbringen von nichtverbundenen metallischen Lagen in das Patch [Sun09] oder die Verwendung von Substraten mit hoher relativer Permittivität [Gar01]. In begrenztem Maße ist auch die Verwendung von dicken Substraten möglich [Gar01]. Diese Verfahren sind kostenintensiv und deshalb für preisgünstige Transponder nicht praktikabel. Mittels Verbindungen des Patches und der Groundplane an bestimmten Stellen durch einzelne Punkte (Shorting Pins) [SK08] oder größerer Flächen [WJJG08] (ähnlich der Halbierung des Patches) lässt sich ebenfalls eine Reduzierung der Antenne erreichen.

Bei gewöhnlichen (nicht-RFID) Microstripantennen soll meistens eine $50\,\Omega$ Anpassung erreicht werden [Bal05]. Deshalb sind die Verfahren zur Verkleinerung der Antenne oftmals auf die Aufrechterhaltung dieser Anpassung ausgelegt [Bal05]. Dies ist für RFID-Transponderantennen jedoch nicht notwendig, da hier die Anpassung an den RFID-Chip erfolgen muss [Dob08].

7.2.2. Anpassung an den RFID-Chip

Die Microstripantenne muss an den RFID-Chip angepasst werden, abhängig von der Antennenspeisung existieren dafür verschiedene Verfahren.

7.2.2.1. Position der Antennenspeisung

Bei einer Probe-Speisung der Antenne (Abbildung 7.1c) ist die Eingangsimpedanz abhängig von der Position der Antennenspeisung [RYH81]. Durch Auswahl einer entsprechenden Speiseposition kann in bestimmten Fällen eine Impedanzanpassung erreicht werden. Die erzielbaren Antennenimpedanzen hängen dabei von den Parametern der Antenne (Größe des Patches, Permittivität und Höhe des Substrates) ab. Für RFID-Chips ist eine Anpassung mit dieser Technik aufgrund des hohen Imaginärteils der Impedanz allerdings oftmals nicht möglich.

7.2.2.2. T-Anpassung und induktiv gekoppelte Leiterschleife

Die T-Anpassung und die induktiv gekoppelte Schleife können auch (wie bei der Dipolantenne) bei Microstripantennen zur Anpassung verwendet werden (Abbildung 7.5) [ESD06, KCC08]. Der Anschluss des RFID-Chips an die Antenne erfolgt in der Ebene des Patches und erfordert daher keine Durchkontaktierung, zudem ist der RFID-Chip symmetrisch an die Antenne angeschlossen [ESD06]. Aufgrund der vielen Stellschrauben kann mit beiden Verfahren ein großer Impedanzbereich angepasst werden.

(a) T-Anpassung (b) Induktiv gekoppelte Leiterschleife

Abbildung 7.5.: T-Anpassung und induktiv gekoppelte Leiterschleife, Grafiken in Anlehnung an [ESD06, KCC08]

7.2.2.3. Weitere Möglichkeiten der Anpassung

Bei einer Speisung mit einer Microstripleitung kann die Anpassung durch die Position und Breite der Leitung geschehen [Gar01]. Separate Anpassschaltungen erlauben einen großen Impedanzbereich des Chips an die Antenne anzupassen [WJJG08]. Sie lassen sich in Microstripleitungen oder direkt in die Antenne integrieren [WJJG08] (Abbildung 7.6a). Des Weiteren können sonstige in das Patch eingebrachte Strukturen, z. B. ein Loading der Antenne [MR10] (Abbildung 7.6b), verwendet werden. Ebenso ist die Nutzung kurzgeschlossener oder leerlaufender Leitungen möglich [YSJY07].

(a) In das Patch integrierte Leitung (b) Loading des Patches

Abbildung 7.6.: Weitere Möglichkeiten der Anpassung, Grafiken in Anlehnung an [WJJG08, MR10]

Da die Methoden zur Verkleinerung der Microstripantenne auch die Impedanz verändern, können diese ebenso zur Anpassung eingesetzt werden. Um den Einfluss der

Verkleinerung bei der Impedanzanpassung zu berücksichtigen, geschieht die Anpassung nach Verkleinerung der Antenne.

7.3. Microstripantenne mit integriertem RFID-Chip und Sensor

Der UTPV10 ist ein RFID-Chip, der für den Anschluss externer Sensoren konzipiert ist. Er soll mit einer Antenne und den entsprechenden Sensoren zu einem RFID-Sensor-Transponder aufgebaut werden, wie es Kapitel 2.4 beschreibt. Dabei wird vom UTPV10 eine externe Beschaltung/Verbindung seiner Anschlüsse benötigt, und auch die Sensoren müssen oftmals mit Widerständen und Kondensatoren beschaltet werden (wie z. B. dem verwendeten TMP112 [Tex09]). Diese Bauteile werden über Leiterbahnen mit dem RFID-Chip verbunden, wobei häufig ein Zweilagenrouting erforderlich ist. Der Transponder besteht daher aus dem UTPV10, den externen Sensoren, den benötigten Bauelementen mit den verbindenden Leiterbahnen und der Antenne. Aus diesen Elementen soll ein kompakter Transponder aufgebaut werden.

Der Entwurf der Antenne beginnt mit dem Erstellen einer herkömmlichen Patchantenne mit einem rechteckigen Patch. Darin werden der RFID-Chip samt Sensor und Beschaltung mit einer neuen Methode integriert, anschließend wird der Transponder verkleinert. Das Design wird mithilfe einer elektromagnetischen Simulation mit dem Simulator HFSS durchgeführt. Die Eigenschaften der fertigen Antenne werden mit dem Simulationsergebnis verglichen.

7.3.1. Integration von RFID-Chip und Sensoren in das Patch

Für die Integration der Komponenten gibt es mehrere Möglichkeiten wie z. B. das Platzieren des RFID-Chips und des Sensors neben der Antenne [ESD06] (Abbildung 7.7a), das Aufbringen des Sensors auf die Antenne [CM08] (Abbildung 7.7b) oder das Platzieren in der Antenne [WJJG08] (Abbildung 7.7c).

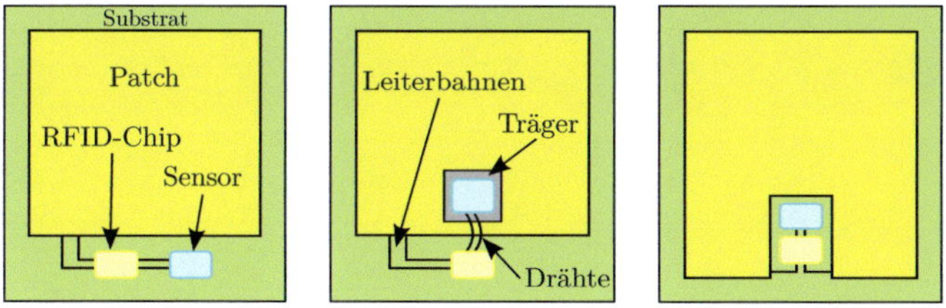

(a) Neben der Antenne (b) Sensor auf Antenne (c) In der Antenne

Abbildung 7.7.: Varianten den RFID-Chip, den Sensor und die Antenne zu verbinden, Grafiken in Anlehnung an [CM08] und [WJJG08]

Beim Platzieren des Chips und des Sensors neben der Antenne können diese über ein Zweilagenrouting mit weiteren Bauteilen und der Antenne verbunden werden, dies stellt jedoch keine wirkliche Integration in die Antenne dar. Laut [CM08] ist es möglich Sensoren auf der metallischen Fläche des Patches unterzubringen, dabei befindet sich der

RFID-Chip neben der Antenne. Da die Abstrahlung an den Ecken des Patches erzeugt wird, beeinflusst dies die Eigenschaften der Antenne kaum [TSAS95]. Die Sensoren können allerdings nicht direkt auf dem Patch aufgebracht werden, sondern benötigen zur Unterbringung einen extra Träger, der auf dem Patch liegt und die Verbindungen zum Sensor bereitstellt. Die Verbindung des Trägers zum RFID-Chip kann zudem nicht über Leiterbahnen geschehen, sondern muss z. B. durch Drähte realisiert werden. Eine weitere Herangehensweise [WJJG08, MR10] ist das Platzieren des RFID-Chips innerhalb des Patches. Dadurch ist es möglich, den Sensor neben dem RFID-Chip anzubringen und über Leiterbahnen zu verbinden. Allerdings ist ein Zweilagenrouting der Leiterbahnen aufgrund der Groundplane nicht möglich.

Der RFID-Chip und die Sensoren werden anhand eines neuen Konzeptes in die Microstripantenne integriert. Dazu wird in das Patch und die Groundplane jeweils eine Öffnung eingebracht, diese befinden sich direkt übereinander, wie in Abbildung 7.8 dargestellt. Innerhalb dieser Öffnungen können der RFID-Chip und verschiedene Bauteile platziert

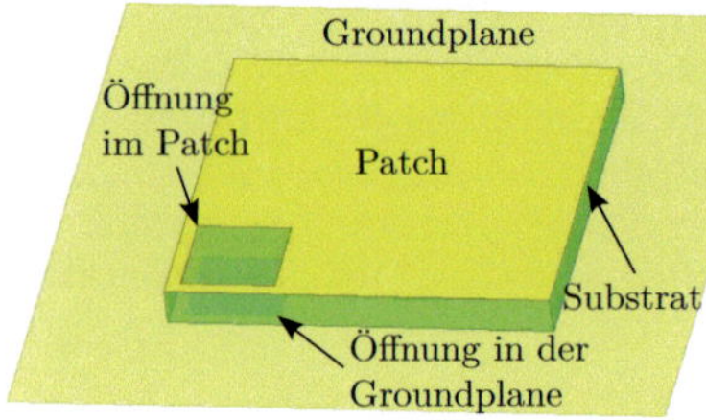

Abbildung 7.8.: Neues Konzept einer Microstripantenne für einen Sensor-Transponder

werden, ebenso ist ein Zweilagenrouting möglich. Der RFID-Chip kann dabei mit einer Art Probe-Feed oder anderen Speisemöglichkeiten mit der Antenne verbunden werden, auch die Verwendung einer Anpassschaltung (in der Öffnung) ist möglich.

7.3.2. Abmaße der Patchantenne

Für das Design der Microstripantenne mit rechteckigem Patch und rechteckiger Groundplane ist es erforderlich, das Material und die Dicke des Substrates sowie die Größe des Patches und der Groundplane festzulegen.

Das Substrat besteht aus FR4. Dies ist das Standardmaterial für Leiterplatten, aufgrund seines hohen Verlustfaktors (Tabelle 7.1) wird es jedoch selten bei Microstripantennen eingesetzt. Die Permittivität hat einen starken Einfluss auf die Antennenimpedanz [Gar01] und unterliegt bei FR4 größeren Schwankungen[2]. Daher muss eventuell die Anpassung an den Chip pro Antennenproduktionscharge leicht verändert und der momentanen Permittivität angepasst werden. Für Microstripantennen wird gewöhnlicherweise ein „HF-Material" wie z. B. Rogers 4003 [Rog] verwendet, da es einen geringen Verlustfaktor und eine genau kontrollierte Permittivität hat [Gar01], allerdings ist dieses Material kostenintensiv. Trotz der ungünstigen Eigenschaften wird die Antenne, entsprechend den Anforderungen, mit einem FR4 Substrat entworfen. Es wird jedoch oftmals der Vergleich zu einer Antenne mit einem Rogers 4003 Substrat gezogen.

[2]Quellen: [Sai96], eigene Messungen und verschiedene Datenblätter wie z. B. [Nou, Tec].

Tabelle 7.1.: Materialeigenschaften von FR4 und Rogers 4003

	FR4 [Sai96]	Rogers 4003 [Rog]
ϵ_r	4,4	$3{,}38 \pm 0{,}05$
$\tan\delta$	0,01	0,031

Die Größe der Antenne wird mittels des simulierten Gewinns einer Microstripantenne mit rechteckigem Patch festgelegt. Dazu ist in Abbildung 7.9 der Gewinn gegenüber der Größe des Patches aufgetragen. Die Groundplane wird dabei als unendlich groß angenommen. Um die Vorgabe eines Antennengewinns >0 dBi zu erfüllen, könnte das

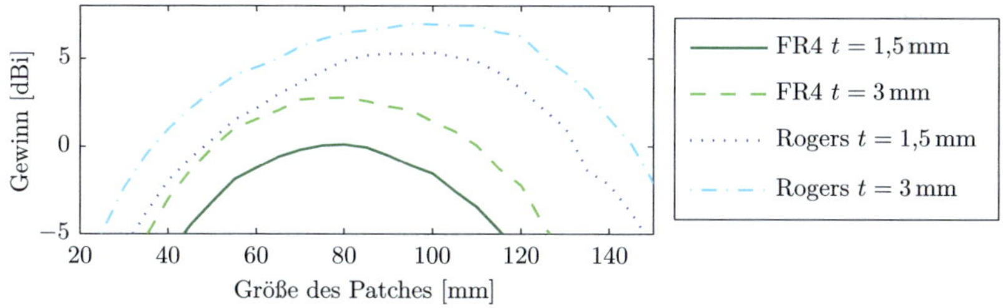

Abbildung 7.9.: Gewinn einer rechteckigen Patchantenne in Abhängigkeit der Patchgröße

1,5 mm dicke Substrat gewählt werden, allerdings erzielt das 3 mm dicke Substrat einen höheren Gewinn. Dieses wird verwendet da ein Transponder mit höherem Antennengewinn eine größere Reichweite erzielt und die Integration des RFID-Chips (und der Sensoren) in die Antenne zu einer Reduzierung des Gewinns führt. Die Patchgröße wird anhand des Patches mit dem größten Gewinn ausgewählt, es ist damit 82 mm lang bzw. breit. Das Rogers Material ist nur bis zu einer Dicke von 1,5 mm verfügbar [Rog], weshalb eine Patchgröße von 101 mm für dieses Material gewählt wird. Des Weiteren soll eine möglichst kleine Groundplane zum Einsatz kommen, dabei soll der Gewinn nicht verringert werden. Dazu ist in Abbildung 7.10 der simulierte Gewinn gegenüber der Größe der Groundplane dargestellt. Ab einer Groundplane kleiner als 150 mm x 150 mm verringert sich der Gewinn, daher wird dies als Größe für die Groundplane gewählt. Damit ergibt sich die in Abbildung 7.11 gezeigte Patchantenne.

7.3.3. Öffnungen in der Antenne

In die Antenne aus Abbildung 7.11 werden Öffnungen in den Metallisierungen des Patches und der Groundplane eingebracht (analog dem Vorgehen in [Hei12a]. Der Einfluss der Öffnungen auf die Antenneneigenschaften wird in Abhängigkeit ihrer Position und Größe bewertet, dabei wird hauptsächlich der Gewinn betrachtet.

Die untersuchten Positionen sind in Abbildung 7.12 dargestellt. Die Öffnungen werden jeweils vom gezeigten Fixpunkt aus in das Patch hinein vergrößert, ihre Größe ist mit L_0 und W_0 angegeben. Der Abstand zum Rand des Patches beträgt auf beiden Seiten L_r. Beispielhaft wird anhand der Öffnung links oben (Nr. 1) der Einfluss von L_r auf den

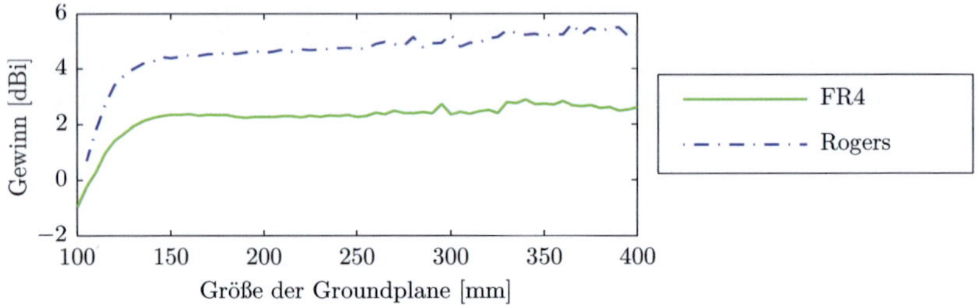

Abbildung 7.10.: Gewinn einer rechteckigen Patchantenne in Abhängigkeit der Größe der Groundplane; FR4: $t = 3\,\text{mm}, L = 82\,\text{mm}$; Rogers: $t = 1{,}5\,\text{mm}$, $L = 101\,\text{mm}$

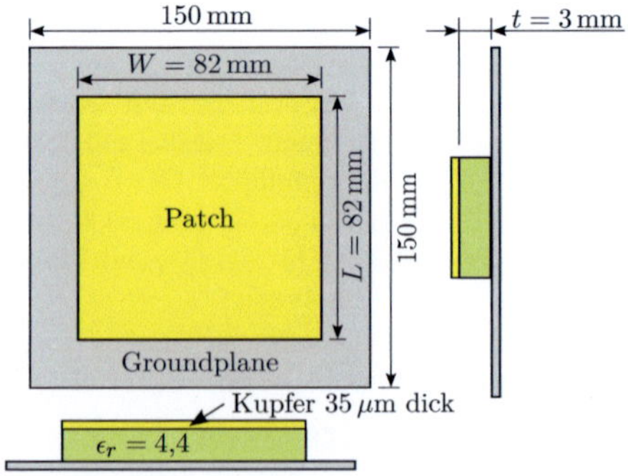

Abbildung 7.11.: Layout der Ausgangsantenne

Gewinn der Antenne in Abbildung 7.13a gezeigt. Schon ab einem Abstand >0,1 mm ist der Gewinn nahezu unabhängig von diesem, ebenso verhält es sich mit der Impedanz der Antenne. Weitere Untersuchungen bestätigten diesen Wert auch für die anderen Randpositionen. Der Antennengewinn ist abhängig von der Position und Größe der Öffnung, dazu zeigt Abbildung 7.13b exemplarisch das Verhalten für Öffnung 1. Die Antennengewinne der anderen Öffnungen werden im Anhang F.2.1 gezeigt.

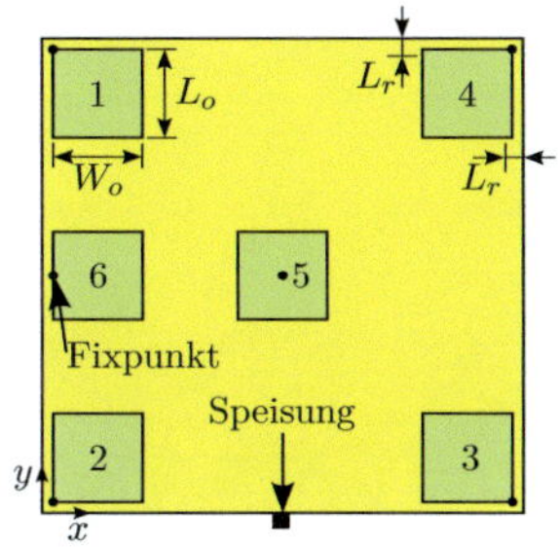

Abbildung 7.12.: Positionen und Größe der untersuchten Öffnungen, Grafik in Anlehnung an [Hei12a]

Die Grafiken der Öffnungen am Rand (Öffnungen 1, 2, 3 und 4) sehen ähnlich, die der symmetrisch angeordneten Öffnungen 1 und 4 sowie 2 und 3 nahezu gleich aus. Dieses Verhalten wird durch die Symmetrieachse (parallel zur y-Achse in der Mitte) der Antenne hervorgerufen. Lange schmale Öffnungen führen zu nahezu keiner Änderung des Antennengewinns, der jedoch absinkt, wenn die Öffnungen sich einer quadratischen Form annähern. Interessant ist auch der schräge Bereich mit großen Öffnungen und hohem Gewinn im Bereich der Öffnungsgrößen von 50 mm x 50 mm. Reichen die Öffnungen jedoch über diesen Bereich hinaus, verringert sich der Gewinn. Öffnung 5 und 6 zeigen ein anderes Verhalten, hier sind lange schmale Öffnungen in y-Richtung mit nahezu konstantem Gewinn möglich. Allerdings geht der Gewinn zurück, sobald sich die Öffnungen weiter in x-Richtung ausdehnen. Analog dem Antennengewinn könnte die Veränderung der Antennenimpedanz aufgrund der Öffnungen betrachtet werden. Allerdings wird die Antennenimpedanz hauptsächlich von der Art und Position der Speisung bestimmt, sodass eine Veränderung durch die Öffnungen unerheblich ist. Zudem muss die Antenne nach dem Einbringen der Öffnungen an den Chip angepasst werden, damit spielt die Veränderung der Antennenimpedanz hier eine untergeordnete Rolle.

Der Stromfluss auf dem Patch der Antenne (ohne Öffnungen) ist bis auf Randbereiche in y-Richtung orientiert (Abbildung 7.14). Die Öffnungen bewirken eine Änderung dieses Stromflusses (auf dem Patch und der Groundplane) der Antenne. Dies ist beispielhaft für Öffnung 1 mit ausgewählten Öffnungsgrößen im Anhang F.2.1.2 gezeigt. Eine kleine Öffnung von 2 mm x 2 mm hat nahezu keinen Einfluss auf den Stromfluss, während bei größer werdender quadratischer Öffnung sich die Richtung des Stromflusses hin zu einem Stromfluss in x-Richtung ändert. Die Betrachtung des Stromflusses kann auch den starken Abfall des Gewinns bei größeren Öffnungen an den Positionen 5 und 6 erklären. Dort verhindern die großen Öffnungen den Stromfluss über die Länge des Patches, wie die Grafiken im Anhang zeigen.

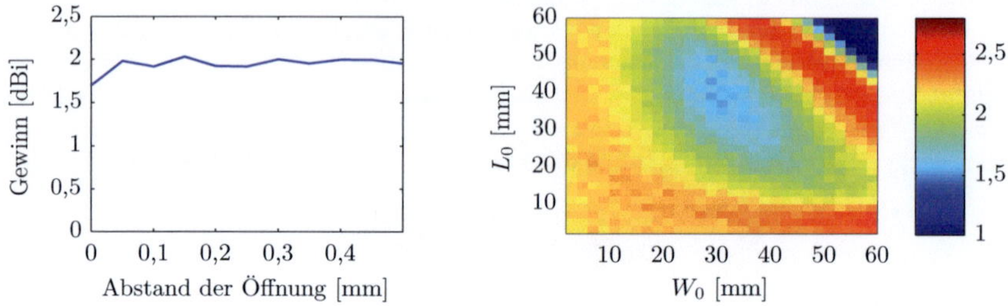

(a) gegenüber dem Abstand vom Rand bei $L_0 = W_0 = 25\,\mathrm{mm}$

(b) bei verschiedenen Öffnungsgrößen

Abbildung 7.13.: Antennengewinn [dBi] für Öffnung 1

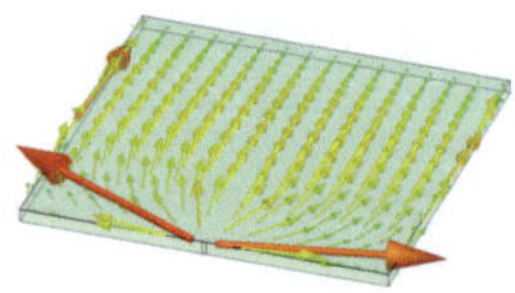

Abbildung 7.14.: Stromfluss auf dem Patch der Antenne ohne Öffnung

Mit der Richtungsänderung des Stromflusses verändert sich auch die Polarisation der Antenne. Diese ist in Tabelle 7.2 anhand des Axial Ratio[3] für verschiedene Größen der Öffnung 1 angegeben. Die Antenne ohne Öffnung ist linear polarisiert, was durch das hohe Axial Ratio ausgedrückt wird. Bei größer werdender Öffnung nimmt das Axial Ratio ab und die Antenne ist mehr und mehr elliptisch polarisiert. Die Polarisation der Antenne hängt somit von der Position und Größe der Öffnungen ab, dabei bewirken große Öffnungen eine höhere Cross-Polarisation. Des Weiteren verändert sich auch der Winkel der Polarisation, was hier jedoch nicht dargestellt wird. Da RFID-Readerantennen häufig zirkular polarisiert sind, spielt die Polarisation des Transponders eine untergeordnete Rolle. Bei einer zirkular polarisierten Readerantenne könnte mit einer Transponderantenne mit niedrigem Axial Ratio (erzeugt durch eine entsprechende Öffnung) und entsprechender Ausrichtung der minimale Polarisationsverlust verringert werden[4] [Mil05].

Die vorgestellten Ergebnisse gelten nur für die gezeigte Speisung der Antenne. Für abweichende Speisepositionen ändert sich die relative Platzierung der Öffnungen zur Speisung, sodass sich die Antenneneigenschaften anders verhalten. Dies trifft vor allem für die Polarisation und bei großen Öffnungen auf den Gewinn zu. Das grundsätzliche Verhalten bleibt jedoch gleich, sodass auch bei anderen Speisepositionen ein Einbringen der Öffnungen in die Antenne möglich ist. In die Öffnung könnte die Schaltung mit dem Sensor und dem RFID-Chip samt Anpassung integriert werden. Da die Antenne jedoch sehr groß ist und der Gewinn noch über der Anforderung von 0 dBi liegt, wird die Größe

[3] Das Axial Ratio ist in Kapitel 4.2.6 beschrieben. Ein Wert von 1 bedeutet zirkulare Polarisation und ∞ lineare Polarisation [Mil05].

[4] Allerdings wird dadurch auch der maximale Polarisationsverlust bei falscher Ausrichtung größer [Mil05].

Tabelle 7.2.: Polarisation für ausgewählte Größen der Öffnung 1

L_0 [mm]	W_0 [mm]	Axial Ratio	Axial Ratio[dB]
0	0	477	54
2	2	114	41
16	16	6	16
20	20	5	14
40	40	10	20
40	10	3	10
10	40	100	40

der Antenne reduziert. In die verkleinerte Antenne werden dann wieder die Öffnungen eingebracht und darin der RFID-Chip samt Sensor platziert.

7.3.4. Verkleinern der Antenne

7.3.4.1. Halbierung des Patches

Die Verkleinerung wird anhand der Antenne ohne der Öffnungen aus Abbildung 7.11 durchgeführt. Mit der Halbierung der Antenne nach Kapitel 7.2.1.1 kann eine signifikante Größenreduzierung erreicht werden [Gar01], weshalb diese Methode angewendet wird. Das Patch und das Substrat werden halbiert und es wird eine leitende Seitenwand eingebracht [Gar01], die halbierte Antenne ist in Abbildung 7.15 dargestellt. Durch die

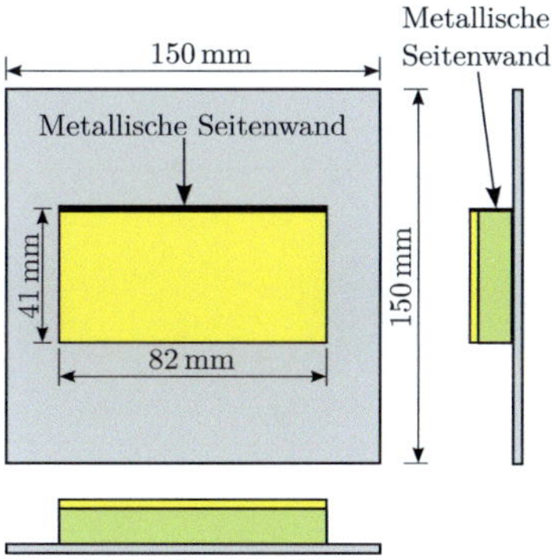

Abbildung 7.15.: Layout der halbierten Antenne

Halbierung verändern sich die Impedanz und der Gewinn der Antenne, ein Vergleich mit der Ausgangsantenne ist in Tabelle 7.3 gegeben. Der Gewinn der halbierten Antenne beträgt bei FR4 63 % des Gewinns der vollen Antenne, bei Rogers sind es 38 %. Die Antenne mit Rogers Substrat ist somit stärker vom Gewinnrückgang betroffen als das FR4 Substrat. Für den Gewinnrückgang ist der Wegfall der zweiten abstrahlenden Ecke verantwortlich, dadurch verringert sich der Array-Effekt, womit die Strahlung weniger fokussiert ist [Gar01]. Dies zeigt sich anhand der jeweiligen Direktivität der Antennen:

Bei FR4 sinkt diese von 5 dB auf 3,6 dB und bei Rogers von 5,5 dB auf 3,4 dB. Zudem sinkt die Strahlungseffizienz (Kapitel 4.2.4) der Antenne: Bei FR4 geht sie von 34 % auf 30 % zurück, während sie bei Rogers von 94 % auf 59 % fällt. Die lineare Polarisation der Antenne hingegen verändert sich durch die Halbierung nicht.

Um eine einfache Herstellung der Antenne zu ermöglichen, soll die metallische Seitenwand mittels Durchkontaktierung realisiert werden [Gar01], wie es in Abbildung 7.3b gezeigt ist. Die Antenne mit den Durchkontaktierungen soll dabei die gleichen Eigenschaften wie die Antenne mit der metallischen Seitenwand aufweisen. Dies kann mit mehreren kleinen Durchkontaktierungen, die sich nahe am Rand befinden, erreicht werden [Gar01] wie Abbildung 7.16 zeigt. Darin sind die Impedanz und der Gewinn der Antenne beim FR4 Substrat über der Anzahl der Durchkontaktierungen aufgetragen, eine Durchkontaktierung hat einen Durchmesser von 0,3 mm und der Abstand zum Rand beträgt 0,2 mm.

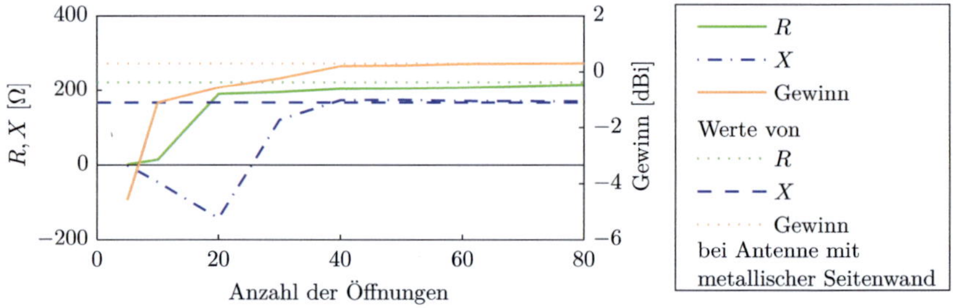

Abbildung 7.16.: Gewinn und Impedanz der halbierten Antenne in Abhängigkeit der Anzahl der Durchkontaktierungen (FR4)

Tabelle 7.3.: Eigenschaften der halbierten Antenne

	FR4		Roger	
	Z [Ω]	G [dBi]	Z [Ω]	G [dBi]
Grundantenne	51 + 86j	2,3	15 − 21j	7,2
Halbierte Antenne mit metallischer Seitenwand	222 + 167j	0,3	1,4 − 14j	3,1
Halbierte Antenne mit 60 Vias	217 + 171j	0,3	1,4 + 14j	3,1

Ab ca. 60 Durchkontaktierungen haben Impedanz und Gewinn nahezu dieselben Werte wie bei Verwendung der metallischen Seitenwand. Die Verwendung größerer Durchkontaktierungen oder eine Platzierung weiter entfernt vom Rand verringert den Gewinn der Antenne geringfügig, erzeugt jedoch andere Antennenimpedanzen. Somit können die Position und Größe der Durchkontaktierungen auch zur Anpassung der Antenne verwendet werden.

7.3.4.2. Vierteln des Patches

Um die Antenne weiter zu verkleinern, wird diese ein weiteres Mal an der verbleibenden langen Wand halbiert und an die Stelle der Halbierung wird wieder eine metallische Seitenwand eingesetzt (analog dem Vorgehen in [HF12a]). Dadurch entsteht eine quadratische Antenne mit zwei metallischen Seitenwänden wie in Abbildung 7.17a dargestellt.

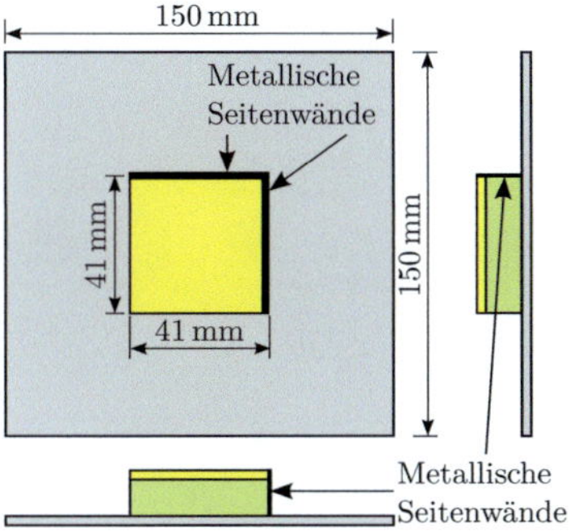

(a) Layout

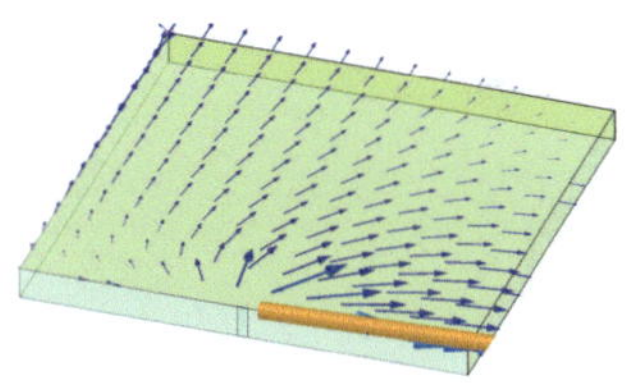

(b) Stromfluss auf dem Patch

Abbildung 7.17.: Geviertelte Antenne

Der Gewinn wird durch das Vierteln nahezu nicht verändert, während sich die Impedanz stark verringert[5] (Tabelle 7.4). Beim Rogers Substrat findet aufgrund des dünneren Materials eine größere Reduzierung des Gewinns statt. Wie bei der Halbierung des Patches werden die metallischen Seitenwände wieder mit Durchkontaktierungen ersetzt [HF12a]. Dazu wird die Anzahl der bei der Halbierung des Patches gefundenen Durchkontaktierungen verwendet, somit werden auf jeder Seite 30 Durchkontaktierungen angebracht. Der Stromfluss auf dem Patch teilt sich von der Speiseposition in der Mitte der Antenne zu den beiden metallisierten Seitenwänden auf (Abbildung 7.17b). Trotz des dadurch entstehenden Stromflusses in x-Richtung ergibt sich ein Axial Ratio von 37 dB. Die Werte des geviertelten Patches ohne eine Metallisierung der zweiten Seitenwand sind zum Vergleich in Tabelle 7.4 angegeben, dabei hat die Antenne einen deutlich geringeren Gewinn, allerdings ist die Impedanz höher.

7.3.5. Einbringen der Öffnung in die verkleinerte Antenne

Die geviertelte Antenne dient nun als Ausgangspunkt für das Einbringen der Öffnungen (analog Kapitel 7.3.3) und die anschließende Anpassung an den Chip. Dazu werden die vier Öffnungen an den Ecken des Patches in Abbildung 7.18 betrachtet. Die simulierten Antennengewinne (Anhang F.2.2) zeigen, dass Öffnung 2 den größten Antennengewinn bei einer großen Öffnung aufweist. Das Einfügen einer Öffnung an der Seite mit einer

[5]Dabei ist auch zu beachten, dass sich der Speisepunkt verschoben hat, allerdings hat die Antenne über die ganze Fläche nur eine geringe Impedanz, wie die Betrachtung in Kapitel 7.3.6 zeigt.

Tabelle 7.4.: Eigenschaften der geviertelten Antenne

	FR4		Roger	
	Z [Ω]	G [dBi]	Z [Ω]	G [dBi]
Halbierte Antenne	222 + 167j	0,3	1,4 − 14j	3,1
Geviertelte Antenne	0,33 + 30j	0,3	0,12 + 18j	1,8
Geviertelte A. ohne zweiter metallischer Seitenwand	55 + 197j	−1,2	3,4 − 53j	1,2

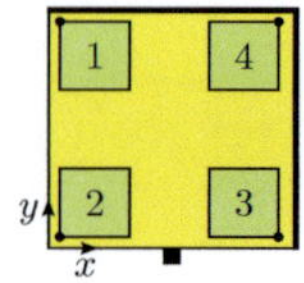

Abbildung 7.18.: Position der Öffnungen bei geviertelten Patch, Grafik in Anlehnung an [Hei12a]

metallischen Seitenwand hat eine schnelle Reduzierung des Antennengewinns bei größer werdender Öffnung zur Folge, weshalb diese Positionen (1, 3 und 4) für das Einbringen der Öffnungen nicht geeignet sind. Wie auch beim vollen Patch, bewirken größere Öffnungen ein Absinken des Axial Ratios der Polarisation.

7.3.6. Speisung der Antenne und Anpassung an den RFID-Chip

Der RFID-Chip und die dazugehörige Schaltung werden in eine Öffnung eingebracht, dabei muss die Antenne an den RFID-Chip angepasst werden. Die Eingangsimpedanz der Antenne hängt von der Position der Speisung ab. In Abbildung 7.19 sind der Real- und der

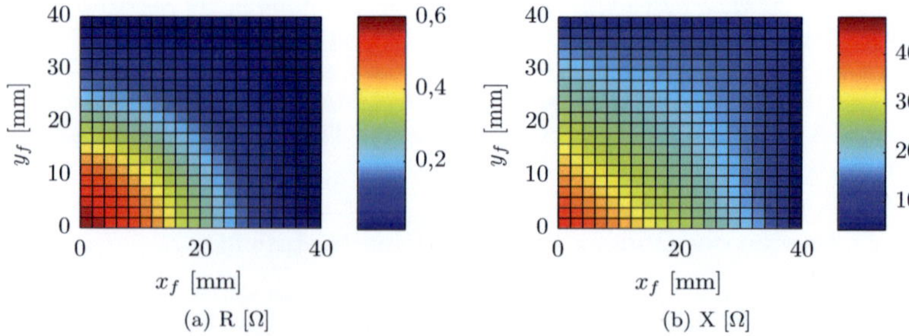

Abbildung 7.19.: Realteil und Imaginärteil in Abhängigkeit der Speiseposition des geviertelten Patches ohne Öffnung

Imaginärteil der Antennenimpedanz über der x- und y- Koordinate der Anschlussposition (x_f, y_f) aufgetragen. Der Realteil ist sehr gering, wohingegen der Imaginärteil größere

Werte hat. Aufgrund der geringen Impedanz kann eine Anpassung an den UTPV10 nicht durch Auswahl einer entsprechenden Speiseposition erreicht werden. Diese muss daher über eine Anpassschaltung geschehen, welche die Impedanz der Antenne auf die konjugiert komplexe Chipimpedanz von $(89 + 302\mathrm{j})\,\Omega$ transformiert. Dazu kann beispielsweise die T-Anpassung oder die induktiv gekoppelte Leiterschleife verwendet werden, ebenso sind die allgemeinen Microstripanpassschaltungen möglich. Allerdings benötigen solche Schaltungen bei niedrigeren Frequenzen (wie den verwendeten 868 MHz) viel Fläche, die innerhalb einer Öffnung nicht zur Verfügung steht. Aus diesem Grund wird die Anpassung mit konzentrierten Bauelementen realisiert, wie in Abbildung 7.20a dargestellt. Die Speisung wiederum erfolgt über eine Art Probe-Feed, wie in Abbildung 7.20b gezeigt. Dabei ist ein Port direkt mit dem oberen Patch verbunden, der andere wird über eine Durchkontaktierung an die Groundplane angeschlossen.

(a) Anpassnetzwerk (b) Anschluss des Chips an die Antenne

Abbildung 7.20.: Schaltung für die Impedanzanpassung und Anschluss des Chips, Grafik in Anlehnung an [HF12a]

7.3.7. Fertige Antenne

Für den RFID-Chip, den Temperatursensor sowie die Beschaltung wird eine Fläche von 10 mm x 10 mm benötigt, die verwendete Öffnung muss daher mindestens diese Größe haben. Nach der Betrachtung in Kapitel 7.3.5 ist Öffnung 2 dafür am geeignetsten. Die Eingangsimpedanz der Antenne beträgt $(0{,}66 + 60\mathrm{j})\,\Omega$ und kann mit der Anpassschaltung aus Abbildung 7.20a mit $C = 3\,\mathrm{pF}$ und $L = 130\,\mathrm{nH}$ an den RFID-Chip angepasst werden. Dabei ist der Einfluss der Leitungen zwischen den konzentrierten Bauelementen (Kondensator und Spule) in der elektromagnetischen Simulation berücksichtigt. Der Reflexionsfaktor von Antenne zu RFID-Chip liegt bei 866 MHz bis 871 MHz unter $-10\,\mathrm{dB}$[6], somit erfüllt die Antenne die Anforderungen an das europäische RFID-Band. Durch eine Änderung des Anpassnetzwerkes kann die Antenne an verschiedene Chips angepasst oder eine Änderung der Antennenimpedanz aufgrund von veränderter relativer Permittivität des Substrats berücksichtigt werden.

Das 41 mm x 41 mm große Substrat mit dem Patch und dem Teil der Groundplane wurde mittels einer Leiterplattenfertigung hergestellt. Das Aufbringen dieser Antenne auf eine Kupferfläche mit 150 mm x 150 mm (und Ausschnitt für die Öffnung) ergibt dann die komplette Antenne. Für das Fertigen der Testantenne stand allerdings nur ein 2,4 mm dickes Substrat zur Verfügung, außerdem konnten die Durchkontaktierungen aufgrund Beschränkungen in der Fertigung nicht näher als 1 mm am Rand platziert werden. Die Testantenne wurde an diese Bedingungen angepasst und wird im Folgenden betrachtet.

[6]Ein Wert von $-10\,\mathrm{dB}$ bedeutet eine Energieübertragung von 90 % und wird im Allgemeinen als gut erachtet.

Das Layout der kompletten Antenne inklusive der Schaltung ist in Abbildung 7.21 und ein Foto in Abbildung 7.22 gezeigt. In den Abbildungen ist das Patch mit der Öffnung und der darin untergebrachten Schaltung zu sehen. Am Rand befinden sich die Durchkontaktierungen zur Nachbildung der metallischen Wand.

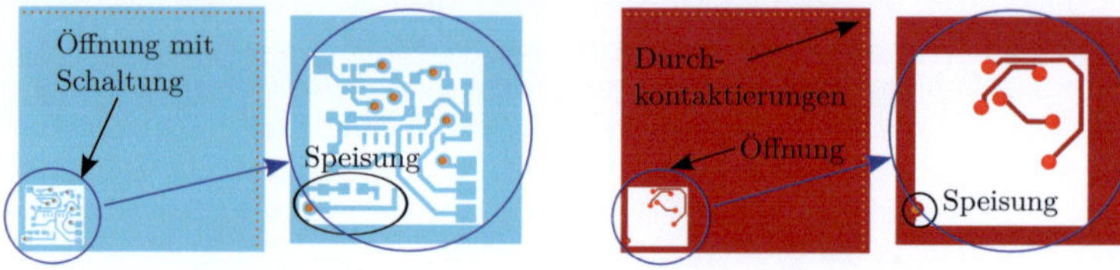

(a) Top-Layer (b) Bottom-Layer

Abbildung 7.21.: Layout der gefertigten Antenne

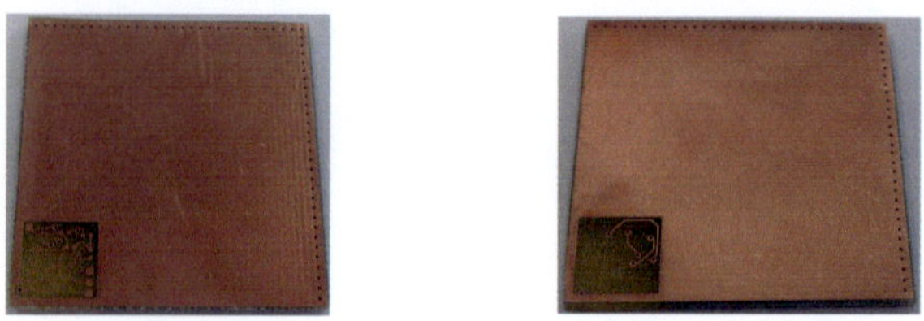

(a) Top-Layer (b) Bottom-Layer

Abbildung 7.22.: Foto der Antenne

Der Einfluss der Schaltung in der Öffnung wird anhand einer elektromagnetischen Simulation analog dem Vorgehen in Kapitel 6.7. Dabei ergibt sich nahezu keine Änderung des Gewinns oder der Impedanz.

7.3.8. Verifikation der Antenne

Zur Verifikation des Konzepts wird ein Teil der Eigenschaften der gefertigten Antenne mit den Werten aus der Simulation verglichen. Da das Substrat nur 2,4 mm dick ist, hat sich die Impedanz auf $(0{,}76 + 56\mathrm{j})\,\Omega$ verändert und der simulierte Gewinn auf $-0{,}95$ dBi verringert. Die Impedanz wurde mit einem SMA-Anschluss an der Position des Chips gemessen. In Abbildung 7.23 sind die simulierte und die gemessene Impedanz über der Frequenz dargestellt. Die beiden Kurven zeigen eine gute Übereinstimmung, wobei der gemessene und der simulierte Imaginärteil in dem für RFID wichtigen Bereich von 860 MHz bis 930 MHz eine gute Übereinstimmung aufweisen. Der gemessene Realteil zeigt in diesem Bereich jedoch höhere Werte als die Simulation, er ist ca. 4 mal so groß wie der simulierte Wert. Die Abweichung ergibt sich vermutlich aufgrund von Messungenauigkeiten mit der in Kapitel 5.2 diskutierten Schwierigkeit der Impedanzmessung bei hohen Reflexionsfaktoren. So hat eine (geringe) nicht berücksichtigte Dämpfung genau diesen Effekt auf den Realteil, der Imaginärteil ist bei diesen Werten dagegen

„robuster“ gegenüber einer leichten Schwankung des Reflexionsfaktors: Die simulierte Antennenimpedanz $(0{,}76 + 56\mathrm{j})\,\Omega$ entspricht einem Reflexionsfaktors von $0{,}987\angle 83{,}5°$. Eine nicht berücksichtige Dämpfung von 3 % (z. B. durch den Übergang vom SMA-Stecker zur Platine) führt zu einem Betrag des Reflexionsfaktor von 0,957 und damit zu einer gemessenen Antennenimpedanz von $(2{,}48 + 56\mathrm{j})\,\Omega$. Zudem entsteht durch den Netzwerkanalysator (Gleichung (5.19a)) ein Fehler von $0{,}56\,\Omega$ im Realteil der Impedanzmessung. Das angewendete Messverfahren ist daher nicht geeignet die angestrebte Impedanz zu erfassen, diese könnte eventuell mit dem kontaktlosen Verfahren in Kapitel 5.4.5.2 genauer bestimmt werden (eine Anbringung des dafür nötigen Antennenabschlusses war hier nicht möglich). Grundsätzlich folgt jedoch der gemessene Verlauf dem der Simulation. Aufgrund der guten Übereinstimmung des Imaginärteils und der Schwierigkeit der Messung wird davon ausgegangen, dass die Antenne nahezu der Simulation entspricht. Mit den Ergebnissen der Reichweitenmessungen in Kapitel 5.6 und den Daten der verwendeten Antennen ergibt sich daraus eine theoretische Reichweite von[7]

$$r = \frac{0{,}80}{1{,}5} \cdot 1{,}45\,\mathrm{m} = 0{,}78\,\mathrm{m}\ . \tag{7.1}$$

Der Transponder aus Antenne und UTPV10 erreicht eine Reichweite von 0,6 m. Sie liegt damit etwas unterhalb der theoretischen Reichweite, dies dürfte auf eine nicht optimale Anpassung der Impedanz zurückzuführen sein. Die hier notwendige hohe Impedanztransformation von $(0{,}76 + 56\mathrm{j})\,\Omega$ auf $(89 + 302\mathrm{j})\,\Omega$ ist anfällig gegenüber Änderungen der Antennenimpedanz oder des Anpassnetzwerkes, was leicht zu einer nicht optimalen Anpassung und folglich einer geringeren Reichweite führt (wie die Betrachtung in Anhang F.1 zeigt).

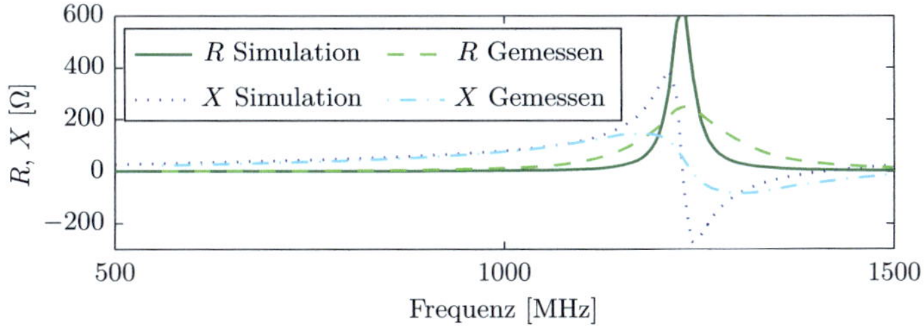

Abbildung 7.23.: Vergleich der gemessenen und simulierten Impedanzen

Mit der Testantenne wird die Funktion des vorgestellten Konzepts eines kompakten, hoch integrierten Sensor-Transponders bestätigt. Allerdings wird auch der Nachteil der kleinen Antenne, die geringe Impedanz, sichtbar. Diese stellt vor allem beim UTPV10 aufgrund dessen hohen Realteils eine erhebliche Anforderung an die Anpassschaltung dar. Allein hinsichtlich der Bauteiltoleranzen der Anpassschaltung ist die Anpassung nicht trivial (Anhang F.1). Für den UTPV10 ist daher eine etwas größere Antenne mit einem dadurch größeren Realteil von Vorteil. So könnte etwa die halbierte Antenne besser an

[7] Der UTPV10 erreicht eine Reichweite von 1,45 m bei einem Antennengewinn von 1,5 (1,76 dBi, Tabelle 5.7). Der Wert −0,95 dBi entspricht einem Faktor von 0,8.

den UTPV10 angepasst werden. Für andere RFID-Chips mit geringerem Realteil und niedrigerer Threshold-Leistung dürfte allerdings die geviertelte Antenne von Interesse sein. Das Konzept der Öffnung bietet eine gute Möglichkeit den RFID-Chip und Sensoren in die Antenne zu integrieren.

7.3.9. Variationen der Antenne

Die Microstripantenne wurde bisher mit der Groundplane aus Abbildung 7.17a betrachtet. Es ist allerdings auch möglich, nur die einzelne Antenne ohne die Groundplane (aus Abbildung 7.22) zu verwenden. Diese besitzt dann nur noch die Metallfläche unterhalb des Substrates als stark verkleinerte Groundplane. Dadurch ist die Abstrahlung nicht mehr senkrecht nach oben gerichtet, stattdessen hat das Strahlungsdiagramm die Form eines Rings (ähnlich dem eines Dipols wie in Abbildung 6.1). Interessanterweise ändert sich die Antennenimpedanz durch dieses Verkleinern der Groundplane nahezu nicht, wodurch die bestehende Anpassschaltung weiter verwendet werden kann. In Tabelle 7.5 ist die Impedanz und der Gewinn für verschiedene Größen der Groundplane angegeben. Allerdings ist der Gewinn nun sehr gering (−8,4 dBi), sodass der UTPV10 damit nicht mehr einsetzbar ist. Andere RFID-Chips ohne Sensordatenerfassung haben eine weitaus niedrigere Threshold-Leistung und erzielen auch mit Antennen unter −10 dBi Gewinn eine akzeptable Reichweite, für solche Chips kann diese Variante der Antenne verwendet werden. Die Antenne ermöglicht somit den Einsatz auf verschieden großen Groundplanes, und je nach Größe der Groundplane ergibt sich ein anderer Antennengewinn (und ein anderes Strahlungsdiagramm), während die Anpassung nahezu (gleich) bleibt. Damit kann dieses Antennendesign im Freiraum und auf metallischen Oberflächen eingesetzt werden. Bei Verwendung eines Rogers Substrats hätte die Antenne ohne die große Groundplane einen Gewinn von −5,2 dBi, während sich die Impedanz kaum verändert.

Zum Schutz der Kupferschicht werden Leiterplatten oftmals mit einem Lötstopplack versehen. Wenn ein Lötstopplack auf der unteren Kupferschicht der Antenne aufgebracht wird, kann diese nicht mehr leitend mit der Groundplane verbunden werden. Allerdings zeigt die Simulation, dass eine dünne Schicht auf der unteren Seite nahezu keinen Einfluss auf das Verhalten der Antenne hat. Die Antennenimpedanz und der Gewinn ist in der letzten Zeile in Tabelle 7.5 angegeben. Damit ist es möglich, die untere Schicht mit Lötstopplack zu versehen und die Antenne auf eine leitende Fläche aufzulegen, der resultierende Aufbau ist in Abbildung 7.24 dargestellt. Das Kupfer der Antenne ist damit geschützt und zugleich kann die große Groundplane durchgehend sein (ohne der Öffnung), da der Lötstopplack eine Verbindung der Leiterbahnen auf der Unterseite mit der leitenden Fläche verhindert.

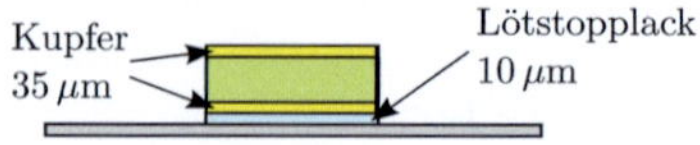

Abbildung 7.24.: Antenne mit Lötstopplack auf einer Groundplane

Tabelle 7.5.: Verschiedene Variationen des Patches

	Z [Ω]	G [dBi]
Groundplane 150 mm x 150 mm	0,66 + 60j	0,3
Groundplane 75 mm x 75 mm	0,60 + 59j	−4,5
Groundplane so groß wie das Patch	0,70 + 61j	−8,4
Lötstopplack nach Abbildung 7.24 mit Groundplane	0,80 + 58j	−0,7

7.4. Schluss

7.4.1. Zusammenfassung

Mit Microstripantennen können RFID-Transponder für metallische Oberflächen erstellt werden. Beginnend mit einer allgemeinen Betrachtung dieses Antennentyps und den in der Literatur aufgeführten Verfahren zur Anpassung, Verkleinerung und Integration von Bauelementen in die Antenne wurde ein Konzept für eine hoch-integrierte, stark verkleinerte Microstripantenne für einen UHF-RFID-Sensor-Transponder vorgestellt. Dazu werden in das Patch und die Groundplane Öffnungen eingebracht und darin der RFID-Chip, die Sensoren sowie die sonstige Beschaltung platziert. Die Öffnungen ermöglichen das Unterbringen der Bauteile sowie ein Zweilagenrouting zwischen diesen. Durch die hohe Integration beschränkt sich die Größe des Transponders auf die Abmaße der Antenne. Die eingebrachten Öffnungen verändern die Eigenschaften der Antenne, in der Regel sinkt der Antennengewinn und das Axial Ratio der Polarisation verringert sich. Die verwendeten kleinen Öffnungen haben jedoch nur einen geringen Einfluss auf die Antenne. Die Verkleinerung der Antenne nutzt die Methoden der Halbierung des Patches und Anbringen einer leitenden Seitenwand. Eine weitere Verkleinerung kann mit der hier vorgestellten Viertelung der Antenne erreicht werden, damit beträgt die Antennenfläche nur ein Viertel der ursprünglichen Antenne. Um die nötigen senkrechten metallisierten Seitenwände bei der Leiterplattenfertigung zu vermeiden, werden diese mit Durchkontaktierungen ersetzt. Der Transponder wird über eine Art Probe-Feed an die Antenne angeschlossen und aufgrund des hohen Realteils des verwendeten RFID-Chips erfolgt die Anpassung mit konzentrierten Bauelementen. Andere RFID-Chips haben in der Regel weitaus geringere Realteile, sodass eventuell eine Anpassung mit integrierten Anpassstrukturen möglich ist. Mit einer Testantenne wurde das mithilfe einer elektromagnetischen Simulation entworfene Konzept verifiziert. Aus diesem Konzept lassen sich zudem interessante Variationen ableiten. Dazu gehört z. B. die Umsetzung im 2,45 GHz RFID-Band [HF12a], wie die dafür entworfene Antenne in Abbildung 7.25 zeigt. Aufgrund der höheren Frequenz und des dadurch höheren Verhältnisses der Substratdicke zur Wellenlänge (bei einem 3 mm dicken Substrat) ergibt sich ein höherer Gewinn der Antenne. Eine Charakterisierung des Einflusses der Öffnungen dieser Antenne findet in [Hei12a] statt.

7.4.2. Ausblick

Die bisherige Entwicklung der Microstripantenne beschränkt sich auf die Betrachtung einer quadratischen Antenne. Das Patch (und auch die Groundplane) können jedoch in

(a) Top-Layer (b) Bottom-Layer

Abbildung 7.25.: Foto der Antenne bzw. des Transponders für 2,45 GHz

beliebiger Form ausgeführt werden. So wird z. B. oftmals empfohlen das Patch breiter als lang zu gestalten, um einen höheren Gewinn zu erzielen [Gar01]. Ebenso können runde Patches verwendet werden [Gar01]. Die hier entwickelte Antenne könnte auch mit diesen Konzepten umgesetzt werden, dabei erscheint vor allem das breitere Patch aufgrund des höheren Antennengewinns interessant. Für den erstellten Transponder war eine Öffnung zum Einbringen aller Bauteile ausreichend, allerdings ist es möglich und eventuell von Vorteil, mehrere kleine Öffnungen zu verwenden. Mit diesen Varianten eröffnet sich ein weites Feld, das vorgestellte Konzept zu optimieren. Des Weiteren kann eine umfassendere Untersuchung des Einflusses der Öffnungen auf die Antenne stattfinden, hier wurde eine für die Aufgabenstellung ausreichende, aber im Allgemeinen nicht sehr tiefgreifende Analyse durchgeführt. Die vorgestellte Antenne ist linear polarisiert, allerdings bieten zirkular polarisierte Transponder bei verschiedenen Einsatzszenarien Vorteile (wie in Kapitel 4.2.6 gezeigt). Grundsätzlich ist es möglich, mittels verschiedener Techniken zirkular polarisierte Microstripantennen zu erstellen [JH89]. Diese Verfahren sind eventuell auch mit dem Konzept der Antennenöffnungen und der geviertelten Antenne umsetzbar. RFID-Chips mit einem geringen Realteil ihrer Impedanz sind eventuell leichter an die Antenne anzupassen, dabei kann es möglich sein, die Anpassung durch metallische Strukturen in der Öffnung (wie z. B. die T-Anpassung oder die induktiv gekoppelte Leiterschleife) zu erreichen. Auf diese Weise ließe sich der Einsatz von konzentrierten Bauelementen verringern bzw. ganz vermeiden (wenn der RFID-Chip keine weiteren Bauelemente benötigt).

Das Konzept der Öffnungen ist nicht auf RFID-Transponder beschränkt und kann auch bei Antennen für andere Anwendungsfälle eingesetzt werden. So können z. B. verschiedene Schaltkreise innerhalb der Antenne unterbracht werden. Dies ist vor allem bei Antennen in niedrigeren Frequenzbändern interessant, da die hier großen Antennen viel Raum für Öffnungen bieten. Ein weiterer konkreter Anwendungsfall ist eine planare Microstrip-Mehrfrequenzantenne. Dazu wird in die Öffnung des Patches ein weiteres kleineres Patch eingebracht (Abbildung 7.26). Das äußere größere Patch dient der Abstrahlung einer niedrigeren Frequenz, während mit dem kleineren Patch eine höhere Frequenz abgestrahlt werden kann. Zudem sind mehrere Öffnungen mit verschieden großen Patches bzw. Schachteln der Patches möglich. Damit lässt sich die Abstrahlung in mehreren Frequenzen erreichen.

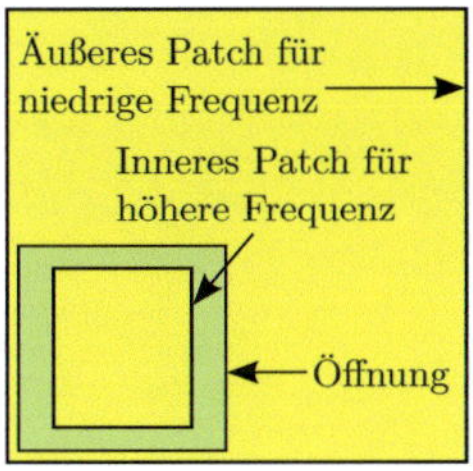

Abbildung 7.26.: Planare Microstrip-Mehrfrequenzantenne

8. Schluss

RFID wird vielfältig zur Identifikation von Objekten eingesetzt und kommt in weiteren Feldern wie der Sensorik vermehrt zum Einsatz. Flexible RFID-Sensor-Transponder lassen sich durch Anschluss verschiedener Sensoren an den RFID-Chip realisieren. Ein solcher Sensor-Transponder besteht neben dem RFID-Chip und der Antenne aus den Sensoren und deren Vefrbindung zum RFID-Chip. Dieser Aufbau muss beim Antennen- bzw. Transponderdesign berücksichtigt werden. Zudem ist für das Antennendesign die Kenntnis der Chipimpedanz erforderlich um eine Anpassung zwischen Chip und Antenne zu erzielen. Anhand des am Fraunhofer IPMS entwickelten RFID-Chips (UTPV10) wurde die Impedanzbestimmung von RFID-Chips sowie der Aufbau eines Sensor-Transponders bestehend aus einer Dipol- oder einer Microstripantenne behandelt.

Die Impedanz eines RFID-Chips kann mit einem Netzwerkanalysators bestimmt werden. Dabei wird der Reflexionsfaktor gemessen und aus diesem die Impedanz berechnet. Durch die hohe Reaktanz des Chips wird ein hoher Reflexionsfaktor beim direkten Anschluss an den Netzwerkanalysator erzeugt. Dadurch entsteht schon bei kleinen Messunsicherheiten des Reflexionsfaktors eine große Messunsicherheit in der berechneten Impedanz. Diese Problemstellung ergibt sich ebenso bei der Messung von Antennenimpedanzen und ist daher charakteristisch für UHF-RFID. Um den direkten Anschluss des Chips zu umgehen, können kontaktlose Messverfahren verwendet werden. Die bisher bekannten Verfahren benötigen jedoch verschiedene Vorkenntnisse über den Chip wie die Threshold-Leistung – diese sind bei neuen (und daher nicht charakterisierten) Chips wie dem UTPV10 nicht vorhanden. Die Impedanz wurde daher mittels eines neuen kontaktlosen Verfahrens bestimmt. Der Chip wird hierbei mit verschiedenen Antennen verbunden und für jede Antenne die Spannung nach dem Gleichrichter des Chips gemessen. Aus den so ermittelten Werten und den Daten der Antennen kann die Impedanz des Chips berechnet werden. Um die Nutzung der gleichgerichteten Spannung zu vermeiden (RFID-Chips bieten üblicherweise keinen Zugriff diese), wurde das Verfahren auf die Verwendung der maximalen Lesereichweite bzw. der Readerleistung erweitert. Angewendet auf den UTPV10 zeigten die beiden Methoden eine gute Übereinstimmung. Zudem erreichten Antennen, die auf die gemessene Impedanz angepasst wurden, eine hohe Reichweite und bestätigten damit die Methode. Da keine Kontaktierung eines Messgerätes am Chip benötigt wird, ist die Problemstellung der Messung von hohen Reflexionsfaktoren umgangen worden. Zudem sind keine Vorkenntnisse über den Chip notwendig und es wird kein teures Messequipment verwendet. Weitere Eigenschaften des Verfahrens sind die Impedanzbestimmung eines aufgebauten Chips sowie der Umgang des aus Chip und Antenne entstehenden Transponders während der Messung. Dadurch findet eine direkte Rückmeldung der Qualität der Messung statt und kann zur Verifikation des berechneten Wertes verwendet werden.

Der RFID-Sensor-Transponder mit Dipolantenne besteht aus einer FR4-Leiterplatte in der Größe einer Kreditkarte. Um die Antenne darin einzubringen und an den RFID-Chip anzupassen, wurden verschiedene Verfahren in Betracht gezogen. Ein möglichst hoher Antennengewinn wurde schließlich mit einer am Rand abgeknickten und mit Endkapazitäten versehenen Antenne erreicht. Die Anpassung erfolgte mittels einer T-Anpassung. In den Transponder wurden die Sensoren mit ihrer benötigten Beschaltung integriert. Die hierbei verwendete Schaltung hat einen vernachlässigbaren Einfluss auf die Antenne. Für ein zeitnahes Antennen- bzw. Transponderdesign soll die Impedanz der Antenne anstatt mit einer elektromagnetischen Simulation mit analytischen Verfahren ermittelt werden. Dabei hat sich herausgestellt das die betrachteten Verfahren die Antennenimpedanz nicht gut nachbilden und somit nicht eingesetzt werden können. Für eine Reduzierung der notwendigen elektromagnetischen Simulationen hat sich ein Curve-Fitting der Impedanzkurven über der Frequenz bei verschiedenen Parametern der T-Anpassung als erfolgreich erwiesen. Das Verfahren ist flexibel und kann auch zum Design von anderen Antennenstrukturen eingesetzt werden.

RFID-Transponder für metallische Oberflächen können mit Microstripantennen erstellt werden. Dazu wurde ein Konzept eines kompakten, hochintegrierten UHF-RFID-Sensor-Transponders mit einer Microstripantenne vorgestellt. Der RFID-Chip und die daran angeschlossenen Sensoren werden inklusive ihrer Beschaltung innerhalb von Öffnungen in der Metallasierung des Patches und der Groundplane untergebracht. Dies ermöglicht ein Zweilagenrouting zwischen den Bauteilen. Die Anpassung an den Chip erfolgt nach dem Einbringen der Öffnungen, daher ist ihr Einfluss auf die Impedanz unerheblich. Für einen optimalen Antennengewinn wurde der Einfluss der Größe und der Position der Öffnungen auf den Gewinn betrachtet und eine entsprechende Öffnung ausgewählt. Die Größe der Antenne wurde durch Halbierung des Patches und Einbringen einer metallischen Seitenwand reduziert. Eine weitere Verkleinerung konnte durch Halbieren der verbleibenden langen Wand und das Einbringen einer weiteren metallischen Wand erreicht werden. Die Pachtgröße beträgt damit ein Viertel der Ausgangsgröße. Für eine kostengünstige Fertigung der Antenne können die metallischen Wände mit Durchkontaktierungen ersetzt werden. Aufgrund der stark reduzierten Größe ergibt sich eine sehr geringe Eingangsimpedanz. Die Anpassung der Antenne an den Chip erfolgte mittels einer Anpassschaltung aus konzentrierten Bauelementen. Dieses Konzept ist für einen Sensor-Transponder mit dem UTPV10 abgestimmt, allerdings kann es auch bei anderen Chips mit oder ohne Sensorfunktion eingesetzt werden. Bei den gewöhnlichen Chips stellt sich deren geringere Threshold-Leistung sowie ihr geringerer Realteil der Chipimpedanz als Vorteilhaft heraus, dies gilt insbesondere für die verkleinerte Antenne. Zudem kann hierbei die Öffnung in der Groundplane entfallen und die Öffnung im Patch kleiner gewählt werden.

Die Optimierung von RFID-Sensor-Transponder ist noch lange nicht abgeschlossen. Ihre vielfältigen Einsatzgebiete eröffnen nicht nur einen großen und in Zukunft weiter wachsenden Markt, sondern auch ein spannendes Forschungsfeld, das noch viele offene Fragen und Herausforderungen bereithält. So können beispielsweise bei Verwendung höherer Frequenzen die Antennen sehr viel kleiner Ausfallen und sogar auf den Chip aufgebracht werden.

A. Elektromagnetische Grundlagen

A.1. Maxwellsche Gleichungen

Die Maxwellschen Gleichungen [Max79] bilden die grundlegende Theorie der elektromagnetischen Felder [Kli11]. Sie bestehen aus einem System von vier linearen partiellen Differenzialgleichungen erster Ordnung, das die elektrischen und magnetischen Feldgrößen $\boldsymbol{E}$, $\boldsymbol{D}$, $\boldsymbol{B}$ und $\boldsymbol{H}$ sowie ihre Quellen ρ und $\boldsymbol{J}$ miteinander verknüpft [Kli11]. Die Maxwellschen Gleichungen können in einer integralen- und einer differenziellen Form geschrieben werden [Kli11]. Sie werden hier, wie in den Ingenieurwissenschaften üblich [Kli11], in ihrer makroskopischen Form dargestellt.

A.1.1. Differenzielle Form

In differenzieller Form lauten die Maxwellschen Gleichungen [Kli11]:

$$\operatorname{rot} \boldsymbol{H} = \boldsymbol{J} + \frac{\partial \boldsymbol{D}}{\partial t} \tag{A.1}$$

$$\operatorname{rot} \boldsymbol{E} = -\frac{\partial \boldsymbol{B}}{\partial t} \tag{A.2}$$

$$\operatorname{div} \boldsymbol{D} = \rho \tag{A.3}$$

$$\operatorname{div} \boldsymbol{B} = 0\ . \tag{A.4}$$

Gleichung (A.1) beschreibt das von Maxwell erweiterte Ampérsche Gesetz [Nol11]. Die Wirbel des Magnetfeldes werden von der elektrischen Stromdichte $\boldsymbol{J}$ und der Änderung der elektrischen Flussdichte $\boldsymbol{D}$ erzeugt [Nol11]. Das Induktionsgesetz nach Gleichung (A.2) besagt, dass jede Änderung der magnetischen Flussdichte $\boldsymbol{B}$ zu einem elektrischen Gegenfeld $\boldsymbol{E}$ führt [Nol11]. Dabei sind die Wirbel des elektrischen Feldes von der zeitlichen Änderung der magnetischen Flussdichte $\boldsymbol{B}$ abhängig [Nol11]. Ladungen sind Quellen der elektrischen Flussdichte und damit des elektrischen Feldes (Gleichung (A.3)), das magnetische Feld $\boldsymbol{B}$ hingegen ist quellenfrei (Gleichung (A.4)) [Nol11].

A.1.2. Integrale Form

Mit den Integralsätzen von Gauß und Stokes lassen sich die Maxwellschen Gleichungen in eine integrale Form überführen [Kli11]:

$$\oint_{\partial A} \boldsymbol{H}\, d\boldsymbol{s} = \int_A \left(\boldsymbol{J} + \frac{\partial \boldsymbol{D}}{\partial \boldsymbol{t}} \right) d\boldsymbol{A} \tag{A.5}$$

$$\oint_{\partial A} \boldsymbol{E}\, d\boldsymbol{s} = -\frac{\partial}{\partial t} \int_A \boldsymbol{B}\, d\boldsymbol{A} \tag{A.6}$$

$$\oint_{\partial V} \boldsymbol{D}\, d\boldsymbol{A} = \int_V \rho\, dV \tag{A.7}$$

$$\oint_{\partial V} \boldsymbol{B}\, d\boldsymbol{A} = 0\ . \tag{A.8}$$

Das Ampérsche Gesetz in integraler Form (Gleichung (A.5)) besagt, dass der durch eine Fläche A hindurchtretende Strom $(\boldsymbol{J} + \partial\boldsymbol{D}/\partial\boldsymbol{t})$ gleich dem Umlaufintegral über die magnetische Feldstärke $\boldsymbol{H}$ entlang des Randes von A ist [Nol11]. Die Maxwellsche Ergänzung $\partial\boldsymbol{D}/\partial\boldsymbol{t}$ wird als Verschiebungsstromdichte bezeichnet [Nol11]. Nach dem Induktionsgesetz in Gleichung (A.6) ist das Ringintegral der elektrischen Feldstärke $\boldsymbol{E}$ entlang einer Fläche A gleich der negativen Änderungsgeschwindigkeit des durch die Fläche hindurchtretenden magnetischen Flusses [Nol11]. Die Gleichungen (A.7) und (A.8) beschreiben wie die Gleichungen (A.3) und (A.4) Ladungen als Quellen der elektrischen Flussdichte und die Quellenfreiheit des magnetischen Feldes [Nol11].

A.1.3. Materialbeziehungen

Die Maxwellschen Gleichungen werden durch die Materialgleichungen ergänzt [Kli11]. Damit können Feldprobleme in Medien beschrieben und gelöst werden [Kli11]. Für den einfachsten Fall eines linearen[1], homogenen[2] und isotropen[3] Mediums lauten die Materialgleichungen [Kli11]:

$$\boldsymbol{D} = \epsilon \boldsymbol{E} \tag{A.9}$$

$$\boldsymbol{B} = \mu \boldsymbol{H}\ . \tag{A.10}$$

Bei den Materialkonstanten handelt es sich um die Permittivität ϵ und die Permeabilität μ [Kli11]. Weiterhin ist die Stromdichte $\boldsymbol{J}$ mit dem elektrischen Feld $\boldsymbol{E}$ über die elektrische Leitfähigkeit σ verknüpft [Kli11]:

$$\boldsymbol{J} = \sigma \boldsymbol{E}\ . \tag{A.11}$$

A.1.4. Zeitharmonische Felder

Es ist das elektrische Feld $\boldsymbol{E}$ mit

$$\boldsymbol{E}(x,y,z,t) = E_x(x,y,z,t)\,\boldsymbol{a}_x + E_y(x,y,z,t)\,\boldsymbol{a}_y + E_z(x,y,z,t)\,\boldsymbol{a}_z \tag{A.12}$$

gegeben. Ein zeitharmonisches („zeitperiodisches“) elektrisches Feld kann als[4]

$$E_x(r,t) = \mathrm{Re}\left\{E_{x0}(r)\, e^{j\phi_x(r)} e^{j\omega t}\right\} \tag{A.13a}$$

$$E_y(r,t) = \mathrm{Re}\left\{E_{y0}(r)\, e^{j\phi_y(r)} e^{j\omega t}\right\} \tag{A.13b}$$

$$E_z(r,t) = \mathrm{Re}\left\{E_{z0}(r)\, e^{j\phi_z(r)} e^{j\omega t}\right\} \tag{A.13c}$$

[1] Linear: Materialeigenschaften sind unabhängig von der Stärke der Felder und linear.
[2] Homogen: Materialeigenschaften sind ortsunabhängig.
[3] Isotrop: Materialeigenschaften sind richtungsunabhängig.
[4] $r = (x, y, z)$

geschrieben werden [GH04]. E_{x0}, E_{y0} und E_{z0} sind die Amplituden des elektrischen Feldes in $\boldsymbol{a}_x$, $\boldsymbol{a}_y$ und $\boldsymbol{a}_z$ Richtung, $\phi_x(r)$, $\phi_y(r)$ und $\phi_z(r)$ stellen die Phasenverschiebung der x, y und z Komponente jedes Feldpunktes dar [GH04]. Mit der Definition von

$$\underline{E}_x(r) = E_{x0}(r)\, e^{j\phi_x(r)} \tag{A.14a}$$

$$\underline{E}_y(r) = E_{y0}(r)\, e^{j\phi_y(r)} \tag{A.14b}$$

$$\underline{E}_z(r) = E_{z0}(r)\, e^{j\phi_z(r)} \tag{A.14c}$$

kann Gleichung (A.13) wie folgt geschrieben werden [GH04]:

$$E_x(r,t) = \mathrm{Re}\left\{\underline{E}_x(r)\, e^{j\omega t}\right\} \tag{A.15a}$$

$$E_y(r,t) = \mathrm{Re}\left\{\underline{E}_y(r)\, e^{j\omega t}\right\} \tag{A.15b}$$

$$E_z(r,t) = \mathrm{Re}\left\{\underline{E}_z(r)\, e^{j\omega t}\right\}\ . \tag{A.15c}$$

In den Gleichungen (A.14) und (A.15) stellen $\underline{E}_x(r)$, $\underline{E}_y(r)$ und $\underline{E}_z(r)$ die Phasoren von $E_x(r,t)$, $E_y(r,t)$ und $E_z(r,t)$ dar [GH04]. Die Phasor-Repräsentation erlaubt eine nur ortsabhängige Darstellung der Felder, der Zeitbezug wird durch den Term $e^{j\omega t}$ abgedeckt [GH04]. Damit kann das elektrische Feld aus Gleichung (A.12) als

$$\boldsymbol{E}(r,t) = \mathrm{Re}\left\{\underline{\boldsymbol{E}}(r)\, e^{j\omega t}\right\} \tag{A.16a}$$

mit

$$\underline{\boldsymbol{E}}(r) = \underline{E}_x(r)\,\boldsymbol{a}_x + \underline{E}_y(r)\,\boldsymbol{a}_y + \underline{E}_z(r)\,\boldsymbol{a}_z \tag{A.16b}$$

geschrieben werden [GH04]. Dies ermöglicht eine Darstellung von zeitharmonischer Größen durch komplexe Größen, der Zeitbezug $e^{j\omega t}$ wird üblicherweise weggelassen [GH04].

A.1.5. Ebene Welle

Mit den Maxwellschen Gleichungen werden elektromagnetische Felder in Medien vollständig beschrieben [GH04]. Ein elektromagnetisches Feld muss dabei die vier Maxwellschen Gleichungen an jedem Punkt in einem Medium erfüllen, dies gilt ebenso am Ort der Quelle und der Senke (Stelle, an der das Feld „empfangen“ bzw. absorbiert wird) [GH04]. Eine zeitveränderliche Quelle erzeugt elektromagnetische Felder, die sich als Kugelwellen von der Quelle weg ausbreiten [GH04]. Eine Kugelwelle kann in großer Entfernung zur Quelle und in einem begrenzten Gebiet durch eine ebene Welle angenähert werden [GH04]. Die Feldkomponenten liegen dabei in einer Ebene senkrecht zur Ausbreitungsrichtung, somit existieren keine Feldkomponenten in Ausbreitungsrichtung [GH04].

In einem quellenfreien Medium mit der dielektrischen Konstante ϵ, der magnetischen Permeabilität μ und der elektrischen Leitfähigkeit σ lautet die allgemeine Wellengleichung des elektromagnetischen Feldes [GH04]:

$$\nabla^2 \boldsymbol{E} = \mu\sigma\frac{\partial \boldsymbol{E}}{\partial t} + \mu\epsilon\frac{\partial^2 \boldsymbol{E}}{\partial t^2} \tag{A.17a}$$

$$\nabla^2 \boldsymbol{H} = \mu\sigma \frac{\partial \boldsymbol{H}}{\partial t} + \mu\epsilon \frac{\partial^2 \boldsymbol{H}}{\partial t^2} \ . \tag{A.17b}$$

Aus der allgemeinen Wellengleichung kann für ein homogenes dielektrisches Medium ($\widehat{=}$ verlustfreies Medium: $\sigma = 0$) eine sich in positiver z-Richtung ausbreitende ebene Welle hergeleitet werden [GH04]. Für zeitharmonische Felder ergibt sich das elektrische Feld der ebenen Welle zu [GH04]:

$$E_x(z,t) = E_{x0} \cos(\omega t - \beta z + \phi_x) \tag{A.18a}$$

$$E_y(z,t) = E_{y0} \cos(\omega t - \beta z + \phi_y) \ . \tag{A.18b}$$

Das magnetische Feld ist mit dem elektrischen Feld über den Feldwellenwiderstand η verknüpft [GH04]:

$$\eta = \sqrt{\frac{\mu}{\epsilon}} \tag{A.19a}$$

$$H_x(z,t) = -\sqrt{\frac{\epsilon}{\mu}} E_y(z,t) \tag{A.19b}$$

$$H_y(z,t) = -\sqrt{\frac{\epsilon}{\mu}} E_x(z,t) \ . \tag{A.19c}$$

Dabei stellt β die Phasenkonstante des Materials bei einer bestimmten Frequenz dar [GH04]:

$$\beta = \omega\sqrt{\mu\epsilon} = \frac{\omega}{c} \ . \tag{A.20}$$

Dabei geben ϕ_x und ϕ_y die Phasenverschiebung bei $t = 0$ und $z = 0$ an [GH04].

A.2. Elektrisches Ersatzschaltbild einer Antenne

Elektrische Zweipole lassen sich bezüglich ihrer Klemmen durch ein Thévenin- oder Norton-Ersatzschaltbild abbilden [Unb99]. Damit ist eine einfache Repräsentation komplexer Schaltungen/Bauelemente möglich. Eine Antenne stellt einen Zweipol dar und lässt sich somit in die beiden Ersatzschaltbilder überführen [Bal05]. Aufgrund des unterschiedlichen Verhaltens beim Senden und Empfangen der Antenne ergeben sich für eine sendende und empfangende Antenne verschiedene Schaltbilder [Bal05]. Die beiden gängigen Ersatzschaltbilder für den Empfangsfall lassen allerdings keine Deutung der in der Antenne umgesetzten Leistung zu [Col03a] – diese Problemstellung wird folgend dargelegt.

A.2.1. Sendefall

A.2.1.1. Thévenin-Ersatzschaltbild

Das Thévenin-Ersatzschaltbild bildet das Verhalten eines elektrischen Schaltkreises bezüglich seiner Klemmen mittels einer Reihenschaltung einer Spannungsquelle und einer Impedanz ab [Unb99, Bal05]. Für eine sendende Antenne und ihre (Signal-)Quelle ist dies in Abbildung A.1 dargestellt, das Ersatzschaltbild wird in Kapitel 4.2.8 erläutert.

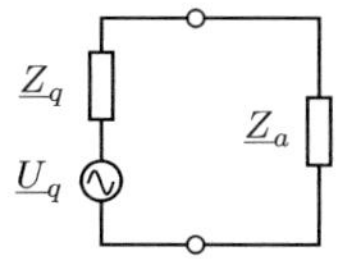

Abbildung A.1.: Thévenin-Ersatzschaltbild einer Antenne für den Sendefall, Grafik in Anlehnung an [Bal05]

A.2.1.2. Norton-Ersatzschaltbild

Das Norton-Ersatzschaltbild bildet ebenso das Verhalten eines elektrischen Schaltkreises bezüglich seiner Klemmen ab, allerdings durch eine Parallelschaltung einer Stromquelle und einer Impedanz [Unb99]. Abbildung A.2 zeigt das Ersatzschaltbild für eine sendende Antenne [Bal05] mit ihrer (Signal-)Quelle.

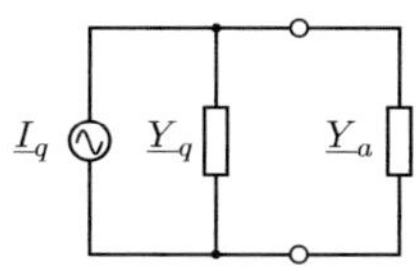

Abbildung A.2.: Norton-Ersatzschaltbild einer Antenne für den Sendefall, Grafik in Anlehnung an [Bal05]

A.2.2. Empfangsfall

Folgend werden für den Empfangsfall die Leistungen an den Last- und Antennenimpedanzen bzw. -admittanzen analog dem Vorgehen in [Col03a] betrachtet.

A.2.2.1. Thévenin-Ersatzschaltbild

Im Empfangsfall stellt die Antenne eine Quelle dar (siehe Kapitel 4.2.8), der Empfänger wird durch eine passive Lastimpedanz modelliert [Bal05]. Damit ergibt sich ein Thévenin-Ersatzschaltbild für den Empfangsfall wie in Abbildung A.3 [Bal05] dargestellt. Die in

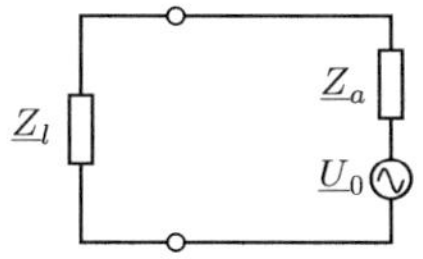

Abbildung A.3.: Thévenin-Ersatzschaltbild einer Antenne für den Empfangsfall, Grafik in Anlehnung an [Bal05]

der Last umgesetzte Leistung lautet

$$P_{l,\text{Thévenin}} = \text{Re}\left\{\underline{U}_l \underline{I}_l^*\right\} = \frac{|\underline{U}_0|^2}{|\underline{Z}_l + \underline{Z}_a|^2} \text{Re}\left\{\underline{Z}_l\right\} \ , \tag{A.21}$$

und damit ist der Leistungsabfall an der Antennenimpedanz

$$P_{a,\text{Thévenin}} = \frac{|\underline{U}_0|^2}{|\underline{Z}_l + \underline{Z}_a|^2} \operatorname{Re}\{\underline{Z}_a\} \ . \tag{A.22}$$

A.2.2.2. Norton-Ersatzschaltbild

Beim Norton-Ersatzschaltbild wird die Antenne durch eine Stromquelle und der Empfänger durch eine Lastadmittanz dargestellt, dadurch ergibt sich das Ersatzschaltbild in Abbildung A.4 [Bal05].

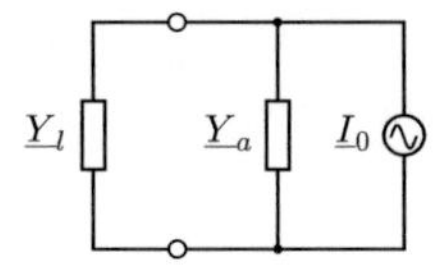

Abbildung A.4.: Norton-Ersatzschaltbild einer Antenne für den Empfangsfall, Grafik in Anlehnung an [Bal05]

Es gilt

$$\underline{I}_0 = \frac{\underline{U}_0}{\underline{Z}_a} \tag{A.23}$$

und

$$\underline{Y}_a = \frac{1}{\underline{Z}_a} \ , \ \underline{Y}_l = \frac{1}{\underline{Z}_l} \ . \tag{A.24}$$

Damit wird die in der Lastimpedanz umgesetzte Leistung zu

$$P_{l,\text{Norton}} = \frac{|\underline{U}_0|^2}{|\underline{Z}_l + \underline{Z}_a|^2} \operatorname{Re}\{\underline{Z}_l\} \tag{A.25}$$

und die Leistung an der Antennenimpedanz beträgt

$$P_{a,\text{Norton}} = \frac{|\underline{U}_0|^2}{|\underline{Z}_l + \underline{Z}_a|^2} \left|\frac{\underline{Z}_l}{\underline{Z}_a}\right|^2 \operatorname{Re}\{\underline{Z}_l\} \ . \tag{A.26}$$

A.2.2.3. Vergleich der Leistungen im Empfangsfall

Die in der Lastimpedanz umgesetzte Leistung ist beim Empfangsfall für das Thévenin- und das Norton-Ersatzschaltbild gleich:

$$P_{l,\text{Thévenin}} = P_{l,\text{Norton}} \ . \tag{A.27}$$

Allerdings ist die in der Antennenimpedanz umgesetzte Leistung bei beiden Ersatzschaltbildern unterschiedlich [Col03a] (bis auf den Sonderfall, dass die Beträge der Last- und der Antennenimpedanz gleich sind):

$$P_{a,\text{Thévenin}} \neq P_{a,\text{Norton}} \ . \tag{A.28}$$

Da beide Ersatzschaltbilder ein und dieselbe Antenne modellieren, müssten die Leistungen identisch sein [Col03a]. Dies ist jedoch nicht der Fall. Damit wird gezeigt, dass die Ersatzschaltbilder nicht die reale in der Antenne umgesetzte Leistung modellieren können [Col03a]. Sehr deutlich wird dies bei der Betrachtung einer Antenne ohne Lastimpedanz [Col03a]. Laut dem Thévenin-Ersatzschaltbild fällt keine Leistung in der Antenne ab (kein Stromfluss), während laut dem Norton-Ersatzschaltbild die komplette Leistung über dem Antennenwiderstand abfällt [Col03a]. Damit kann dem Leistungsabfall über $\underline{Z}_a$ einer empfangenden Antenne keine physikalische Bedeutung zugewiesen werden [Col03a]. Die Ersatzschaltbilder können allerdings dazu verwendet werden, die Energieübertragung zwischen der Antenne und dem Empfänger zu bestimmen [Col03a].

Im Sendefall tritt dieser Unterschied nicht auf, hier ergeben beide Ersatzschaltbilder die selben Leistungen. Die Antenne ist in diesem Fall jedoch nur ein passives Element, während sie im Empfangsfall eine Quelle (für den Schaltkreis) darstellt.

B. Anhang RFID

Um das Prinzip des Backscatterings anschaulich darzustellen ist die Kommunikation zwischen Reader und Transponder mittels dem Messaufbau in Abbildung B.1 aufgezeichnet worden. In einer Absorberkammer befindet sich die Antenne eines RFID-Readers (Readerantenne), eines Signalanalysators (Lauschantenne) sowie ein Transponder. Die beiden Antennen sind auf den Transponder ausgerichtet und über einen Absorber elektromagnetisch voneinander getrennt. Dadurch gelangt (nahezu) keine Abstrahlung der Readerantenne zur Lauschantenne, der einzige Weg wie das Signal des Readers in die Lauschantenne gelangen kann ist über eine Reflexion am Transponder. Somit wird das starke Signal der Readerantenne durch den Absorber geblockt und in die Lauschantenne gelangt nur das schwache am Transponder reflektierte Signal. Dies ermöglicht das Beobachten der Reflexion an der Transponderantenne womit das Umschalten zwischen dem Zustand schwächerer und stärkerer Reflexion sichtbar gemacht werden kann. Ohne die elektromagnetische Trennung durch den Absorber würde der Träger des Readers das schwache reflektierte Signal überlagern. Im Grundzustand befindet sich der Transponder im schwach/nicht reflektierenden Zustand (siehe Kapitel 2.2.2.2), dabei kann das reflektierte Signal des Readers mit der Lauschantenne aufgezeichnet werden. Im linken Teil von Abbildung B.2 ist genau dies zu sehen. Hier sendet der Reader Daten zum Transponder, wobei gut die hohe Modulationstiefe zu erkennen ist. Zudem zeigt die Abbildung dass der Träger des Readers permanent aktiviert ist. Der Transponder nutzt diesen zur Energieversorgung und zur Datenübertragung zum Reader. Dies zeigen die kurzen Peaks die nach einer kurzen Pause im rechten Teil der Abbildung zu sehen sind.

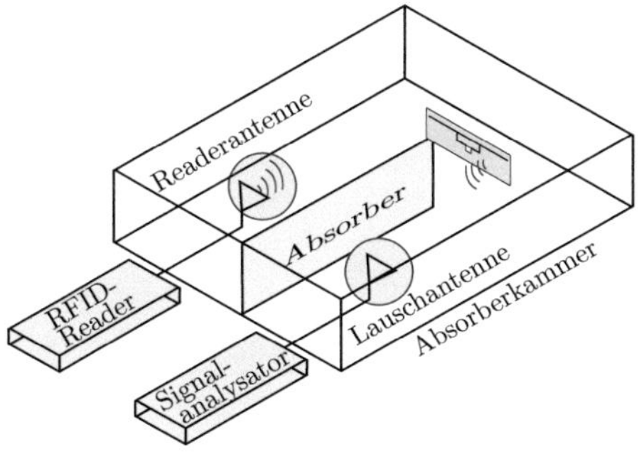

Abbildung B.1.: Messaufbau zum Erfassen der Kommunikation zwischen Reader und Transponder

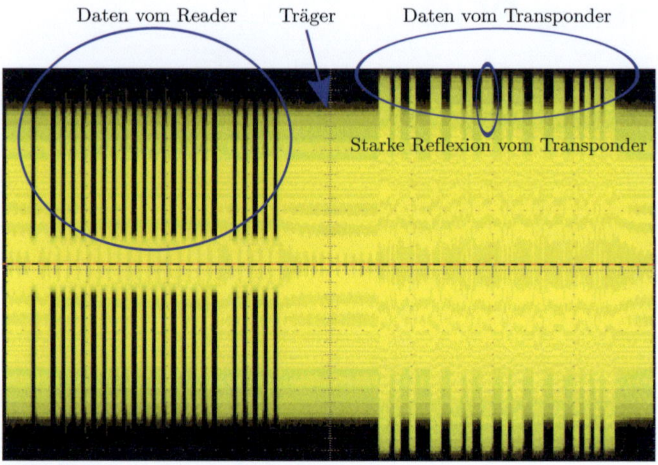

Abbildung B.2.: Mitgeschnittene Kommunikation eines Readers mit einem Transponder

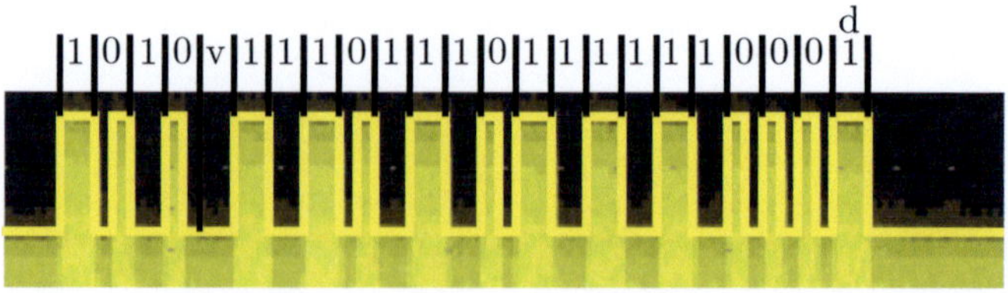

Abbildung B.3.: Mitgeschnittene Kommunikation eines Readers mit einem Transponder, Dekodiert

C. Anhang Anpassung

C.1. Betrachtung der Leistungsanpassung

Eine reale Spannungs- oder Stromquelle ist in ihrer Spannungs- bzw. Stromabgabe begrenzt [Unb99]. Dadurch kann die Leistung im Verbraucher nicht beliebig durch Erhöhen der Spannung bzw. des Stromes vergrößert werden [Unb99]. Wenn die maximale zur Verfügung stehende Energie einer Quelle an den Verbraucher übertragen werden soll, wird eine sogenannte Leistungsanpassung verwendet [Unb99]. Aufgrund des geringen Wirkungsgrades der Leistungsanpassung kommt sie häufig bei Quellen mit unveränderbaren Spannungen/Strömen zum Einsatz, Beispiele dafür sind Empfangsantennen, Sensoren oder Mikrofone [Unb99].

C.1.1. Leistungsanpassung bei Widerständen

Der Schaltkreis in Abbildung C.1 besteht aus einer Spannungsquelle mit der Leerlaufspannung U_0 und einem Quellenwiderstand R_q sowie einer Last mit dem Lastwiderstand R_l. Der Strom durch die Schaltung ergibt sich zu [Unb99]:

$$I = \frac{U_0}{R_q + R_l} \ . \tag{C.1}$$

Dadurch fällt im Lastwiderstand die Leistung

$$P_l = I^2 R_l \tag{C.2}$$

ab. Durch Substitution des Stroms kann die Leistung als

$$P_l = \frac{U_0^2}{(R_q + R_l)^2} R_l = \frac{U_0^2}{R_q} \frac{R_l/R_q}{(1 + R_l/R_q)^2} \tag{C.3}$$

geschrieben werden. Für einen festen Quellenwiderstand ($R_q =$ konstant) ist die Leistung im Lastwiderstand normiert auf die maximale Leistung ($P_l/P_{l\max}$) über dem Verhältnis von Last- zu Quellenwiderstand (R_l/R_q) in Abbildung C.2 gezeigt. Die am Lastwiderstand abfallende Leistung wird maximal, wenn das Verhältnis von Last- zu Quellenwiderstand

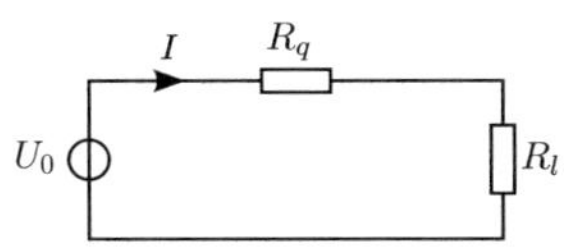

Abbildung C.1.: Schaltbild zur Betrachtung der Leistungsanpassung bei Widerständen

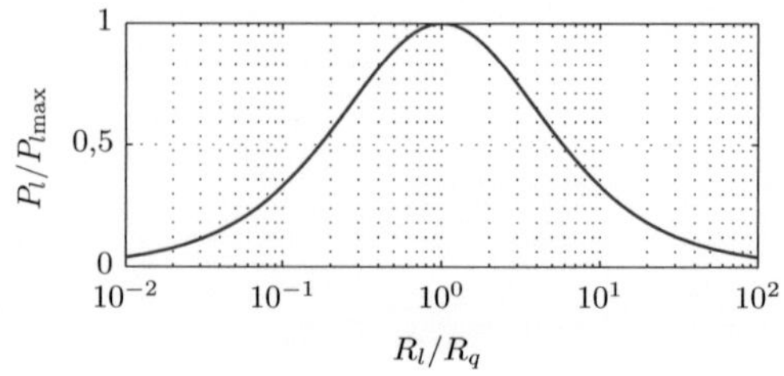

Abbildung C.2.: Leistung im Lastwiderstand normiert auf die maximale Leistung in Abhängigkeit vom Verhältnis von Last- zu Quellenwiderstand

eins ist ($R_l = R_q$) [Unb99]. Last- und Quellenwiderstand können bei der Betrachtung vertauscht werden, ohne dass sich das Ergebnis verändert. Es ergibt sich wieder eine maximale Energieübertragung, wenn die Widerstände gleich groß sind. In den Widerständen fällt dann die Leistung

$$P_l = P_q = \frac{1}{2}\frac{U_0^2}{R} \tag{C.4a}$$

mit

$$R = R_l = R_q \tag{C.4b}$$

ab. Der Wirkungsgrad der Energieübertragung bei einer Leistungsanpassung beträgt damit 50 % [Unb99].

C.1.2. Leistungsanpassung bei komplexen Impedanzen

Die Betrachtung der Leistungsanpassung wurde bisher mit Widerständen durchgeführt, nun wird sie auf den allgemeinen Fall mit komplexen Impedanzen erweitert. Dazu werden im Schaltbild von Abbildung C.1 die Widerstände mit Reaktanzen ergänzt, der so entstehende Schaltkreis ist in Abbildung C.3 dargestellt. Der Strom durch die Schaltung

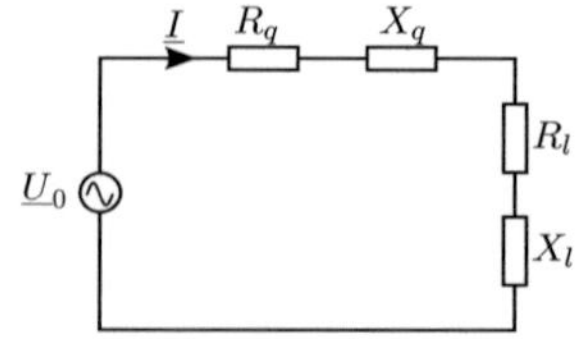

Abbildung C.3.: Schaltbild zur Betrachtung der Leistungsanpassung mit komplexen Impedanzen

beträgt nun

$$\underline{I} = \frac{\underline{U}_0}{(R_q + R_l) + j\,(X_q + X_l)}\,, \tag{C.5}$$

somit ergibt sich die im Lastwiderstand abfallende Leistung zu

$$P_l = |\underline{I}|^2 R_l = \frac{|\underline{U}_0|^2 R_l}{|(R_q + R_l) + j(X_q + X_l)|^2} \ . \tag{C.6}$$

Damit die Leistung im Lastwiderstand maximal wird, muss der Nenner des Bruchs minimal werden [Unb99]. Nimmt man eine feste Quellenimpedanz ($R_q + jX_q = \text{konstant}$) an, so wird der Bruch minimal, wenn die Lastreaktanz den negativen Wert der Quellenreaktanz ($X_l = -X_q$) aufweist [Unb99]. Dabei heben sich die beiden Reaktanzen auf, und die Schaltung verhält sich wie im Gleichstromfall [Unb99]. Aus diesem ist bekannt, dass die übertragene Leistung maximal wird, wenn die Widerstände den gleichen Wert haben [Unb99]. Ohne Einfluss auf das Ergebnis können Quellen- und Lastimpedanz vertauscht werden, eine maximale Leistungsübertragung ergibt sich immer bei [Unb99]

$$\begin{aligned} R_l &= R_q \\ X_l &= -X_q \ . \end{aligned} \tag{C.7}$$

Für eine komplexe Leistungsanpassung müssen daher Quellen- und Lastimpedanz konjugiert komplex sein [Unb99]:

$$\underline{Z}_l = \underline{Z}_q^* \ . \tag{C.8}$$

Wie im Gleichstromfall beträgt der Wirkungsgrad der Energieübertragung 50 % [Unb99].

C.2. Äquivalenz von Reflexions- und Transmissionsfaktor

Im Folgenden wird die Gleichheit des Reflexionsfaktors und des Transmissionsfaktors gezeigt. Dazu wird Gleichung (3.49) nach Gleichung (3.50) umgestellt:

$$\begin{aligned} \frac{P_c}{P_a} &= \left(1 - |\underline{\Gamma}|^2\right) \quad (3.49) \\ &= \left(1 - \left|\frac{\underline{Z}_a - \underline{Z}_c^*}{\underline{Z}_a + \underline{Z}_c}\right|^2\right) = \left(1 - \left|\frac{R_a + jX_a - R_c + jX_c}{\underline{Z}_a + \underline{Z}_c}\right|^2\right) \\ &= 1 - \frac{\sqrt{(R_a - R_c)^2 + (X_a + X_c)^2}^2}{|\underline{Z}_a + \underline{Z}_c|^2} \\ &= \frac{(R_a - R_c)^2 + (X_a + X_c)^2 - (R_a + R_c)^2 - (X_a + X_c)^2}{|\underline{Z}_a + \underline{Z}_c|^2} \\ &= \left(\frac{4R_aR_c}{|\underline{Z}_a + \underline{Z}_c|^2}\right) \\ &= \tau \quad (3.50) \ . \end{aligned} \tag{C.9}$$

D. Anhang Impedanzbestimmung

D.1. Problematik der Impedanzbestimmung bei hohen Reflexionsfaktoren

Die Problematik der Impedanzberechnung bei hohen Reflexionsfaktoren, wie in Kapitel 5.2 analytisch gezeigt, kann anhand eines Smith-Chartes anschaulich dargestellt werden. Dazu sind in Abbildung D.1 ein hoher und ein geringer Reflexionsfaktor eingetragen. Wenn der geringe Reflexionsfaktor um einen kleinen Winkel gedreht oder die Länge um einen kleinen Faktor verändert wird, überstreicht der Pfeil nur wenige Impedanzlinien. Wenn dagegen der hohe Reflexionsfaktor um den gleichen Winkel gedreht oder die Länge verändert wird, überstreicht die Spitze viele Impedanzlinien. Damit wird gezeigt, dass bei einem geringen Reflexionsfaktor eine Änderung weniger Einfluss auf die Impedanz hat als bei einem großen Reflexionsfaktor.

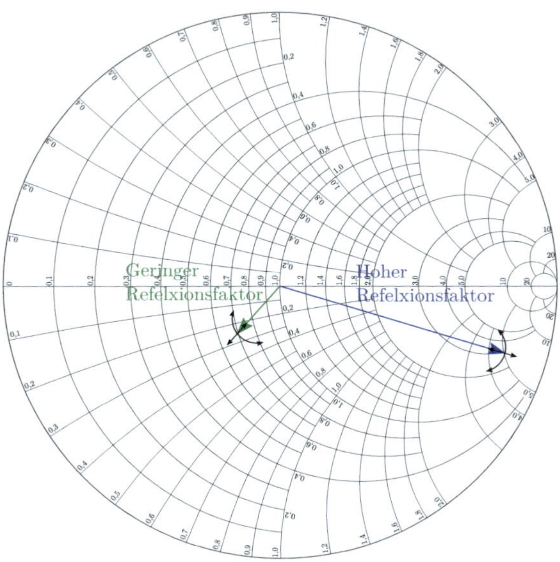

Abbildung D.1.: Smith-Chart zur Darstellung des Einflusses von kleinen Änderungen bei hohem und geringem Reflexionsfaktor

D.2. Impedanzen der verwendeten Antennen

In Tabelle D.1 sind die Daten der verwendeten Antennen angegeben.

Tabelle D.1.: Daten der verwendeten Antennen

Antenne	Impedanz [Ω]			Gewinn	
	simuliert	gemessen		Angabe in	
		kontaktlos	kontaktiert	[dBi]	
20 - 250	22 +j 245	21 +j 251	19 +j 238	1,79	1,51
20 - 300	25 +j 306	25 +j 308	32 +j 336	1,73	1,49
20 - 350	24 +j 357	22 +j 363	26 +j 329	1,70	1,48
20 - 400	24 +j 398	23 +j 405	24 +j 445	1,88	1,54
20 - 450	28 +j 449	30 +j 443	34 +j 428	1,88	1,54
60 - 250	56 +j 251	59 +j 260	50 +j 256	1,73	1,49
60 - 300	59 +j 306	59 +j 308	71 +j 273	1,82	1,52
60 - 350	60 +j 348	56 +j 256	56 +j 309	1,93	1,56
60 - 400	64 +j 401	61 +j 402	61 +j 453	1,70	1,48
60 - 450	64 +j 446	65 +j 440	58 +j 560	1,82	1,52
100 - 250	88 +j 248	84 +j 244	99 +j 221	1,64	1,46
100 - 300	98 +j 305	91 +j 302	91 +j 303	1,70	1,48
100 - 350	100 +j 345	102 +j 346	95 +j 412	1,73	1,49
100 - 400	101 +j 402	105 +j 408	120 +j 480	1,88	1,54
100 - 450	100 +j 453	94 +j 450	129 +j 448	1,76	1,50
140 - 250	144 +j 254	135 +j 248	132 +j 310	1,58	1,44
140 - 300	140 +j 307	145 +j 300	126 +j 326	1,64	1,46
140 - 350	141 +j 357	140 +j 363	143 +j 397	1,70	1,48
140 - 400	138 +j 398	146 +j 402	153 +j 389	1,76	1,50
140 - 450	145 +j 457	138 +j 448	140 +j 426	1,79	1,51

D.3. Diagramme mit den maximalen Fehlern der Impedanzberechnung aus dem Reflexionsfaktor

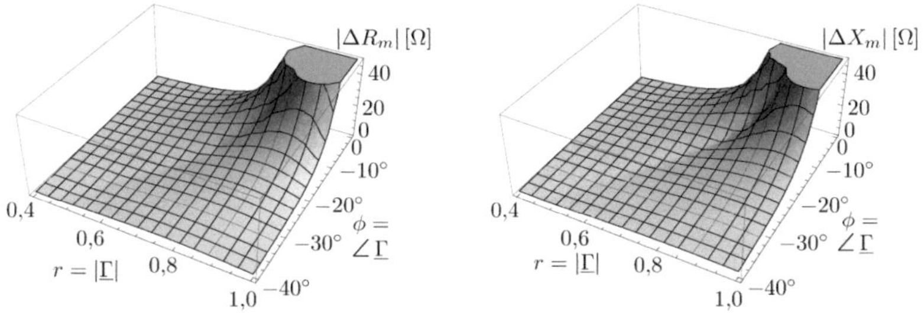

(a) $|\Delta R_m|$ (b) $|\Delta X_m|$

Abbildung D.2.: Maximaler Fehler für $|\Delta R_m|$ und $|\Delta X_m|$ bei einer Abweichung von $\Delta r = 0{,}01$ und $\Delta\phi = 1°$

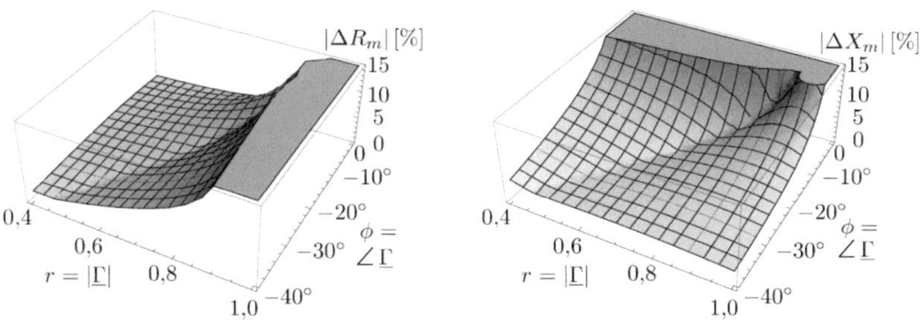

(a) Maximaler Fehler von R (b) Maximaler Fehler von X

Abbildung D.3.: Maximaler Fehler in Prozent zur Basisgröße aus Abbildung D.2

E. Anhang Demonstrator mit Dipolantenne

E.1. Abbildungen

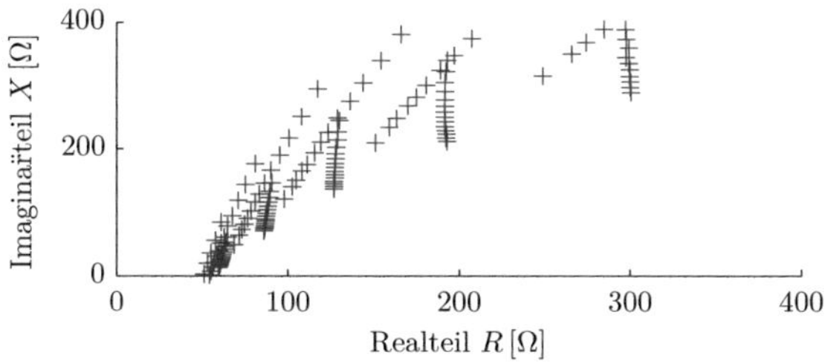

Abbildung E.1.: Eingangsimpedanzen bei Dipolantennen auf einem FR4 Substrat mit $t = 1{,}55\,\text{mm}$ und $e_r = 4{,}4$ bei einer Variation der Länge l von 45 mm bis 455 mm (Schrittweite 5 mm) und der Breite w von 0,2 mm bis 1,6 mm (Schrittweite 0,1 mm)

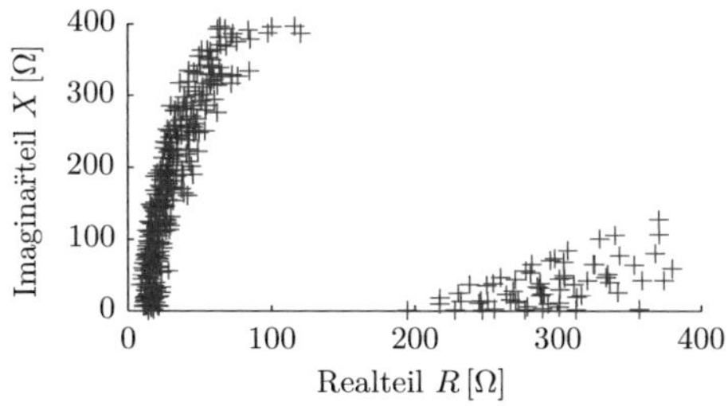

Abbildung E.2.: Eingangsimpedanzen eines symmetrisch gefalteten Dipols auf einem FR4 Substrat mit $t = 1{,}55\,\text{mm}$ und $e_r = 4{,}4$ bei einer Variation der Länge l von 45 mm bis 450 mm (Schrittweite 15 mm), des Abstandes b von 2 mm bis 20 mm (Schrittweite 3 mm) und den Leiterbahnbreiten w und w' jeweils von 0,4 mm bis 1,6 mm (Schrittweite 0,4 mm)

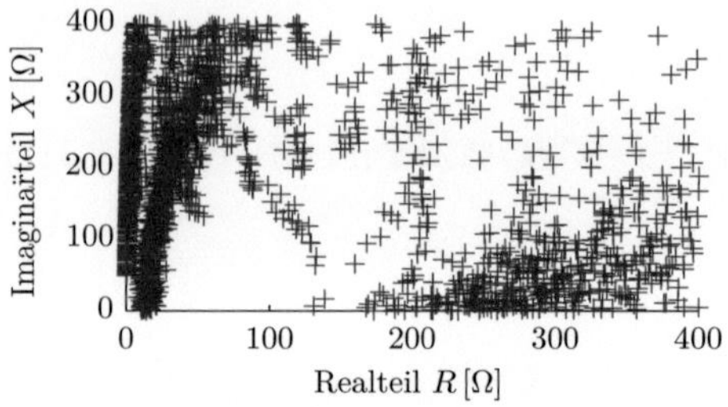

Abbildung E.3.: Eingangsimpedanzen eines Dipols mit T-Anpassung. Variation des Parameters a von 25 % bis 100 % (Schrittweite 25 %) und der anderen Parameter wie in Abbildung E.2

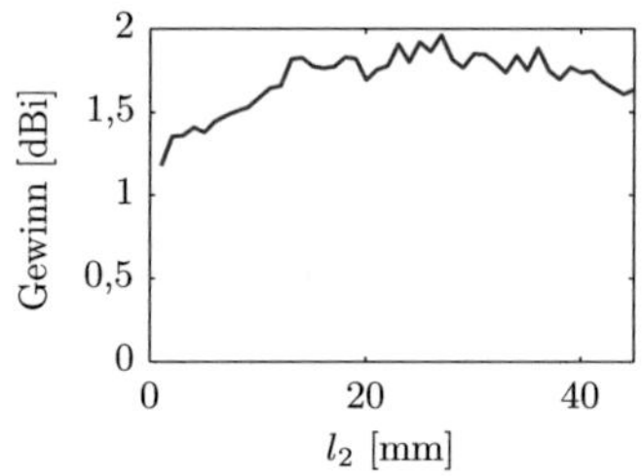

Abbildung E.4.: Gewinn einer Dipolantenne mit Knick in Abhängigkeit der Länge l_2

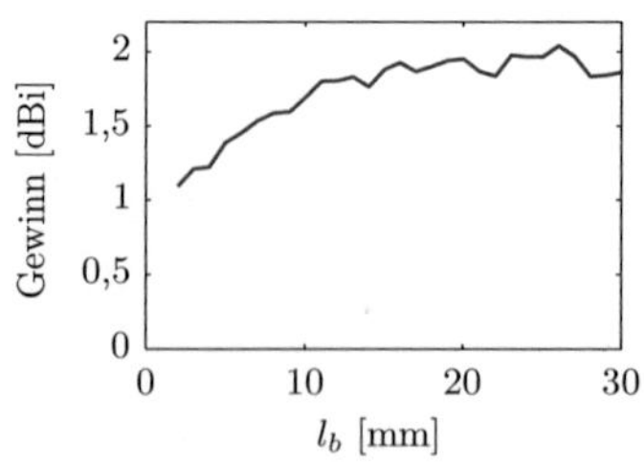

Abbildung E.5.: Gewinn einer Dipolantenne mit einer Box am Antennenende in Abhängigkeit der Länge l_b

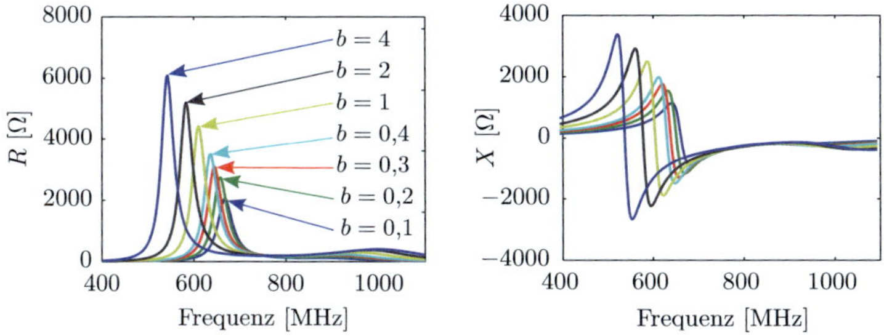

Abbildung E.6.: Impedanzen einer T-Anpassung bei verschiedenem b mit $l = a = 130\,\text{mm}$, $w = 2\,\text{mm}$, $w' = 1\,\text{mm}$, $t = 1{,}55\,\text{mm}$ und $\epsilon_r = 4{,}4$

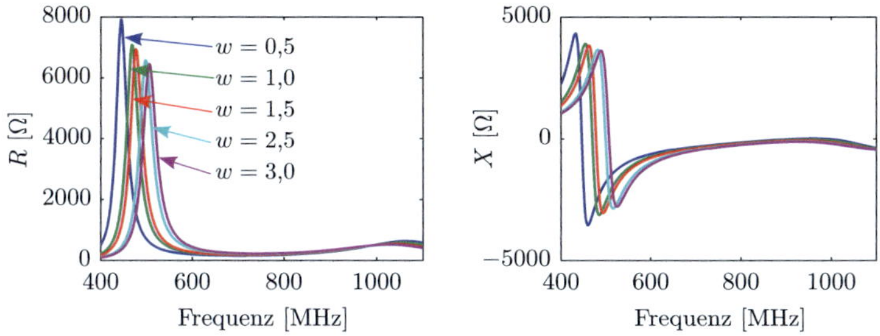

Abbildung E.7.: Impedanzen einer T-Anpassung bei verschiedenem w mit $l = a = 130\,\text{mm}$, $b = 10\,\text{mm}$, $w' = 1\,\text{mm}$, $t = 1{,}55\,\text{mm}$ und $\epsilon_r = 4{,}4$

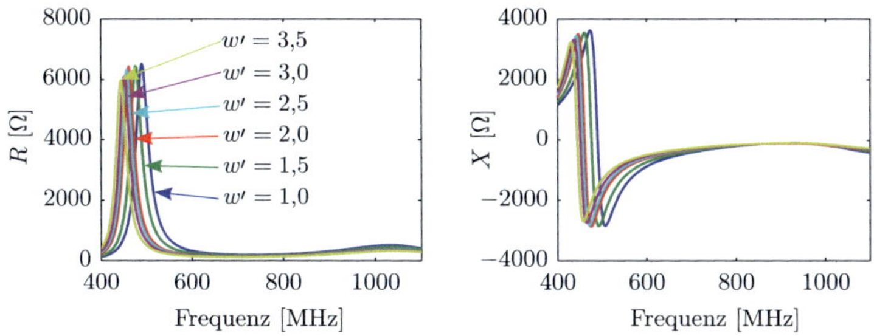

Abbildung E.8.: Impedanzen einer T-Anpassung bei verschiedenem w' mit $l = a = 130\,\text{mm}$, $b = 10\,\text{mm}$, $w = 2\,\text{mm}$, $t = 1{,}55\,\text{mm}$ und $\epsilon_r = 4{,}4$

Tabelle E.1.: Vergleich der Berechnung von Z_0 in [Vis07] mit einer elektromagnetischen Simulation aus [DLKY96]

ϵ_r	t [mm]	b [mm]	w [mm]	$Z_0[\Omega]$[DLKY96]	$Z_0[\Omega]$[Vis07]
2,2	0,79	0,10	1,52	100,07	100,93
2,2	0,79	0,30	0,76	149,79	150,91
9,9	0,64	0,04	1,27	49,91	49,74
9,9	0,64	0,37	0,51	99,98	99,92
12,9	0,25	0,026	0,38	50,00	50,25
12,9	0,25	0,15	0,13	100,05	99,33
50,0	0,25	0,031	0,20	30,03	30,18
50,0	0,25	0,030	0,025	50,03	50,44

E.2. Tabellen

E.3. Formeln für die Impedanzberechnung des Drahtdipols

E.3.1. Für Kapitel 6.5.1.1

Die Impedanz eines Drahtdipols mit dem Modell in Abbildung 6.17 kann mit Gleichung (6.1) abgeschätzt werden. Dazu sind die benötigen Formeln aus [KW66, KW67, KHA66, KHA67] angegeben. Dabei ist

$$\kappa = \sqrt{\omega\mu_1\sigma_1}e^{-j\pi/4} \tag{E.1}$$

mit μ_1 und σ_1 als Permittivität und Leitfähigkeit des Zylinders, J_0 und J_1 sind Besselfunktionen. Der Parameter Ψ_{dR} lautet

$$\Psi_{dR} = \begin{cases} \Psi_{dR}(0) & \text{wenn } k_0 h \leq \pi/2 \\ \Psi_{dR}(h-\lambda/4) & \text{wenn } \pi/2 \leq k_0 h \leq 3\pi/2 \end{cases}, \tag{E.2}$$

λ ist die Wellenlänge und

$$\Psi_{dR}(z) = \csc\left[\underline{k}(h-|z|)\right]\int_{z'=-h}^{h}\sin\left[\underline{k}(h-|z'|)\right]\left[\frac{\cos(k_0 r)}{r} - \frac{\cos(k_0 r_h)}{r_h}\right]dz' \tag{E.3}$$

mit

$$r = \sqrt{(z-z')^2 + r_1^2} \tag{E.4a}$$

$$r_h = \sqrt{(h-z')^2 + r_1^2}\,. \tag{E.4b}$$

Dabei sind

$$T_U = \frac{C_V E_D - C_D E_V}{C_U E_D - C_D E_U} \tag{E.5a}$$

$$T_D = \frac{C_U E_V - C_V E_U}{C_U E_D - C_D E_U}\,, \tag{E.5b}$$

mit

$$\begin{aligned} C_U = &\left[1 - \frac{\underline{k}^2}{k_0^2}\right] \left[\Psi_{dUR} - \Psi_{dR}\right] \left[1 - \cos\left(\underline{k}h\right)\right] \\ &- \frac{\underline{k}^2}{k_0^2} \Psi_{dUR} \cos\left(\underline{k}h\right) + j\Psi_{dUI} \left[\frac{3}{4} - \cos\left(0{,}5 k_0 h\right)\right] + \Psi_U\left(h\right) \end{aligned} \tag{E.6a}$$

$$C_D = \Psi_{dD} \left[\frac{3}{4} - \cos\left(\frac{1}{2}k_0 h\right)\right] - \left[1 - \frac{\underline{k}^2}{k_0^2}\right] \Psi_{dR} \left[1 - \cos\left(\frac{1}{2}k_0 h\right)\right] + \Psi_D\left(h\right) \tag{E.6b}$$

$$C_V = -\left\{ j\Psi_{dI} \left[\frac{3}{4} - \cos\left(\frac{1}{2}k_0 h\right)\right] + \Psi_V\left(h\right) \right\} \tag{E.6c}$$

$$E_U = -\frac{\underline{k}^2}{k_0^2} \Psi_{dUR} \cos\left(\underline{k}h\right) - j\frac{1}{4} \Psi_{dUI} \cos\left(\frac{1}{2}k_0 h\right) + \Psi_U\left(h\right) \tag{E.6d}$$

$$E_D = -\frac{1}{4} \Psi_{dD} \cos\left(\frac{1}{2}k_0 h\right) + \Psi_D\left(h\right) \tag{E.6e}$$

$$E_V = j\frac{1}{4} \Psi_{dI} \cos\left(\frac{1}{2}k_0 h\right) - \Psi_V\left(h\right) \ . \tag{E.6f}$$

In den obigen Gleichungen lauten

$$\Psi_V\left(h\right) = \int_{-h}^{h} \sin\left[\underline{k}\left(h - |z'|\right)\right] \frac{e^{-jk_0 r_h}}{r_h} dz' \tag{E.7a}$$

$$\Psi_U\left(h\right) = \int_{-h}^{h} \left[\cos\left(\underline{k}z'\right) - \cos\left(\underline{k}h\right)\right] \frac{e^{-jk_0 r_h}}{r_h} dz' \tag{E.7b}$$

$$\Psi_D\left(h\right) = \int_{-h}^{h} \left[\cos\left(\frac{1}{2}k_0 z'\right) - \cos\left(\frac{1}{2}k_0 h\right)\right] \frac{e^{-jk_0 r_h}}{r_h} dz' \tag{E.7c}$$

$$\Psi_{dUR} = \left[1 - \cos\left(\underline{k}h\right)\right]^{-1} \int_{-h}^{h} \left[\cos\left(\underline{k}z'\right) - \cos\left(\underline{k}h\right)\right] \left[\frac{\cos\left(k_0 r_0\right)}{r_0} - \frac{\cos\left(k_0 r_h\right)}{r_h}\right] dz' \tag{E.7d}$$

$$\begin{aligned} \Psi_{dD} = &\left[1 - \cos\left(\frac{1}{2}k_0 h\right)\right]^{-1} \\ &\int_{-h}^{h} \left[\cos\left(\frac{1}{2}k_0 z'\right) - \cos\left(\frac{1}{2}k_0 h\right)\right] \left[\frac{e^{-jk_0 r_0}}{r_0} - \frac{e^{-jk_0 r_h}}{r_h}\right] dz' \end{aligned} \tag{E.7e}$$

$$\Psi_{dI} = -\left[1 - \cos\left(\frac{1}{2}k_0 h\right)\right]^{-1} \int_{-h}^{h} \sin\left[\underline{k}\left(h - |z'|\right)\right] \left[\frac{\sin\left(k_0 r_0\right)}{r_0} - \frac{\sin\left(k_0 r_h\right)}{r_h}\right] dz' \tag{E.7f}$$

$$\begin{aligned} \Psi_{dUI} = &-\left[1 - \cos\left(\frac{1}{2}k_0 h\right)\right]^{-1} \\ &\int_{-h}^{h} \left[\cos\left(\underline{k}z'\right) - \cos\left(\underline{k}h\right)\right] \left[\frac{\sin\left(k_0 r_0\right)}{r_0} - \frac{\sin\left(k_0 r_h\right)}{r_h}\right] dz' \ . \end{aligned} \tag{E.7g}$$

E.3.2. King-Middleton-Modell

Die Impedanz einer Drahtdipolantenne kann mittels den Formeln (Gleichung (E.8)) des King-Middleton Modells für den Bereich von $0{,}0016 \leq r/\lambda \leq 0{,}01$ und $1{,}3 \leq k_0 l \leq 1{,}7$ abgeschätzt werden [Ell03]. Dabei sind r der Radius der Antenne, h die Höhe bzw. Länge und k_0 die Freiraum-Kreiswellenzahl. Die verwendeten Parameter sind in den Tabellen E.2 und E.3 gegeben.

$$R\left(k_0 l, \frac{r}{\lambda}\right) = \sum_{m=0}^{4} \sum_{n=0}^{4} a_{mn} \left(k_0 l\right)^m \left(\frac{r}{\lambda}\right)^n \tag{E.8a}$$

$$X\left(k_0 l, \frac{r}{\lambda}\right) = \sum_{m=0}^{4} \sum_{n=0}^{4} b_{mn} \left(k_0 l\right)^m \left(\frac{r}{\lambda}\right)^n \tag{E.8b}$$

Tabelle E.2.: Parameter von a_{mn} für Gleichung (E.8) [Ell03]

m \ n	0	1	2	3	4
0	$1{,}8115 \cdot 10^{2}$	$3{,}9100 \cdot 10^{5}$	$-4{,}2139 \cdot 10^{7}$	$1{,}5370 \cdot 10^{9}$	$6{,}1253 \cdot 10^{10}$
1	$-6{,}3433 \cdot 10^{2}$	$-1{,}0232 \cdot 10^{6}$	$9{,}5644 \cdot 10^{7}$	$-1{,}6606 \cdot 10^{9}$	$-2{,}8222 \cdot 10^{11}$
2	$8{,}3517 \cdot 10^{2}$	$1{,}0004 \cdot 10^{6}$	$-7{,}7690 \cdot 10^{7}$	$-8{,}8929 \cdot 10^{8}$	$4{,}0597 \cdot 10^{11}$
3	$-4{,}6128 \cdot 10^{2}$	$-4{,}3749 \cdot 10^{5}$	$2{,}7195 \cdot 10^{7}$	$1{,}3870 \cdot 10^{9}$	$-2{,}2850 \cdot 10^{11}$
4	$1{,}0222 \cdot 10^{2}$	$7{,}3332 \cdot 10^{4}$	$-3{,}6772 \cdot 10^{6}$	$-3{,}3416 \cdot 10^{8}$	$4{,}3131 \cdot 10^{10}$

Tabelle E.3.: Parameter von b_{mn} für Gleichung (E.8) [Ell03]

m \ n	0	1	2	3	4
0	$-8{,}7489 \cdot 10^{2}$	$-1{,}4335 \cdot 10^{5}$	$1{,}1955 \cdot 10^{8}$	$-2{,}0911 \cdot 10^{10}$	$9{,}5064 \cdot 10^{11}$
1	$2{,}7551 \cdot 10^{1}$	$9{,}4225 \cdot 10^{5}$	$-4{,}1973 \cdot 10^{8}$	$6{,}6190 \cdot 10^{10}$	$-2{,}9289 \cdot 10^{12}$
2	$9{,}6056 \cdot 10^{2}$	$-1{,}2014 \cdot 10^{6}$	$4{,}6413 \cdot 10^{8}$	$-7{,}0841 \cdot 10^{10}$	$3{,}0937 \cdot 10^{12}$
3	$-5{,}9137 \cdot 10^{2}$	$5{,}8176 \cdot 10^{5}$	$-2{,}1273 \cdot 10^{8}$	$3{,}2124 \cdot 10^{10}$	$-1{,}3886 \cdot 10^{12}$
4	$1{,}3101 \cdot 10^{2}$	$-1{,}0342 \cdot 10^{5}$	$3{,}6025 \cdot 10^{7}$	$-5{,}3901 \cdot 10^{9}$	$2{,}3005 \cdot 10^{11}$

E.4. Berechnungsformeln für den gefalteten Dipol

E.4.1. Nach [Lam85]

Die Eingangsimpedanz des gefalteten Dipols in Abbildung E.9 lautet [Lam85, Lam86]:

$$\underline{Z}_{\text{in}} = \frac{2\,(1+\alpha)^2\, \underline{Z}_D\, \underline{Z}_T}{(1+\alpha)^2\, \underline{Z}_D + 2\, \underline{Z}_T}\;. \tag{E.9}$$

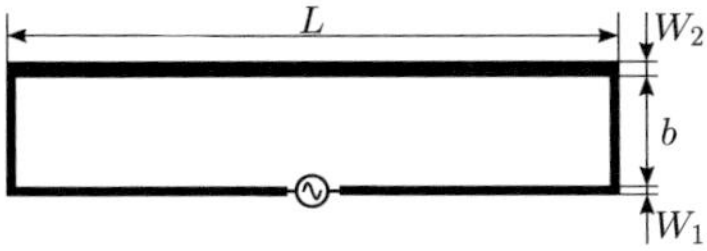

Abbildung E.9.: Modell des gefalteten Dipols, Grafik in Anlehnung an [Lam85]

Dabei ist [Lam85]

$$Z_T = jZ_0 \tan\left(k_0 \frac{L}{2}\right) \tag{E.10}$$

die Impedanz einer kurzgeschlossenen Transmissionline mit der Länge $L/2$, der Freiraumwellennummer $k_0 = \omega/c_0$ und der charakteristischen Impedanz Z_0 [Lam85]:

$$Z_0 = \frac{120}{\sqrt{\epsilon_r}} \frac{K(k)}{K'(k)} \ . \tag{E.11}$$

In obiger Gleichung ist $K(k)/K'(k)$ das vollständige elliptisches Integral erster Art. Dieses kann wie folgt angenähert werden [Hil69]:

$$\frac{K(k)}{K(k')} = \frac{K}{K'} \begin{cases} \approx \dfrac{1}{2\pi} \ln\left[2\dfrac{\sqrt{1+k}+\sqrt[4]{4k}}{\sqrt{1+k}-\sqrt[4]{4k}}\right] & \text{für } \dfrac{1}{\sqrt{2}} \le k \le 1 \\ \approx \dfrac{2\pi}{\ln\left[2\frac{\sqrt{1+k'}+\sqrt[4]{4k'}}{\sqrt{1+k'}-\sqrt[4]{4k'}}\right]} & \text{für } 0 \le k \le \dfrac{1}{\sqrt{2}} \end{cases} \tag{E.12}$$

Dabei ist [Lam85]

$$K'(k) = K(k') \quad \text{mit} \quad {k'}^2 = 1 - k^2 \tag{E.13}$$

mit

$$k = \frac{b/2\left[1 + e\left(b/2 + W_1\right)\right]}{b/2 + W_1 + e\left(b/2\right)^2} \tag{E.14}$$

und

$$e = \frac{W_1 W_2 + b/2\left(W_1 + W_2\right) - \left[W_1 W_2 \left(b + W_1\right)\left(b + W_2\right)\right]^{1/2}}{\left(b/2\right)^2 \left(W_1 - W_2\right)} \ . \tag{E.15}$$

In Gleichung (E.9) ist α [Lam85]:

$$\alpha = \frac{\ln\left(4c + 2\left[(2c)^2 - (W_1/2)^2\right]^{1/2}\right) - \ln\left(W_1\right)}{\ln\left(4c + 2\left[(2c)^2 - (W_2/2)^2\right]^{1/2}\right) - \ln\left(W_2\right)} \tag{E.16}$$

mit

$$c = \frac{1}{4}\left(2b + W_1 + W_2\right) \ . \tag{E.17}$$

Die Impedanz des Antenna-Modes $\underline{Z}_D$ wird von einer Dipolantenne mit äquivalenten Radius r_e bestimmt, dieser lautet [Lam85]:

$$\ln(r_e) = \frac{1}{1+\alpha}\ln\left(\frac{W_1}{4}\right) + \frac{\alpha}{1+\alpha}\ln\left(c + \left[c^2 - \left(\frac{W_2}{4}\right)^2\right]^{1/2}\right) . \tag{E.18}$$

$\underline{Z}_D$ kann mittels verschiedener Verfahren wie einer elektromagnetischen Simulation oder dem Verfahren in Kapitel 6.5.1.1 erfolgen.

E.4.2. Nach [Vis07]

In [Vis07] wird eine verbesserte Methode zur Berechnung der charakteristischen Impedanz gezeigt. Dazu wird eine effektive Permittivität ϵ_{eff} verwendet die das Substrat berücksichtigt. Diese wird in Gleichung (E.11) anstatt ϵ_r eingesetzt. Ebenso wird k_0 mit $k_{\text{eff}} = k_0\sqrt{\epsilon_{\text{eff}}}$ ersetzt. Dadurch ergibt sich eine genauere charakteristische Impedanz wie ein Vergleich der damit berechneten Werte und einer elektromagnetischen Simulation in Tabelle E.1 zeigt. Die effektive Permittivität [HT84, Vis07] lautet:

$$\epsilon_{\text{eff}} = 1 + \frac{\epsilon_r - 1}{2}\frac{K(k')}{K(k)}\frac{K(k_2)}{K(k_2')} . \tag{E.19}$$

Dabei sind [Vis07]:

$$k_2 = \frac{W_A(1+\alpha W_B)}{W_B + \alpha W_A^2} \tag{E.20}$$

$$\alpha = \frac{1}{W_B + W_E}\left[-1 - \frac{W_B W_E}{W_A^2} - \sqrt{\left(\frac{W_B^2}{W_A^2} - 1\right)\left(\frac{W_E^2}{W_A^2} - 1\right)}\right] \tag{E.21}$$

$$W_A = \sinh\left(\frac{\pi b}{4t}\right) \tag{E.22}$$

$$W_B = \sinh\left(\frac{\pi}{2t}\left[\frac{b}{2} + W_2\right]\right) \tag{E.23}$$

$$W_E = -\sinh\left(\frac{\pi}{2t}\left[\frac{b}{2} + W_1\right]\right) . \tag{E.24}$$

Anstatt das Modell des planaren Dipols auf einer Leiterplatte zu verwenden (Kapitel 6.5.1.2) wird in [Vis07] die Impedanz des Antenna-Modes mit einer Berechnung nach den Polynomfit Gleichungen des King-Middleton-Modells [Ell03] durchgeführt. Dabei werden eine angepasste Länge l' und Radius r_e' verwendet, diese sind mit [Vis07]

$$l' = \psi l \tag{E.25}$$

$$r_e' = \zeta r_e \tag{E.26}$$

angegeben, r_e entspricht dabei dem aus Gleichung (E.18) und ψ und ζ lauten [Vis07]:

$$\psi = \left[1 + \sqrt{h \cdot 10^3}\log(\epsilon_r)\right]^{0,45} \tag{E.27}$$

$$\zeta = 1{,}90 \ . \tag{E.28}$$

E.5. Beispiel für das Modellierung mittels eines Curve-Fittings

Anhand eines Beispiels wird die Ermittlung der Frequenzverschiebung und der Modifikation der Amplitude des Real- und Imaginärteils für das Curve-Fitting (Kapitel 6.6) veranschaulicht. Dazu sind in Abbildung E.10 die Impedanzkurven eines gefalteten Dipols mit $l = 130\,\text{mm}$, $b = 10\,\text{mm}$, $w = 2\,\text{mm}$ und $w' = 1\,\text{mm}$ sowie einer daraus entstehenden T-Anpassung mit $a = 90\,\text{mm}$ dargestellt. Im ersten Schritt wird die Kurve des gefalteten Dipols so verschoben das die Peaks im Realteil übereinander liegen. In diesem Beispiel beträgt die Frequenzverschiebung $f_{\text{Verschiebung}} = 135\,\text{MHz}$ (Abbildung E.11). Im zweiten Schritt wird die Amplitude des Real- und Imaginärteils jeweils mit einem Faktor multipliziert. Dieser wird so gewählt dass die Kurven im Bereich von 750 MHz bis 950 MHz am Besten übereinstimmen. Hier ergeben sich die Faktoren $R_{\text{Faktor}} = 1{,}5$ und $X_{\text{Faktor}} = 0{,}81$.

Diese Werte werden für verschiedene Kombinationen von b, w und w' in Abhängigkeit von a ermittelt. Dabei zeigt sich dass diese Werte nur von a abhängig sind und deshalb durch eine von a-Abhängige Funktion nachgebildet werden können.

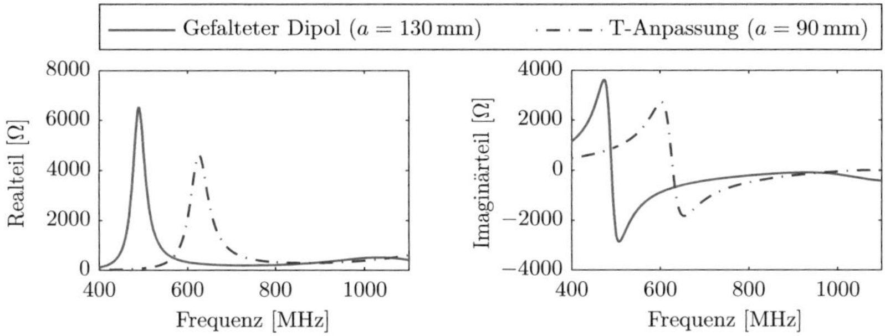

Abbildung E.10.: Ausgangsdaten: Gefalteter Dipol mit $a = 130\,\text{mm}$ und T-Anpassung mit $a = 90\,\text{mm}$

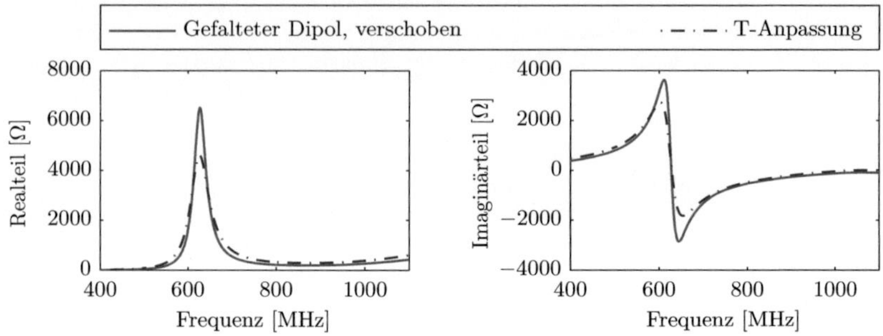

Abbildung E.11.: Frequenzverschiebung des gefalteten Dipols um 137 MHz

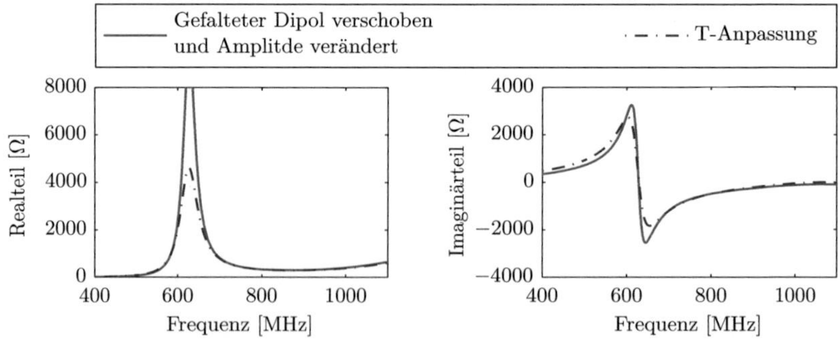

Abbildung E.12.: Modifikation der Amplitude

F. Anhang Microstripantenne

F.1. Verhalten der Anpassung bei großem Impedanzunterschied

Die gefertigte Antenne aus Kapitel 7.3.7 wird mit dem Anpassnetzwerk in Abbildung F.1 an den RFID-Chip angepasst. Aufgrund des geringen Realteils der Antenne (0,76 Ω)

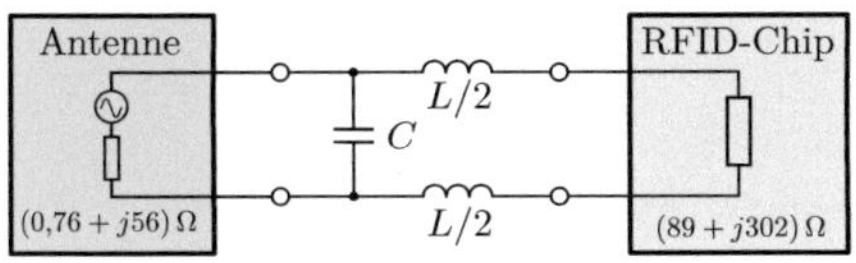

Abbildung F.1.: Verbindung von Antenne und RFID-Chip über ein einfaches Anpassnetzwerk

und des hohen Realteils des Chips (89 Ω) ist die Anpassung anfällig gegenüber kleinen Abweichungen der Werte des Anpassnetzwerkes. Dazu zeigt Abbildung F.2 die übertragene Energie zwischen Antenne und RFID-Chip in Prozent bezogen auf die maximale Energieübertragung bei optimaler Anpassung. Die Energieübertragung wird mit dem Transmissionsfaktor τ in Gleichung (3.50) bestimmt, die dadurch auftretende Reduzierung der Reichweite entspricht der Wurzel über dem Transmissionsfaktor:

$$r_{\mathrm{reduziert}} = \sqrt{\tau}\, r_{\mathrm{optimal}} \,. \tag{F.1}$$

Eine optimale Anpassung und damit optimale Energieübertragung ergibt sich bei $C = 0{,}357\,\mathrm{pF}$ und $L = 165\,\mathrm{nH}$. Schon kleine Änderungen der Kapazität führen zu großen Einbußen in der Übertragung: Eine Abweichung von $\pm 1\,\mathrm{pF}$[1] führt zu einem Verlust von 56 %. Änderungen der Induktivität haben einen geringeren Einfluss, so führt eine Toleranz von $\pm 10\,\%$[2] zu einer verringerten Energieübertragung von 35 %. Das Verhalten der Anpassung bei einer Veränderung der Antennenimpedanz ist in Abbildung F.3 gezeigt. Darin ist ebenfalls die Energieübertragung zwischen Antenne und RFID-Chip in Prozent bezogen auf die maximale Energieübertragung bei optimaler Anpassung dargestellt. Eine Änderung des Realteils der Antenne hat einen geringeren Einfluss auf die Anpassung als eine Änderung des Imaginärteils.

Das gezeigte Verhalten bezieht sich nur auf die dargestellte Anpassschaltung. Eventuell kann mit einer komplexeren Anpassschaltung ein stabileres Verhalten erreicht werden. Diese benötigt dann jedoch mehr Bauteile und damit Platz in der Öffnung und ist hier nicht Einsetzbar. Wenn der Impedanzunterschied von Antennen- und Chipimpedanz

[1] Entspricht der Bauteiltoleranz eines Kondensators bei der verwendeten Größe.
[2] Entspricht der Bauteiltoleranz einer Induktivität bei der verwendeten Größe.

geringer ist, ergibt sich eine robustere Anpassung.

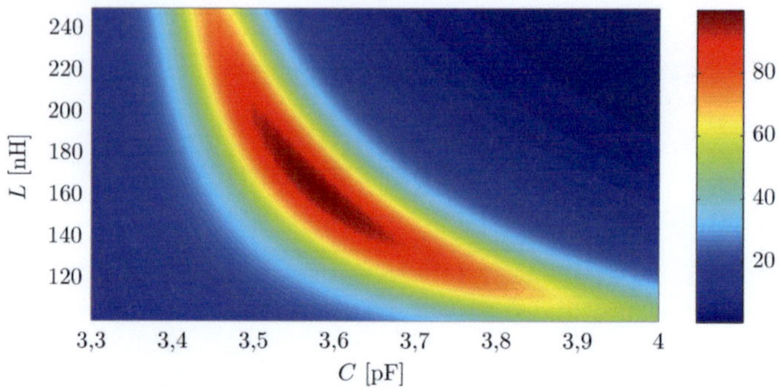

Abbildung F.2.: Energieübertragung zwischen Antenne und RFID-Chip in Prozent für verschiedene Werte des Anpassnetzwerkes

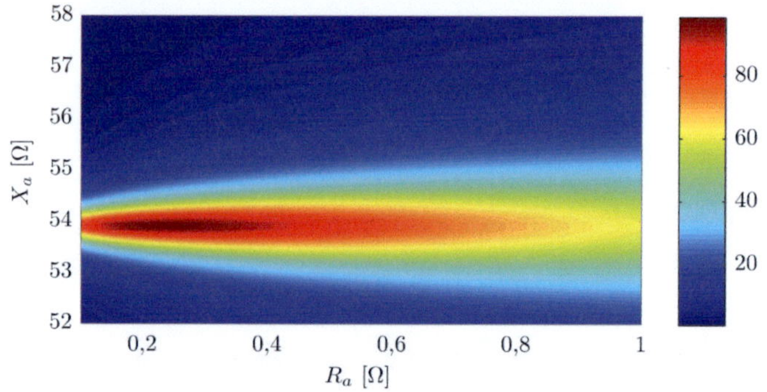

Abbildung F.3.: Energieübertragung zwischen Antenne und RFID-Chip in Prozent für verschiedene Werte der Antennenimpedanz

F.2. Abbildungen zum Einfluss der Öffnungen auf die Antenne

F.2.1. Volle Patchantenne

F.2.1.1. Gewinn

Die folgenden Abbildungen zeigen den Antennengewinn bei verschiedenen Positionen und Größen der Antennenöffnungen aus Kapitel 7.3.3.

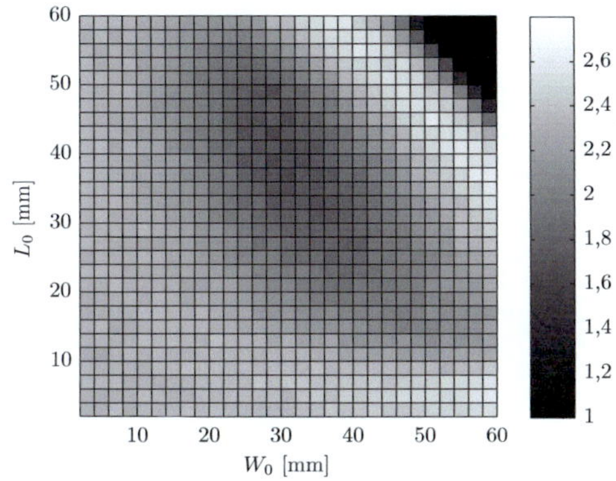

Abbildung F.4.: Antennengewinn [dBi] bei Öffnung 1 von Abbildung 7.12

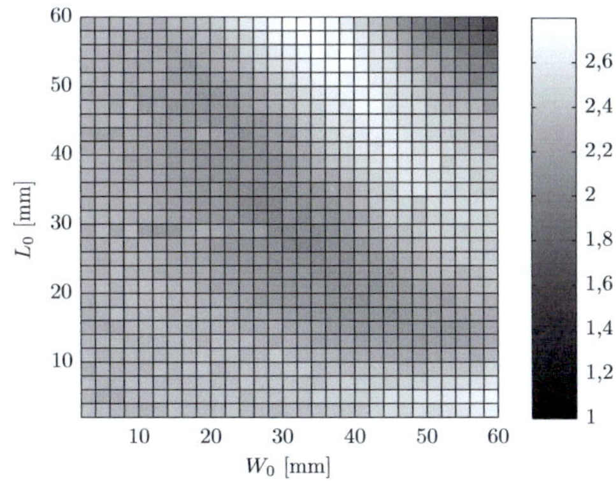

Abbildung F.5.: Antennengewinn [dBi] bei Öffnung 2 von Abbildung 7.12

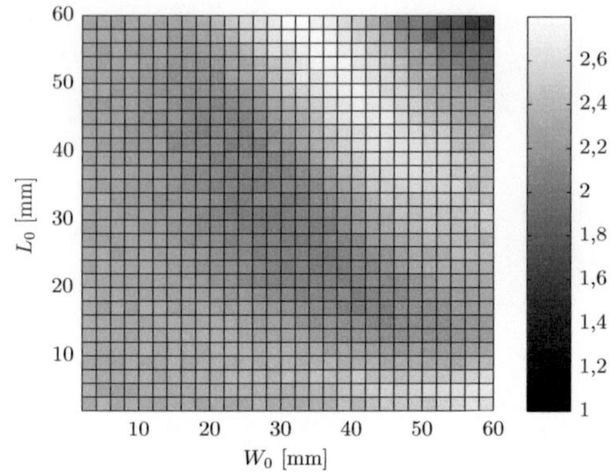

Abbildung F.6.: Antennengewinn [dBi] bei Öffnung 3 von Abbildung 7.12

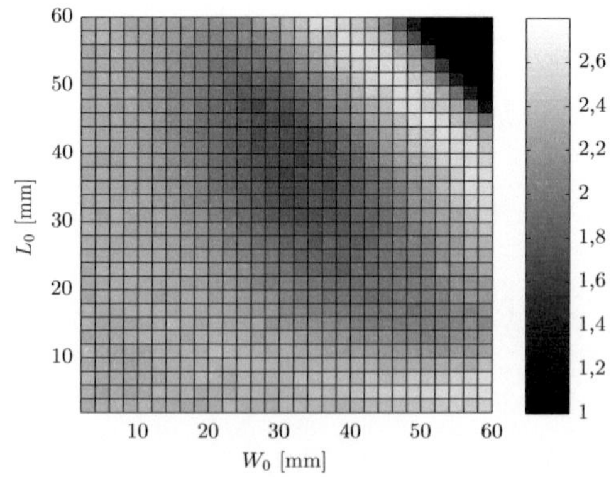

Abbildung F.7.: Antennengewinn [dBi] bei Öffnung 4 von Abbildung 7.12

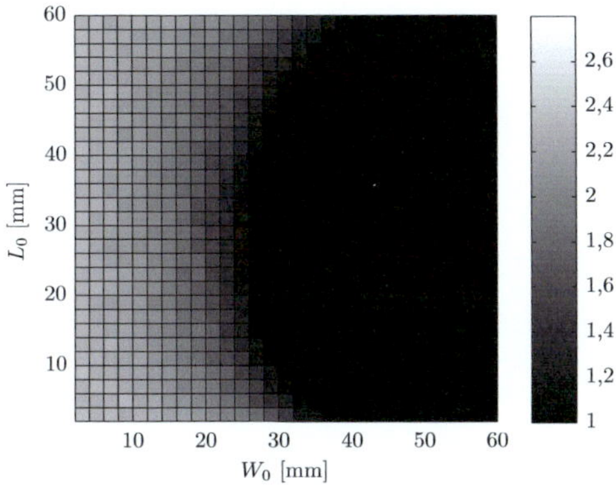

Abbildung F.8.: Antennengewinn [dBi] bei Öffnung 5 von Abbildung 7.12

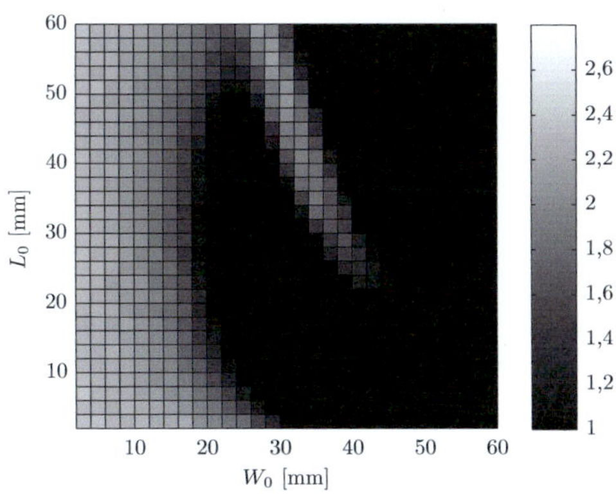

Abbildung F.9.: Antennengewinn [dBi] bei Öffnung 6 von Abbildung 7.12

F.2.1.2. Stromfluss auf dem Patch

Die folgenden Abbildungen zeigen den Stromfluss bei verschiedenen Positionen und Größen der Antennenöffnungen aus Kapitel 7.3.3. Zur besseren Darstellung sind die Größe und Dichte der Strompfeile in den Abbildungen nicht gleich skaliert.

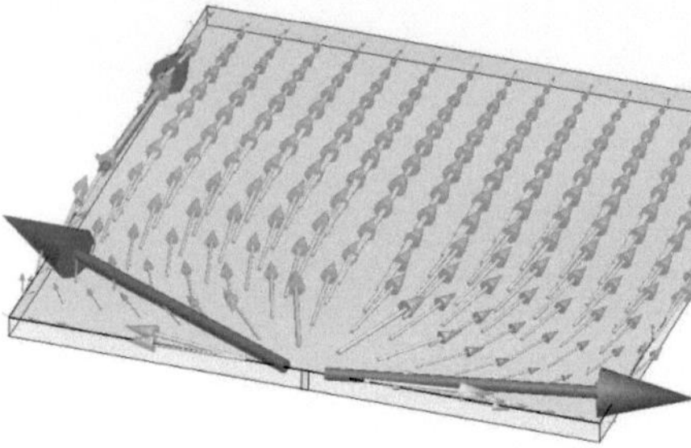

Abbildung F.10.: Stromfluss bei der ganzen Antenne ohne Öffnung

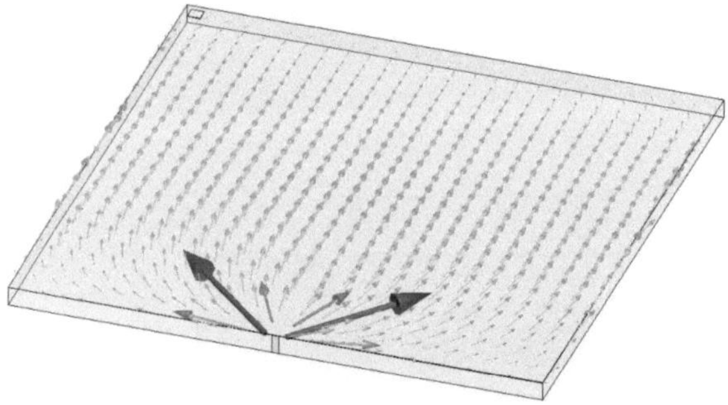

Abbildung F.11.: Stromfluss bei Öffnung 1 mit einer Größe von 2 mm x 2 mm

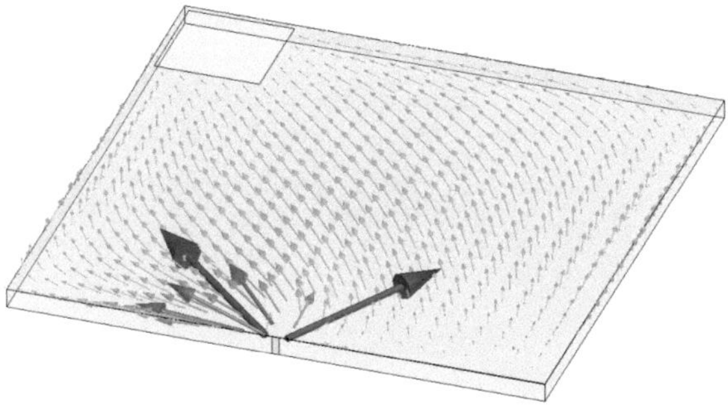

Abbildung F.12.: Stromfluss bei Öffnung 1 mit einer Größe von 16 mm x 16 mm

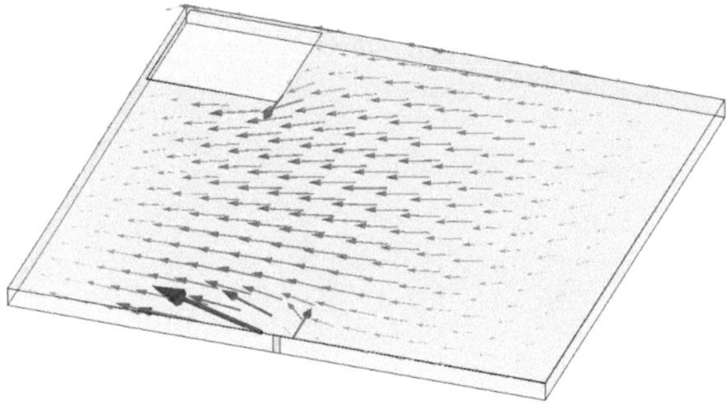

Abbildung F.13.: Stromfluss bei Öffnung 1 mit einer Größe von 20 mm x 20 mm

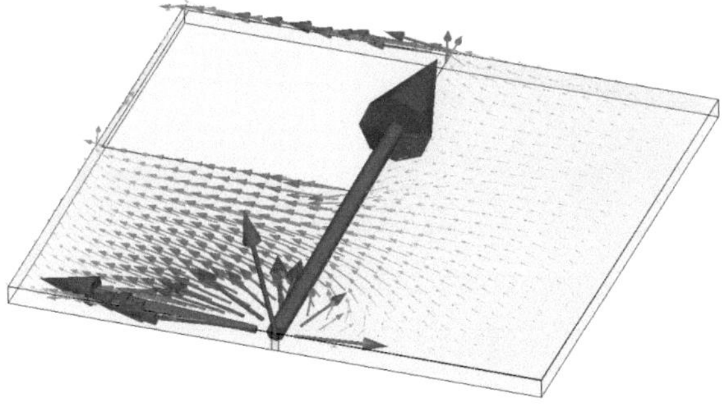

Abbildung F.14.: Stromfluss bei Öffnung 1 mit einer Größe von 40 mm x 40 mm

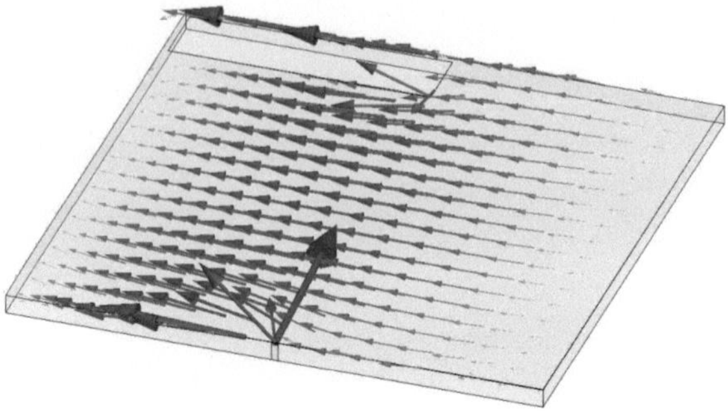

Abbildung F.15.: Stromfluss bei Öffnung 1 mit einer Größe von 10 mm x 40 mm

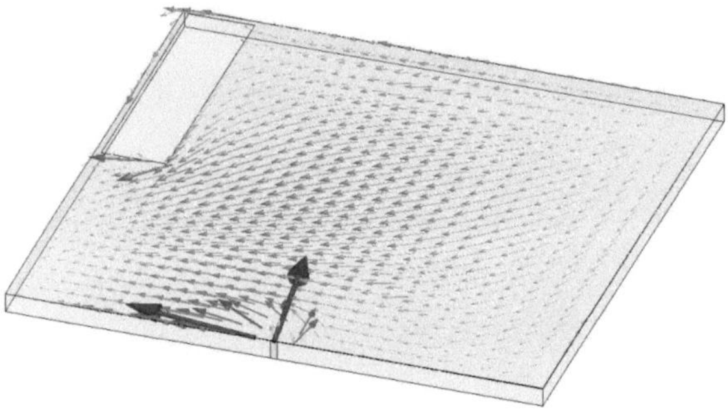

Abbildung F.16.: Stromfluss bei Öffnung 1 mit einer Größe von 40 mm x 10 mm

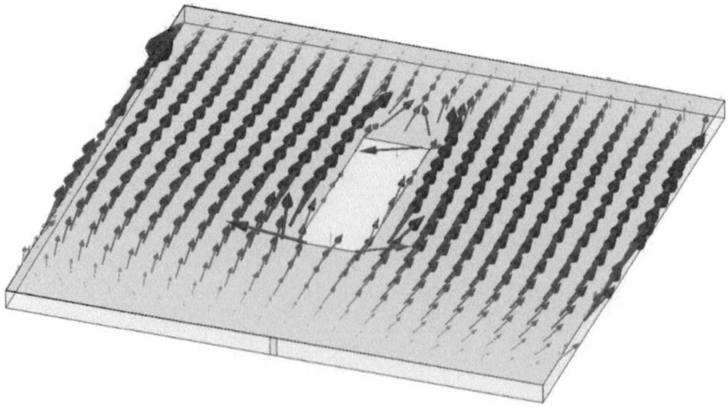

Abbildung F.17.: Stromfluss bei Öffnung 5 mit einer Größe von 30 mm x 10 mm

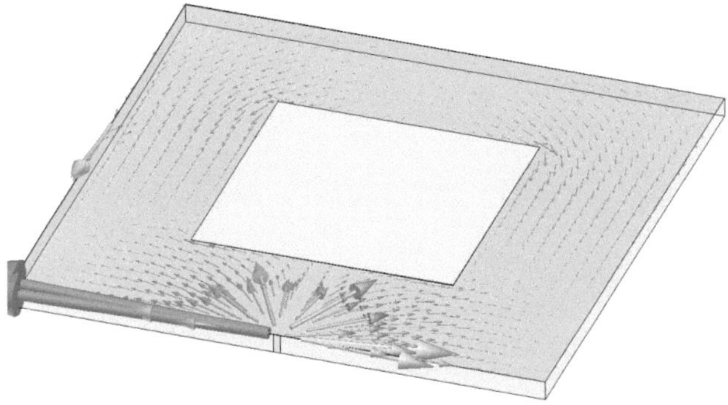

Abbildung F.18.: Stromfluss bei Öffnung 5 mit einer Größe von 40 mm x 40 mm

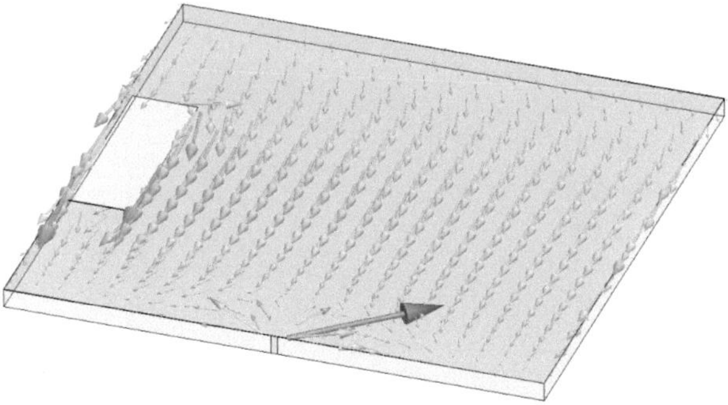

Abbildung F.19.: Stromfluss bei Öffnung 6 mit einer Größe von 30 mm x 10 mm

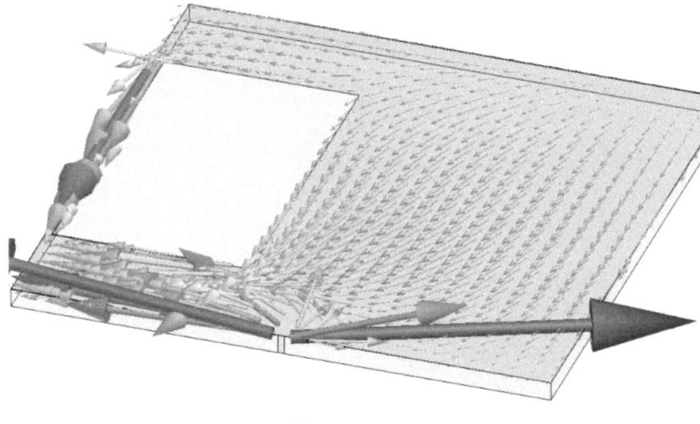

Abbildung F.20.: Stromfluss bei Öffnung 6 mit einer Größe von 50 mm x 30 mm

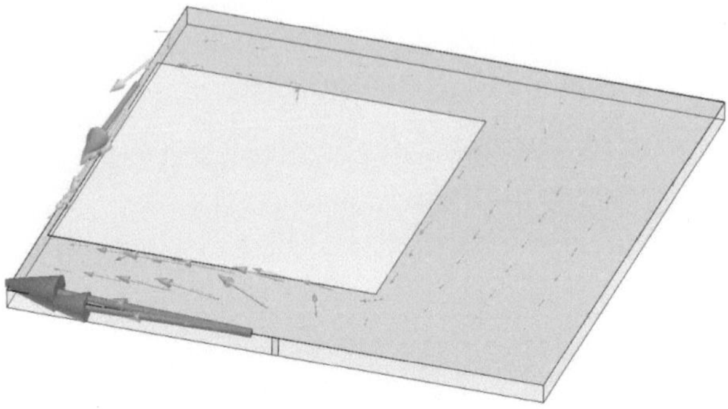

Abbildung F.21.: Stromfluss bei Öffnung 6 mit einer Größe von 50 mm x 50 mm

F.2.2. Geviertelte Patchantenne

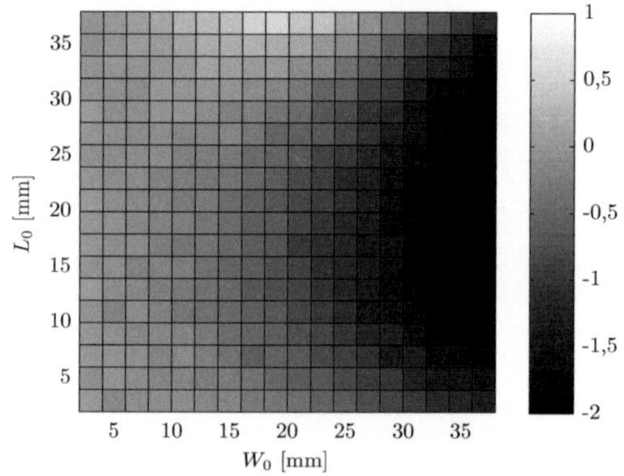

Abbildung F.22.: Antennengewinn [dBi] bei Öffnung 1 von Abbildung 7.18

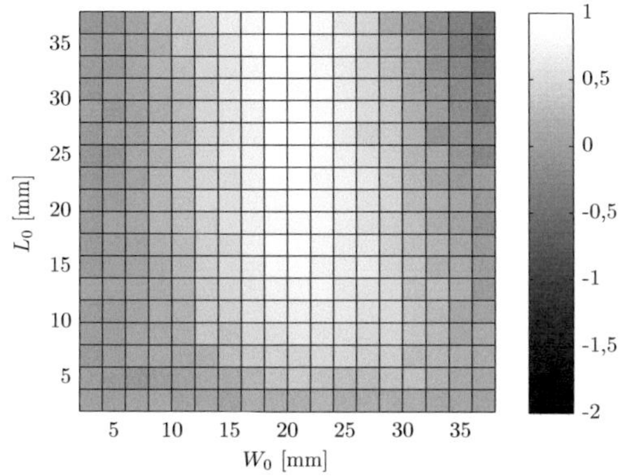

Abbildung F.23.: Antennengewinn [dBi] bei Öffnung 2 von Abbildung 7.18

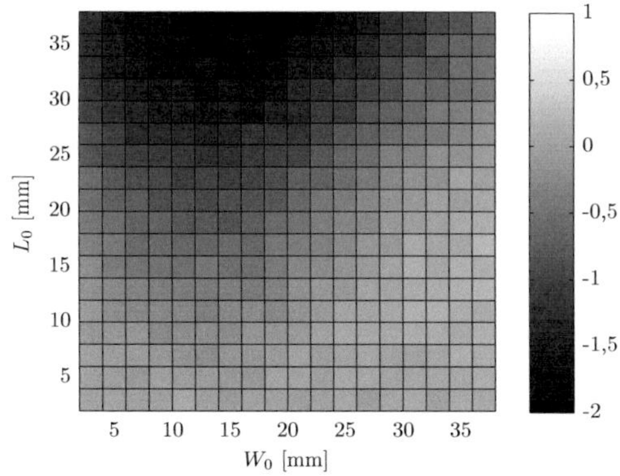

Abbildung F.24.: Antennengewinn [dBi] bei Öffnung 3 von Abbildung 7.18

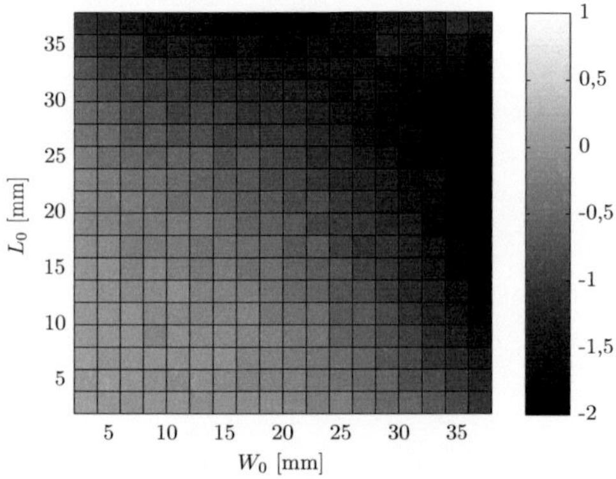

Abbildung F.25.: Antennengewinn [dBi] bei Öffnung 4 von Abbildung 7.18

Literaturverzeichnis

[ABK03] AWADHIYA, Abhishek ; BARBA, Pedro ; KEMPEL, Leo: Finite-element method programming made easy??? In: *IEEE Antennas and Propagation Magazine* 45 (2003), August, Nr. 4, S. 73–79

[Agi] AGILENT TECHOLOGIES INC.: *PNA-X Network Analyzer N5242A - 10 MHz to 26.5 GHz Data Sheet and Technical Specifications*

[Agi04] AGILENT TECHOLOGIES INC.: *Network Analyzer Basics.* 2004

[Agi07] AGILENT TECHOLOGIES INC.: *Dual-source 4-port Network Analyzers True-Mode Stimulus Application (TMSA).* 2007

[AGW72] AMITAY, Noach ; GALINDO, Victor ; WU, Chen P.: *Theory and analysis of phased array antennas.* New York : Wiley-Interscience, 1972

[Bal05] BALANIS, Constantine A.: *Antenna theory.* 3rd. Hoboken and N.J : Wiley-Interscience, 2005

[Bal08] BALANIS, Constantine A.: *Modern antenna handbook.* Hoboken and NJ : Wiley-Interscience, 2008

[BB80] BAHL, I. J. ; BHARTIA, P.: *Microstrip Antennas.* Norwood and MA : Artech House, 1980

[BDS10] BLETSAS, Aggelos ; DIMITRIOU, Antonis G. ; SAHALOS, John N.: Improving Backscatter Radio Tag Efficiency. In: *IEEE Transactions on Microwave Theory and Techniques* 58 (2010), Juni, Nr. 6, S. 1502–1509

[Ber11] BERNHARDT, Pit: *Entwicklung einer Demonstrationsplattform zur Energiegewinnung aus der Umgebung (Energy Harvesting)*, Technische Universität Dresden, Diplomarbeit, März 2011

[BFSD11] BHATTACHARYYA, R. ; FLOERKEMEIER, C. ; SARMA, S. ; DEAVOURS, D.: RFID tag antenna based temperature sensing in the frequency domain. In: *IEEE International Conference on RFID (RFID), 2011*, IEEE, April 2011, S. 70–77

[BJM04] BOTHA, Matthys M. ; JIAN-MING, Jin: On the variational formulation of hybrid finite element-boundary integral techniques for electromagnetic analysis. In: *IEEE Transactions on Antennas and Propagation* 52 (2004), November, Nr. 11, S. 3037–3047

[BKGF10] Bansleben, Christian ; Kuhn, S. ; Gay, Nicolas A. ; Fischer, Wolf-Joachim: Temporally resolved impedance measurement of differential, RF-powered devices using the example of a μwave RFID front-end. In: *IEEE MTT-S International Microwave Symposium 2010. IMS 2010.* Anaheim, California : IEEE MTT-S, Mai 2010, S. 852–855

[Bla02] Bladel, Jean van: On the Equivalent Circuit of a Receiving Antenna. In: *IEEE Antennas and Propagation Magazine* 44 (2002), Februar, Nr. 1, S. 164–165

[BLU+11] Bjorninen, T. ; Lauri, M. ; Ukkonen, L. ; Ritala, R. ; Elsherbeni, A. Z. ; Sydanheimo, L.: Wireless Measurement of RFID IC Impedance. In: *Instrumentation and Measurement, IEEE Transactions on* 60 (2011), Nr. 9, S. 3194–3206

[BMSM03] Bernhard, J. T. ; Mayes, P. E. ; Schaubert, D. ; Mailloux, R. J.: A Commemoration of Deschamps and Sichak's Microstrip Microwave Antennas: 50 Years of Development Divergence and New Directions. In: *Proceedings of the 27th Antenna Applications Symposium.* Monticello, Illinois, September 2003, S. 189–208

[BP74] Bauer, Ronald F. ; Penfield, Paul J.: De-Embedding and Unterminating. In: *IEEE Transactions on Microwave Theory and Techniques* 22 (1974), März, Nr. 3, S. 282–288

[BP80] Burke, G. ; Poggio, A.: *The Numerical Electromagnetic Code (NEC).* November 1980

[Bra11] Braun, Rene: *Untersuchung von Messmethoden zur Charakterisierung von RIFD-Transponder-Antennen*, Hochschule für Technik und Wirtschaft Dresden, Diplomarbeit, 2011

[Bun04] Bundesnetzagentur: *Frequenzbereichszuweisungsplanverordnung vom 28. September 2004 (BGBl. I S. 2499), die zuletzt durch Artikel 1 der Verordnung vom 22. April 2010 (BGBl. I S. 446) geändert worden ist; Teil B: Nutzungsbestimmungen D138 und D150.* 2004

[Bun10] Bundesnetzagentur: *Vfg. 6 / 2010 Allgemeinzuteilung von Frequenzen in den Frequenzbereichen 865– 868 MHz und 2446- 2454 MHz für Funkanwendungen für Identifizierungszwecke; („Radio Frequency Identification Applications“, RFID).* 2010

[BVJ12] Bhattacharyya, Mayukh ; Volk, Tobias ; Jansen, Dirk: A passive novel transponder for monitoring leakage in silicone breast implants by using RFID ISO 15693. In: *Smart SysTech 2012.* München : VDE-ITG, Juni 2012, S. 1–8

[BW07] Bates, Douglas M. ; Watts, Donald G.: *Nonlinear Regression Analysis and Its Applications.* New York and NY : Wiley, 2007 (Wiley series in probability and mathematical statistics)

[CF91] CLARK, A. R. ; FOURIE, A. P. C.: An improvement to the transmission line model of the folded dipole. In: *IEE Proceedings H Microwaves, Antennas and Propagation* 138 (1991), Dezember, Nr. 6, S. 577–579

[Cha87] CHARI, M. V. K.: Electromagnetic field computation of open boundary problems by a semi-analytic approach. In: *IEEE Transactions on Magnetics* 23 (1987), September, Nr. 5, S. 3566–3568

[CL09] CHEN, Sung-Lin ; LIN, Ken-Huang: Characterization of RFID Strap Using Single-Ended Probe. In: *IEEE Transactions on Instrumentation and Measurement* 58 (2009), Oktober, Nr. 10, S. 3619–3626

[CM08] CALABRESE, Claudio ; MARROCCO, Gaetano: Meandered-Slot Antennas for Sensor-RFID Tags. In: *IEEE Antennas and Wireless Propagation Letters* 7 (2008), S. 5–8

[Col03a] COLLIN, R. E.: Limitations of the Thévenin and Norton equivalent Circuits for a Receiving Antenna. In: *IEEE Antennas and Propagation Magazine* 45 (2003), April, Nr. 2, S. 119–124

[Col03b] COLLIN, R. E.: Remarks on "Comments on The Limitations of the Thevenin and Norton Equivalent Circuits for a Receiving Antenna". In: *IEEE Antennas and Propagation Magazine* 45 (2003), August, Nr. 4, S. 99–100

[CRS+98] CERRI, G. ; RUSSO, P. ; SCHIAVONI, A. ; TRIBELLINI, G. ; BIELLI, P.: MoM-FDTD hybrid technique for analysing scattering problems. In: *Electronics Letters* 34 (1998), März, Nr. 5, S. 438–440

[Cur03] CURRY, Clifford R.: How to calibrate through balun transformers to accurately measure balanced systems. In: *IEEE Transactions on Microwave Theory and Techniques* 51 (2003), März, Nr. 3, S. 961–965

[Cur07] CURTY, Jari-Pascal: *Design and optimization of passive UHF RFID systems.* New York and NY : Springer, 2007

[Dav05] DAVIDSON, David B.: *Computational electromagnetics for RF and microwave engineering.* Reprinted. Cambridge : Cambridge Univ. Press, 2005

[Dea09] DEAVOURS, D. D.: A circularly polarized planar antenna modified for passive UHF RFID. In: *IEEE International Conference on RFID, 2009*, IEEE, Mai 2009, S. 265–269

[Dei09] DEICKE, Frank: *Modellierung, Analyse und Optimierung der Übertragungsstrecke induktiv gekoppelter Transpondersysteme.* VDE Verlag, 2009 (Forschungs-Report)

[Des53] DESCHAMPS, G. A.: Microstrip Microwave Antennas. In: *Proceedings of the Third Symposium on the USAF Antenna Research and Development Program*, 1953, S. 1–20

[Die93] DIERCKX, Paul: *Curve and surface fitting with splines.* Oxford : Clarendon Press, 1993 (Monographs on numerical analysis)

[Dju03] DJUKNIC, Goran M.: *Method Of Measuring A Pattern Of Electromagnetic Radiation.* Patent. Version: 12 2003. `http://www.lens.org/lens/patent/US_6657596_B2`

[DLKY96] DENG, T.Q. ; LEONG, M.S. ; KOOI, P.S. ; YEO, T.S.: Synthesis formulas for coplanar lines in hybrid and monolithic MICs. In: *Electronics Letters* 32 (1996), November, Nr. 24, S. 2253–2254

[Dob08] DOBKIN, Daniel M.: *The RF in RFID.* Amsterdam : Elsevier Newnes, 2008 (Communications engineering series)

[Dun04] DUNSMORE, Joel: New measurement results and models for non-linear differential amplifier characterization. In: *64th ARFTG Microwave Measurements Conference, Fall 2004*, 2004, S. 143–146

[DW05] DOBKIN, D. M. ; WEIGAND, S. M.: Environmental effects on RFID tag antennas. In: *IEEE MTT-S International Microwave Symposium Digest, 2005*, 2005

[Ell03] ELLIOTT, Robert S.: *Antenna Theory & Design Revised Edition.* John Wiley & Sons, 2003 (IEEE Press Series on Electromagnetic Wave Theory). – 624 S.

[EPC05] EPCGLOBAL: *EPC Radio-Frequency Identity Protocols Class-1 Generation-2 UHF RFID Protocol for Communication at 860 - 960 MHz - Version 1.0.9.* Januar 2005

[EPC08] EPCGLOBAL: *EPC Radio-Frequency Identity Protocols Class-1 Generation-2 UHF RFID Protocol for Communication at 860 - 960 MHz - Version 1.2.0.* Oktober 2008

[EPC11] EPCGLOBAL: *EPC Tag Data Standard 1.6.* September 2011

[ESD06] EUNNI, Madhuri ; SIVAKUMAR, Mutharasu ; DEAVOURS, Daniel D.: A novel planar microstrip antenna design for UHF RFID. In: *The 4th International Conference on Computing, Communications and Control Technologies*, 2006, S. 57–59

[EST06] EISENSTADT, William R. ; STENGEL, Robert ; THOMPSON, Bruce M.: *Microwave differential circuit design using mixed-mode S-parameters.* Boston : Artech House, 2006 (Artech House microwave library)

[EW07] EZOVSKI, G. M. ; WATKINS, S. E.: The Electronic Passport and the Future of Government-Issued RFID-Based Identification. In: *IEEE International Conference on RFID, 2007.* Gaylord Texan Resort, Grapevine, TX, USA : IEEE, März 2007, S. 15–22

[FDHW07] Fischer, Wolf-Joachim ; Despang, H.-G ; Holland, Hans-Jürgen ; Wiedemuth, D.: Body Area Networks - Anwendung in telemedizinischen Systemen. In: Wangermann, Gert (Hrsg.) ; Junghans, Bernd (Hrsg.): *Theoria cum praxi : Fünf Jahre Leibniz-Institut für interdisziplinäre Studien e.V. (LIFIS)* Bd. 90. Berlin : Trafo Verlag, 2007, S. 217–228

[FGB+08] Fu, Qiuyun ; Gay, Nicolas A. ; Bansleben, Christian ; Hildebrandt, Ralf ; Heiss, Michael ; Türke, Alexander ; Fischer, Wolf-Joachim: Optimization of the NMOS and PMOS gate cross-connected rectifier for RF power extraction in RFID applications. In: *Asia-Pacific Microwave Conference, 2008. APMC 2008.* Hong Kong, China : Wireless Communications Research Center, Dezember 2008, S. 1–4

[FGH+10] Fischer, Wolf-Joachim ; Gay, Nicolas A. ; Hildebrandt, Ralf ; Bansleben, Christian ; Türke, Alexander ; Heiss, Michael: *Mikrowellen RFID-Sensor-Systeme.* 2010 (Vorlesungsmanuskript Technische Universität Dresden)

[FHHH12] Fischer, Wolf-Joachim ; Heiss, Michael ; Holland, Hans-Jürgen ; Härter, Hendrik: UHF-Messtransponder für Temperaturen bis 170 °C. In: *Elektronik Praxis* (2012)

[Fin08] Finkenzeller, Klaus: *RFID-Handbuch.* 5., aktualisierte und erw. München : Hanser, 2008

[Fin12] Finkenzeller, Klaus: *RFID-Handbuch.* 6. München : Hanser, 2012

[Fra10] Fraunhofer IPMS: Smart ISO 18000-6C Sensor Tag, 26 May 2010, Datenblatt UTPV10. (2010), Mai

[Fro12a] Frost & Sullivan: *Analysis of the Active RFID and Sensor Networks Market.* März 2012

[Fro12b] Frost & Sullivan: *Global Passive RFID Market - Passive RFID Technology Quintessential to Asset Tracking.* November 2012. – M88E-11

[Fro12c] Frost & Sullivan: *Mega Trends and Implications to Business in the Auto Identification Data Capture (AIDC) Market.* Juni 2012

[Gar01] Garg, Ramesh: *Microstrip antenna design handbook.* Boston and Mass : Artech House, 2001 (Artech House antennas and propagation library)

[Gar08] Garg, Ramesh: *Analytical and computational methods in electromagnetics.* Boston and Mass : Artech House, 2008 (Artech House electromagnetic analysis series)

[GCV+08] Ghiotto, A. ; Cantalice, S. F. ; Vuong, T. P. ; Pouzin, A. ; Fontgalland, G. ; Tedjini, S.: Miniaturized patch antenna for the Radio Frequency Identification of metallic objects. In: *International Microwave Symposium Digest, 2008*, IEEE MTT-S, 2008, S. 583–586

[Gey04] Geyi, W.: Derivation of Equivalent Circuits for Receiving Antenna. In: *IEEE Transactions on Antennas and Propagation* 52 (2004), Juni, Nr. 6, S. 1620–1623

[GH04] Guru, Bhag S. ; Hiziroğlu, Hüseyin R.: *Electromagnetic field theory fundamentals.* Boston : PWS Pub, 2004

[GHDF07] Grätz, Hagen ; Heinig, Andreas ; Deicke, Frank ; Fischer, Wolf-Joachim: ST1 - ein freiprogrammierbarer Schaltkreis für 125 kHz Transponderlösungen. In: *Mikrosystemtechnik-Kongress.* Dresden, Germany : VDE, Oktober 2007, S. 1099–1103

[GS111] GS1: *Regulatory status for using RFID in the UHF spectrum.* `http://www.gs1.org/docs/epcglobal/UHF_Regulations.pdf`. Version: 2011

[GVW10] Ghiotto, A. ; Vuong, T. P. ; Wu, K.: Chip and antenna impedance measurement for the design of passive UHF RFID tag. In: *European Microwave Conference 2010. EuMc 2010* Bd. 40. Paris, France : IEEE, September 2010, S. 1086–1089

[Hal48] Hallman, Ludlow B. J.: Considerations in the Design of a Universal Beacon System. In: *Proceedings of the IRE* 36 (1948), Dezember, Nr. 12, S. 1526–1529

[Har60] Harris, Donald B.: Radio transmission systems with modulatable passive responder. In: *US Patent Nr. 2927321* (1960), März

[Har63] Harrington, R. F.: Field Measurements Using Active Scatterers. In: *IEEE Transactions on Microwave Theory and Techniques* 11 (1963), September, Nr. 5, S. 454–455

[Har64] Harrington, Roger F.: Theory of loaded scatterers. In: *Proceedings of the Institution of Electrical Engineers* 111 (1964), Nr. 4, S. 617–623

[Har82] Harrington, Roger F.: *Field computation by moment methods.* Reprint ed. Malabar and Fla : R.E. Krieger Pub. Co., 1982

[Hei12a] Heiss, Michael: Effect of the openings in a compact patch antenna for an RFID-sensor-node. In: *5th International Symposium on Antenna Technology and Applied Electromagnetics (ANTEM).* Toulouse, Juni 2012, S. 1–4

[Hei12b] Heiss, Michael: Wireless RFID Chip Impedance Measurement by Using an Reader and a Statistically Analysis. In: *Proceedings of 2012 European Conference on: Smart Objects, Systems and Technologies (SmartSysTech).* München : VDE-ITG, Juni 2012, S. 1–7

[HF12a] Heiss, Michael ; Fischer, Wolf-Joachim: Compact patch antenna with space for integrating sensors for an RFID-sensor-node. In: *42nd European Microwave Conference (EuMC).* Amsterdam, Oktober 2012, S. 420 – 423

[HF12b] HEISS, Michael ; FISCHER, Wolf-Joachim: Wireless UHF RFID Chip Impedance Measurement by Only Using an RFID Rreader. In: *6th European Conference on Antennas and Propagation (EUCAP), 2012*, 2012, S. 3014–3016

[HGF11] HEISS, Michael ; GAY, Nicolas A. ; FISCHER, Wolf-Joachim: Impedance measurement of a UHF RFID transponder by evaluating the rectified voltage. In: *IEEE International Conference on : Microwaves, Communications Antennas and Electronics Systems (COMCAS) 2011*. Tel Aviv, Israel : IEEE, November 2011, S. 1–6

[HH13a] HEISS, Michael ; HILDEBRANDT, Ralf: Antenna Design for a UHF RFID Sensor Tag inside a Switchgear. In: *43nd European Microwave Conference (EuMC)*. Nürnberg, Germany : European Microwave Association, Oktober 2013

[HH13b] HEISS, Michael ; HILDEBRANDT, Ralf: High-Temperature UHF RFID Sensor Measurements in a Full-Metal Environment. In: *Smart SysTech 2013*. Erlangen, Germany : Information Technology Society within VDE (ITG), Juni 2013 (ITG-Fachbericht 243), S. 1–5

[HHG11a] HILDEBRANDT, Ralf ; HEISS, Michael ; GAY, Nicolas: A Smart ISO 18000-6C RFID Sensor Tag Platform. In: *Proceedings of RFID SysTech 2011*, 2011, S. 1–6

[HHG11b] HILDEBRANDT, Ralf ; HEISS, Michael ; GAY, Nicolas A.: A platform for pervasive RFID-based sensors. In: *Semiconductor Conference Dresden (SCD), 2011* (2011), September, S. 1–4

[Hil69] HILBERG, Wolfgang: From Approximations to Exact Relations for Characteristic Impedances. In: *IEEE Transactions on Microwave Theory and Techniques* 17 (1969), Mai, Nr. 5, S. 259–265

[Hin94] HIND, D. J.: Radio frequency identification and tracking systems in hazardous areas. In: *Electrical Safety in Hazardous Environments 1994, Fifth International Conference on,*. London, England : IEE, April 1994, S. 215–227

[How73] HOWELL, J.: Microstrip antennas. In: IEEE (Hrsg.): *Antennas and Propagation Society International Symposium* Bd. 10. 1973, S. 177–180

[HT84] HANNA, Victor F. ; THEBAULT, Dominique: Theoretical and Experimental Investigation of Asymmetric Coplanar Waveguides (Short Papers). In: *IEEE Transactions on Microwave Theory and Techniques* 32 (1984), Dezember, Nr. 12, S. 1649–1651

[IEE93] IEEE: *IEEE Standard Definitions of Terms for Antennas 145-193*

[Imp11] IMPINJ ; IMPINJ (Hrsg.): *Monza(R) 5 Tag Chip Datasheet*. `http://www.impinj.com/Documents/Tag_Chips/Monza_5_Datasheet/`. Version: 2011

[ISO04] ISO: *ISO/IEC 18000: Information technology — Radio frequency identification for item management.* 2004

[ITU95] ITU: *Recommendation ITU-R BS.1195(10/95): Transmitting antenna characteristics at VHF and UHF.* `https://www.itu.int/rec/R-REC-BS.1195/en`. Version: 1995

[Jas61] JASIK, Henry (Hrsg.): *Antenna engineering handbook.* 1. New York [u.a.] : McGraw-Hill, 1961

[JH89] JAMES, James R. (Hrsg.) ; HALL, P. S. (Hrsg.): *Handbook of microstrip antennas.* London : Peregrinus, 1989 (IEE electromagnetic waves series)

[JHFG08] JIA, Yi ; HEISS, Michael ; FU, Qiuyun ; GAY, Nicolas A.: A Prototype RFID Humidity Sensor for Built Environment Monitoring. In: *International Workshop on Education Technology and Training, International Workshop on Geoscience and Remote Sensing. ETT and GRS 2008.* Bd. 2. Shanghai, Dezember 2008, S. 496–499

[JR05] JALALY, I. ; ROBERTSON, I. D.: Capacitively-tuned split microstrip resonators for RFID barcodes. In: *European Microwave Conference 2005* Bd. 2, European Microwave Conference 2005, Oktober 2005, S. 4 pp

[KCC08] KIM, Jungsuk ; CHOI, Wonkyu ; CHOI, Gilyoung: Small Proximity Coupled Ceramic Patch Antenna For UHF RFID Tag Mountable on Metallic Objects. In: *Progress In Electromagnetics Research C* 3 (2008), S. 129–138

[KCL08] KUO, Shih-Kang ; CHEN, Sung-Lin ; LIN, Chang-Tsun: An Accurate Method for Impedance Measurement of RFID TAG Antenna. In: *Progress In Electromagnetics Research* 83 (2008), S. 93–106

[KDF75] KOELLE, A. R. ; DEPP, S. W. ; FREYMAN, R. W.: Short-range radio-telemetry for electronic identification, using modulated RF backscatter. In: *Proceedings of the IEEE* 63 (1975), August, Nr. 8, S. 1260–1261

[KF03] KARTHAUS, Udo ; FISCHER, Martin: Fully Integrated Passive UHF RFID Transponder IC With 16.7uuW Minimum RF Input Power. In: *IEEE Journal of Solid-State Circuits* 38 (2003), Nr. 10, S. 1602–1608

[KGF10] KRONBERGER, Rainer ; GEISSLER, Alexander ; FRIEDMANN, Barbara: New methods to determine the impedance of UHF RFID chips. In: *IEEE International Conference on RFID 2010.* Orlando, Florida, USA : IEEE, April 2010, S. 260–265

[KHA66] KING, R. ; HARRISON, C. J. ; ARONSON, E.: The imperfectly conducting cylindrical transmitting antenna: Numerical results. In: *IEEE Transactions on Antennas and Propagation* 14 (1966), September, Nr. 5, S. 535–542

[KHA67] KING, R. ; HARRISON, C. J. ; ARONSON, E.: Correction to "The imperfectly conducting cylindrical transmitting antenna: Numerical results".

In: *IEEE Transactions on Antennas and Propagation* 15 (1967), Juli, Nr. 4, S. 576

[KL93] Kunz, Karl S. ; Luebbers, Raymond J.: *The finite difference time domain method for electromagnetics.* Boca Raton : CRC Press, 1993

[Kli11] Klingbeil, Harald: *Elektromagnetische Feldtheorie.* 2., überarb. und erw. Wiesbaden : Vieweg + Teubner, 2011

[KMC07] Kin, Seong L. ; Mun, Leng N. ; Cole, Peter H.: Investigation of RF cable effect on RFID tag antenna impedance measurement. In: *IEEE : Antennas and Propagation Society International Symposium, 2007.* Honolulu, HI : IEEE, Juni 2007, S. 573–576

[KST93] Knott, Eugene F. ; Shaeffer, John F. ; Tuley, Michael T.: *Radar cross section.* 2. Boston : Artech House, 1993 (Artech House radar library)

[Kur65] Kurokawa, K.: Power Waves and the Scattering Matrix. In: *IEEE Transactions on Microwave Theory and Techniques* 13 (1965), März, Nr. 2, S. 194–202

[KW66] King, R. ; Wu, T.: The imperfectly conducting cylindrical transmitting antenna. In: *IEEE Transactions on Antennas and Propagation* 14 (1966), September, Nr. 5, S. 524–534

[KW67] King, R. ; Wu, T. T.: Correction to "The imperfectly conducting cylindrical transmitting antenna". In: *IEEE Transactions on Antennas and Propagation* 15 (1967), Juli, Nr. 4, S. 576

[Lam85] Lampe, R.: Design formulas for an asymmetric coplanar strip folded dipole. In: *IEEE Transactions on Antennas and Propagation* 33 (1985), September, Nr. 9, S. 1028–1031

[Lam86] Lampe, Ross W.: Correction to "Design formulas for an asymmetric coplanar strip folded dipole". In: *IEEE Transactions on Antennas and Propagation* 34 (1986), April, Nr. 4, S. 611

[Lan05] Landt, Jeremy: The history of RFID. In: *IEEE Potentials* 24 (2005), Nr. 4, S. 8–11

[LL95] Lo, Yuen T. ; Lee, Shung-Wu: *Antenna handbook.* 2. New York : Van Nostrand Reinhold, 1995

[Lov87] Love, Allan W.: Equivalent circuit for aperture antennas. In: *Electronics Letters* 23 (1987), Juni, Nr. 13, S. 708–710

[Lov02a] Love, Allan W.: Comment: On the Equivalent Circuit of a Receiving Antenna. In: *IEEE Antennas and Propagation Magazine* 44 (2002), Oktober, Nr. 5, S. 124–125

[Lov02b] LOVE, Allan W.: Correction - "Comment: On the Equivalent Circuit of a Receiving Antenna". In: *Antennas and Propagation Magazine, IEEE* 44 (2002), Dezember, Nr. 6, S. 146

[Lov03] LOVE, Allan W.: Comment on "Limitations of the Thevenin and Norton Equivalent Circuits for a Receiving Antenna". In: *IEEE Antennas and Propagation Magazine* 45 (2003), August, Nr. 4, S. 98–99

[LS77] LEE, C. C. ; SHEN, Liang-Chi: Coupled Yagi arrays. In: *IEEE Transactions on Antennas and Propagation* 25 (1977), November, Nr. 6, S. 889–891

[LW85] LEWALLEN W7EL, Roy W.: Baluns: What They Do And How They Do It. In: HALL, Gerald L. (Hrsg.) ; STRAW, R. D. (Hrsg.): *The ARRL antenna compendium Volume 1* Bd. 1. Newington and Conn : ARRL, 1985. – ISBN 978–0–87259–019–9, S. 157–164

[Mar03] MARROCCO, Gaetano: Gain-optimized self-resonant meander line antennas for RFID applications. In: *IEEE Antennas and Wireless Propagation Letters* 2 (2003), Nr. 1, S. 302–305

[Mar08] MARROCCO, Gaetano: The art of UHF RFID antenna design: impedance-matching and size-reduction techniques. In: *IEEE Antennas and Propagation Magazine* 50 (2008), Januar, Nr. 1, S. 66–79

[Max79] MAXWELL, James C.: *A treatise on electricity and magnetism, Reprinted in Dover Publications.* New York : Dover Publ, 1979

[MDS94] MAYHAN, Joseph T. ; DION, Andre R. ; SIMMONS, Alan J.: A technique for measuring antenna drive port impedance using backscatter data. In: *IEEE Transactions on Antennas and Propagation* 42 (1994), April, Nr. 4, S. 526–533

[Mei65] MEI, K.: On the integral equations of thin wire antennas. In: *IEEE Transactions on Antennas and Propagation* 13 (1965), Mai, Nr. 3, S. 374–378

[Mey00] MEYS, R. P.: A summary of the transmitting and receiving properties of antennas. In: *IEEE Antennas and Propagation Magazine* 42 (2000), Juni, Nr. 3, S. 49–53

[MGJ+09] MARSCHNER, U. ; GRÄTZ, Hagen ; JETTKANT, B. ; RUWISCH, D. ; WOLDT, G. ; FISCHER, Wolf-Joachim ; CLASBRUMMEL, B.: Integration of a wireless lock-in measurement of hip prosthesis vibrations for loosening detection. In: *Sensors and Actuators A: Physical* 156 (2009), November, Nr. 1, S. 145–154

[Mil05] MILLIGAN, Thomas A.: *Modern Antenna Design, Second Edition.* Hoboken, N.J, s.l : Wiley-Interscience, 2005

[MJ98] MEYS, R. ; JANSSENS, F.: Measuring the Impedance of Balanced Antennas by an S-Parameter Method. In: *IEEE Antennas and Propagation Magazine* 40 (1998), Dezember, Nr. 6, S. 62–65

[MMC08] MARROCCO, Gaetano ; MATTIONI, Lorenzo ; CALABRESE, Claudio: Multiport Sensor RFIDs for Wireless Passive Sensing of Objects - Basic Theory and Early Results. In: *IEEE Transactions on Antennas and Propagation* 56 (2008), August, Nr. 8, S. 2691–2702

[Mot10] MOTOROLA SOLUTIONS: XR480 RFID Fixed Reader Specification Sheet - Datenblatt. (2010). `http://www.motorola.com/web/Business/Products/RFID/RFID%20Readers/XR440/_Documents/Static%20Files/XRSRS_440_480_SS_1008.pdf`

[MR10] MINGYIN LAI ; RONGLIN LI: A low-profile broadband RFID tag antenna for metallic objects. In: *International Conference on Microwave and Millimeter Wave Technology (ICMMT), 2010*, 2010, S. 1891–1893

[MS08] MAYER, Lukas W. ; SCHOLTZ, Arpad L.: Sensitivity and Impedance Measurement on UHF RFID Transponder Chips. In: *EURASIP Workshop on RFID Techology 2008*. Budapest, Hungary : European Association for Signal Processing (EURASIP), Juli 2008, S. 1–10

[Mun74] MUNSON, R.: Conformal microstrip antennas and microstrip phased arrays. In: *IEEE Transactions on Antennas and Propagation* 22 (1974), Januar, Nr. 1, S. 74–78

[MW92] MARKS, Roger B. ; WILLIAMS, Dylan F.: A General Waveguide Circuit Theory. In: *Journal of Research of the National Institute of Standards and Technology* 97 (1992), September, Nr. 5, S. 533–562

[MW95] MOORE, J. ; WEST, M. A.: Simplified analysis of coated wire antennas and scatterers. In: *IEE Microwaves, Antennas and Propagation* 142 (1995), Februar, Nr. 1, S. 14–18

[MWF95] MARKS, Roger B. ; WILLIAMS, Dylan F. ; FRICKEY, Dean A.: Comments on "Conversions between S, Z, Y, h, ABCD, and T parameters which are valid for complex source and load impedances" [and reply]. In: *IEEE Transactions on Microwave Theory and Techniques* 43 (1995), April, Nr. 4, S. 914–915

[MY06] MICHISHITA, N. ; YAMADA, Y.: A novel impedance matching structure for a dielectric loaded 0.05 wavelength small meander line antenna. In: *Antennas and Propagation Society International Symposium 2006,*. Albuquerque, NM : IEEE, Juli 2006, S. 1347–1350

[Nib96] NIBLER, Ferdinand: *IEE circuits and systems series*. Bd. 6: *High-frequency circuit engineering*. London : Inst. of Electrical Engineers, 1996

[Nol11] NOLTING, Wolfgang: *Grundkurs Theoretische Physik*. Bd. 3: *Elektrodynamik*. 9. Heidelberg : Springer, 2011

[Nou] NOUYA: *Datasheet NY1135-FR4*

[NR06] Nikitin, P. V. ; Rao, K. V. S.: Theory and measurement of backscattering from RFID tags. In: *Antennas and Propagation Magazine, IEEE* 48 (2006), Dezember, Nr. 6, S. 212–218

[NRL+05] Nikitin, P. V. ; Rao, K. V. S. ; Lam, S. F. ; Pillai, V. ; Martinez, R. ; Heinrich, H.: Power reflection coefficient analysis for complex impedances in RFID tag design. In: *IEEE Transactions on Microwave Theory and Techniques* 53 (2005), September, Nr. 9, S. 2721–2725

[O'C05] O'Connor, M.C: McCarran Airport RFID System Takes Off. In: *RFID Journal* (2005), Oktober

[Olv94] Olver, A. D.: *IEE electromagnetic waves series.* Bd. 39: *Microwave horns and feeds.* Stevenage : IEE, 1994

[PAM+04] Patnaik, Amalendu ; Anagnostou, Dimitrios E. ; Mishra, Rabindra K. ; Christodoulou, Christos G. ; Lyke, J. C.: Applications of neural networks in wireless communications. In: *IEEE Antennas and Propagation Magazine* 46 (2004), Juni, Nr. 3, S. 130–137

[Pan08] Pang, Tao: *An introduction to computational physics.* 2. Cambridge : Cambridge Univ. Press, 2008

[Pap11] Papula, Lothar: *Mathematik für Ingenieure und Naturwissenschaftler Band 3.* 6. Wiesbaden : Vieweg+Teubner, 2011 (Studium)

[Pap12] Papula, Lothar: *Mathematik für Ingenieure und Naturwissenschaftler Band 1.* 13. Wiesbaden : Vieweg+Teubner, 2012 (Studium)

[PBKS09] Preradovic, S. ; Balbin, I. ; Karmakar, N. C. ; Swiegers, G. F.: Multiresonator-Based Chipless RFID System for Low-Cost Item Tracking. In: *Microwave Theory and Techniques, IEEE Transactions on* 57 (2009), Mai, Nr. 5, S. 1411–1419

[Pen60] Penfield, Paul J.: Noise in Negative-Resistance Amplifiers. In: *IRE Transactions on Circuit Theory* 7 (1960), Juni, Nr. 2, S. 166–170

[PK06] Preradovic, Stevan ; Karmakar, Nemai C.: RFID Readers - A Review. In: *4th International Conference on Electrical and Computer Engineering, ICECE 2006.* Dhaka, Bangladesh : IEEE, Dezember 2006, S. 100–103

[PKA11] Preradovic, Stevan ; Kamakar, Nemai ; Amin, Emran M.: Chipless RFID tag with integrated resistive and capacitive sensors. In: *Proceedings of the Asia-Pacific Microwave Conference (APMC) 2011.* Melbourne, VIC : Engineers Australia, Dezember 2011, S. 1354–1357

[PN84] Popović, B. D. ; Nešić, A.: Generalisation of the concept of equivalent radius of thin cylindrical antennas. In: *IEE Proceedings H Microwaves, Optics and Antennas* 131 (1984), Juni, Nr. 3, S. 153–158

[Pop91] Popović, Branko D.: *Antennas Series*. Bd. 9: *CAD of Wire Antennas and Related Radiating Structures*. Taunton : Research Studies Press, 1991

[Poz98] Pozar, David M.: *Microwave engineering*. 2. New York : Wiley, 1998

[Poz05] Pozar, David M.: *Microwave engineering*. 3. Hoboken and NJ : Wiley, 2005

[PSJ08] Pursula, Pekka ; Sandström, Dan ; Jaakkola, Kaarle: Backscattering-Based Measurement of Reactive Antenna Input Impedance. In: *IEEE Transactions on Antennas and Propagation* 56 (2008), Februar, Nr. 2, S. 469–474

[QV10] Quijano, Javier Leonardo A. ; Vecchi, Giuseppe: Field and source equivalence in source reconstruction on 3D surfaces. In: *Progress In Electromagnetics Research* 103 (2010), S. 67–100

[Rah08] Rahola, J.: Power Waves and Conjugate Matching. In: *IEEE Transactions on Circuits and Systems II: Express Briefs* 55 (2008), Januar, Nr. 1, S. 92–96

[RC82] Rashed, J. ; Chen-To Tai: A new class of wire antennas. In: *Antennas and Propagation Society International Symposium, 1982* Bd. 20, IEEE, Mai 1982, S. 564–567

[RCMB09] Rizzoli, Vittorio ; Costanzo, Alessandra ; Montanari, Emanuele ; Benedetti, Andrea: A New Wireless Displacement Sensor Based on Reverse Design of Microwave and Millimeter-Wave Antenna Array. In: *IEEE Sensors Journal* 9 (2009), November, Nr. 11, S. 1557–1566

[RDDBS09] Rimolo-Donadio, Renato ; Duan, Xiaomin ; Bruns, Heinz-Dietrich ; Schuster, Christian: Differential to common mode conversion due to asymmetric ground via configurations. In: *IEEE Workshop on Signal Propagation on Interconnects, 2009. SPI '09*, IEEE, Mai 2009, S. 1–4

[RDTT01] Reed, S. ; Desclos, L. ; Terret, C. ; Toutain, S.: Patch Antenna Size Reduction by Means of Inductive Slots. In: *Microwave and Optical Technology Letters* 29 (2001), April, Nr. 2, S. 79–81

[RH09] Rieg, Frank ; Hackenschmidt, Reinhard: *Finite Elemente Analyse für Ingenieure*. 3. München : Hanser, 2009

[RK06] Rothammel, Karl ; Krischke, Alois: *Rothammels Antennenbuch*. 12., aktualisierte und erw. Aufl., 4. Druckaufl. Baunatal : DARC-Verl, 2006

[RNL05] Rao, K. V. S. ; Nikitin, P. V. ; Lam, S. F.: Antenna design for UHF RFID tags: a review and a practical application. In: *IEEE Transactions Antennas and Propagation* 53 (2005), Dezember, Nr. 12, S. 3870–3876

[Rog] Rogers Corporation: *RO4000 Series High Frequency Circuit Materials*

[RW62] RAMO, S. ; WHINNERY, J.: *Fields and Waves in Modern Radio.* New York : Wiley, 1962

[RYH81] RICHARDS, W. ; YUEN LO ; HARRISON, D.: An improved theory for microstrip antennas and applications. In: *IEEE Transactions on Antennas and Propagation* 29 (1981), Januar, Nr. 1, S. 38–46

[RYT10] RIDA, Amin ; YANG, Li ; TENTZERIS, Manos M.: *RFID-enabled sensor design and applications.* Boston : Artech House, 2010 (Artech House integrated microsystems series)

[Sai96] SAINATI, Robert A.: *CAD of microstrip antennas for wireless applications.* Boston : Artech House, 1996 (The Artech House antenna library)

[Sch11] SCHUBERT, Nciole: *Modellierung und Entwurf eines RFID-Sensorsystems zur Messung von Vitalparametern*, Hochschule für Technik und Wirtschaft Dresden, Diplomarbeit, September 2011

[Sil49] SILVER, Samuel: *Microwave Antenna Theory and Design.* New York : McGraw-Hill, 1949

[Sim07] SIMON, Jochen: True differential stimulus gives additional insight into nonlinear device behavior. In: *69th ARFTG Conference, 2007*, 2007, S. 1–9

[SK08] SUNG-LIN CHEN ; KEN-HUANG LIN: A Slim RFID Tag Antenna Design for Metallic Object Applications. In: *Antennas and Wireless Propagation Letters, IEEE* 7 (2008), S. 729–732

[SLW07] SAVIA, Steve ; LANGLEY, Richard ; WALBEOFF, Antony: Automotive Antenna Simulation. In: *The Second European Conference on Antennas and Propagation, 2007. EuCAP 2007.* Edinburgh, Scotland : IET Conference Publications, November 2007, S. 1–4

[Smi77] SMITH, M. S.: Properties of dielectrically loaded antennas. In: *Electrical Engineers, Proceedings of the Institution of* 124 (1977), Nr. 10, S. 837–839

[SMM+09] SCHÜSSLER, Martin ; MANDEL, Christian ; MAASCH, Matthias ; GIERE, Andre ; JAKOBY, Rolf: Phase modulation scheme for chipless RFID- and wireless sensor tags. In: *Proceedings of the Asia-Pacific Microwave Conference (APMC) 2009.* Melbourne, VIC : IEEE, Dezember 2009, S. 229–232

[SP05] SON, H.-W ; PYO, C.-S: Design of RFID tag antennas using an inductively coupled feed. In: *Electronics Letters* 41 (2005), September, Nr. 18, S. 994–996

[ST98] STUTZMAN, Warren L. ; THIELE, Gary A.: *Antenna theory and design.* 2. Hoboken and NJ : Wiley, 1998

[Sto48] STOCKMAN, H.: Communication by Means of Reflected Power. In: *Proceedings of the IRE* 36 (1948), Oktober, Nr. 10, S. 1196–1204

[Str07] STRATTON, Julius A.: *Electromagnetic theory.* Piscataway and NJ : IEEE Press, 2007 (IEEE press series on electromagnetic wave theory)

[Sun09] SUNG-LIN CHEN: A Miniature RFID Tag Antenna Design for Metallic Objects Application. In: *Antennas and Wireless Propagation Letters, IEEE* 8 (2009), September, S. 1043–1045

[Tec] TECHNOLAM: *Data Sheet FR4-86 UV Block*

[TEH80] THIELE, G. ; EKELMAN, E. Junior ; HENDERSON, L.: On the accuracy of the transmission line model of the folded dipole. In: *IEEE Transactions on Antennas and Propagation* 28 (1980), September, Nr. 5, S. 700–703

[Tex09] TEXAS INSTRUMENTS: *TMP112 Datashet;.* 2009

[TSAS95] TANAKA, M. ; SUZUKI, Y. ; ARAKI, K. ; SUZUKI, R.: Microstrip antenna with solar cells for microsatellites. In: *Electronics Letters* 31 (1995), Januar, Nr. 1, S. 5–6

[Unb99] UNBEHAUEN, Rolf: *Grundlagen der Elektrotechnik.* 5. Berlin : Springer, 1999 (Springer-Lehrbuch)

[USK07] UKKONEN, Leena ; SYDÄNHEIMO, Lauri ; KIVIKOSKI, Markku: Read Range Performance Comparison of Compact Reader Antennas for a Handheld UHF RFID Reader. In: *IEEE International Conference on: RFID, 2007.* Gaylord Texan Resort, Grapevine, TX, USA : IEEE, März 2007, S. 63–70

[VI05] VITA, G. d. ; IANNACCONE, G.: Design criteria for the RF section of UHF and microwave passive RFID transponders. In: *Microwave Theory and Techniques, IEEE Transactions on DOI - 10.1109/TMTT.2005.854191* 53 (2005), Nr. 9, S. 2978–2990

[Vis07] VISSER, H. J.: Improved Design Equations for Asymmetric Coplanar Strip Folded Dipoles on a Dielectric Slab. In: *The Second European Conference on Antennas and Propagation, 2007. EuCAP 2007.* Edinburgh : IET, November 2007, S. 1–6

[Vis09] VISSER, Hubregt J.: *Approximate antenna analysis for CAD.* Chichester and West Sussex : Wiley, 2009

[Vol07] VOLAKIS, John L.: *Antenna engineering handbook.* 4. New York and NY : McGraw-Hill, 2007

[Wae92] WAERSTED, L.: Automatic toll ring no stop electronic payment systems in Norway - systems layout and full scale experiences. In: *Road Traffic Monitoring, 1992 (IEE Conf. Pub. 355)*, IEE, 1992, S. 16

[Wan04] WANT, Roy: Enabling ubiquitous sensing with RFID. In: *Computer* 37 (2004), April, Nr. 4, S. 84–86

[WCD05] WEIGAND, Steven ; CROOK, Andrew ; DOBKIN, Daniel M.: Antennas for Handheld and Portable RFID Readers. In: *RF Globalnet Whitepaper* (2005), Dezember. http://rfglobalnet.com

[WJJG08] WONKYU CHOI ; JUNGSUK KIM ; JI-HOON BAE ; GILYOUNG CHOI: A small RFID tag antenna to identify metallic objects. In: *IEEE Antennas and Propagation Society International Symposium.* San Diego, CA : IEEE, Juli 2008, S. 1–4

[WM97] WEILE, Daniel S. ; MICHIELSSEN, Eric: Genetic Algorithm Optimization Applied to Electromagnetics: A Review. In: *IEEE Transactions on Antennas and Propagation* 45 (1997), März, Nr. 3, S. 343–353

[WSC+06] WONKYU CHOI ; SON, H. W. ; CHANSOO SHIN ; JI-HOON BAE ; GILYOUNG CHOI: RFID tag antenna with a meandered dipole and inductively coupled feed. In: *Antennas and Propagation Society International Symposium 2006,.* Albuquerque, NM : IEEE, Juli 2006, S. 619–622

[XGZ09] XIANMING QING ; GOH, C. K. ; ZHI NING CHEN: Measurement of UHF RFID tag antenna impedance. In: *IEEE International Workshop on : Antenna Technology, iWAT 2009.* Santa Monica, CA : IEEE, März 2009, S. 1–4

[Yag28] YAGI, Hidetsugu: Beam Transmission of Ultra Short Waves. In: *Proceedings of the Institute of Radio Engineers* 16 (1928), Januar, Nr. 6, S. 715–740

[YBRT06] YANG, Li ; BASAT, Serkan ; RIDA, Armin ; TENTZERIS, Manos M.: Design and development of novel miniaturized UHF RFID tags on ultra-low-cost paper-based substrates. In: *Asia-Pacific Microwave Conference, 2006. APMC 2006.* Yokohama : IEICE, Dezember 2006, S. 1493–1496

[Yee66] YEE, Kane: Numerical solution of initial boundary value problems involving maxwell's equations in isotropic media. In: *IEEE Transactions on Antennas and Propagation* 14 (1966), Mai, Nr. 3, S. 302–307

[YSJY07] YONG-KWON PARK ; SANG-GON LEE ; JINWOOK KANG ; YOU CHUNG CHUNG: Various UHF RFID tag for metallic object. In: *Antennas and Propagation Society International Symposium, 2007.* Honolulu, HI : IEEE, Juni 2007, S. 2285–2288

[YY68] YAMASHITA, Eikichi ; YAMAZAKI, Shigeo: Parallel-Strip Line Embedded in or Printed on a Dielectric Sheet. In: *IEEE Transactions on Microwave Theory and Techniques* 16 (1968), November, Nr. 11, S. 972–973

[ZKY10] ZHU, Hailong ; KO, Y. C. A. ; YE, Terry T.: Impedance measurement for balanced UHF RFID tag antennas. In: *IEEE Radio and Wireless Symposium (RWS) 2010.* New Orleans, LA : IEEE, März 2010, S. 128–131

[ZL10] ZHENG, Yang ; LI, Xiuping: Solution of measuring the impedance of encapsulated RFID chip. In: *International Conference on Microwave and*

Millimeter Wave Technology 2010 (ICMMT). Chengdu, China : IEEE, Mai 2010, S. 1518–1521

Abbildungsverzeichnis

Tabellenverzeichnis

Danksagung

Ich danke Herrn Prof. Dr.-Ing. habil. W.-Joachim Fischer für die Bereitstellung des interessanten Themas und die Betreuung der Arbeit, sowie die anregenden Diskussionen und zahlreichen Hinweise. Für die Übernahme des zweiten Gutachtens bedanke ich mich bei Prof. Dr.-Ing. habil. Peter Jung.

Herrn Dr. Nicolas Gay danke ich für die eingeräumten Freiheiten in meiner Arbeit. Ebenso danke ich Herrn Christian Bansleben für die zahlreichen Diskussionen im Bereich der HF-Technik. Mein Dank gilt außerdem Herrn Dr. Luis Maximiliano Cuevas, Herrn Dr. Ralf Hildebrandt und Herrn Matthias Landwehr für die Unterstützung beim Erstellen des Messaufbaus und beim Umgang mit den RFID-Readern sowie den Transpondern.

Ich danke meiner Familie und meiner Freundin für die ununterbrochene Unterstützung.

Michael Heiß

Dresden im Oktober 2013